鬼脸化学课

元素家族 3

GUI LIAN HUA XUE KE

英雄超子◎著

南京师范大学出版社

Contents

目录

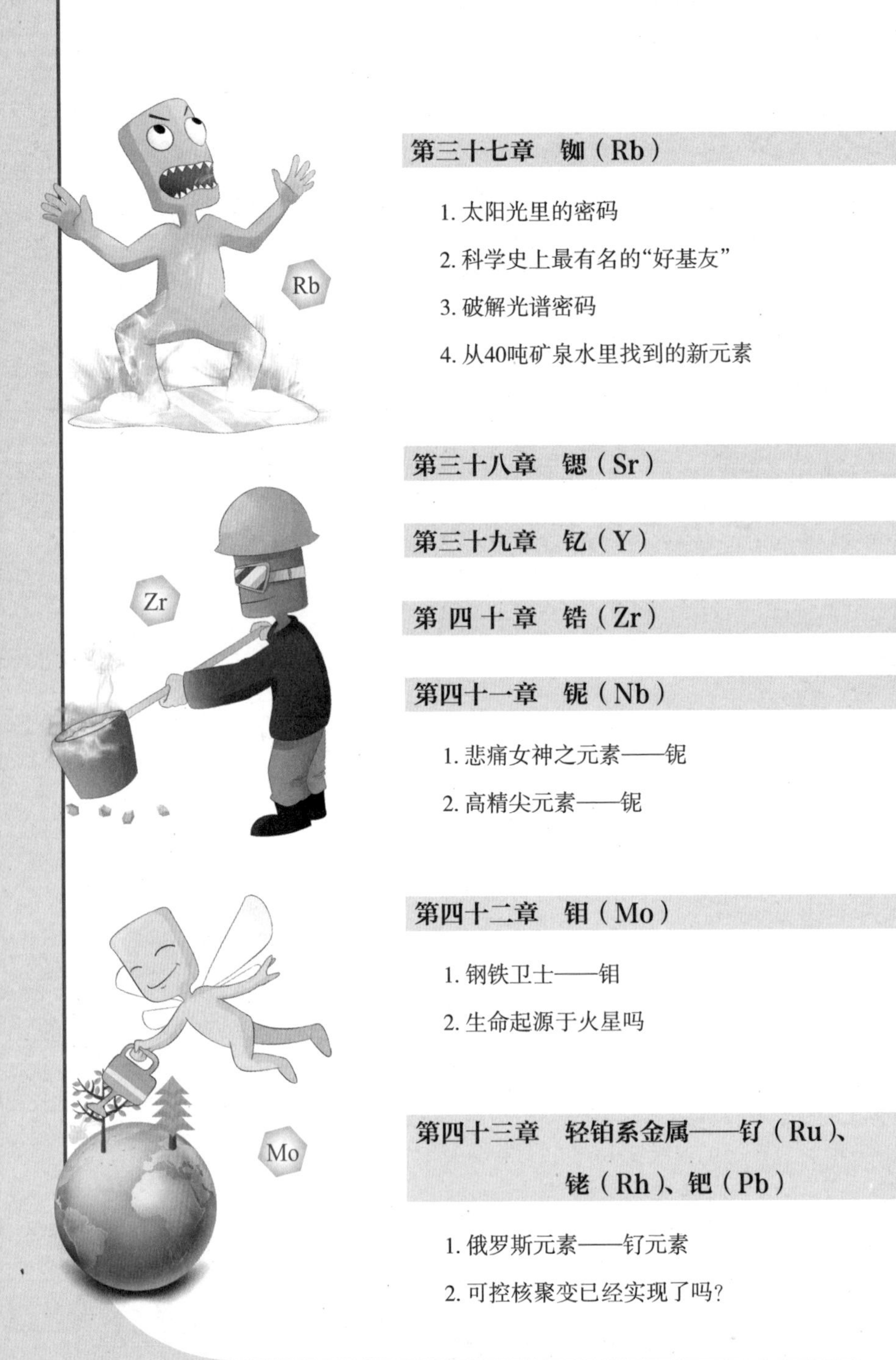

Cs

Nd

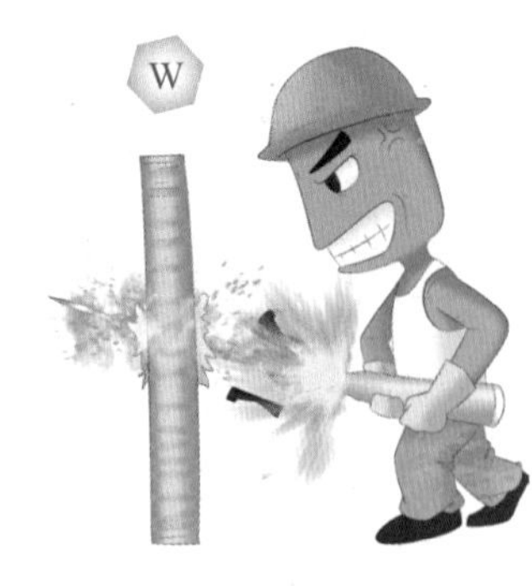
W

Pb

Bi

U

第三十七　三十八章

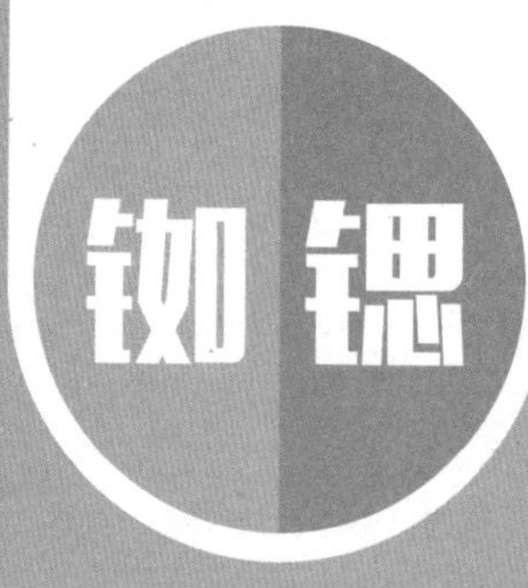

元素特写

铷：诞生于本生灯，红色谱线是我的身份证明，易燃易爆是我难逃的诅咒。爱我，你就密封我，一点儿水蒸气也不能有哦！

锶：你看到的红色焰火，是我在热烈地舞蹈。

第三十七章　铷（Rb）

铷（Rb）：位于元素周期表第37位，属于碱金属元素，化学性质极为活泼，可以与水剧烈反应并发生爆炸。纯金属铷通常储存于密封的玻璃安瓿瓶中。铷主要被用于制作铷原子钟。

1. 太阳光里的密码

本书一路写下来，我们讲了很多故事，尤其是18世纪末至19世纪初，舍勒、拉瓦锡、普利斯特里、戴维、法拉第那一帮天才的精彩故事，简直回肠荡气。但在那个时代，物理也好，化学也好，研究的不过是地球上的东西，天文学才是当时科学的前沿。

要想观察到更多的星体，看得更清晰，就需要更加出色的望远镜。望远镜的核心部件是透镜，在当时，欧洲做透镜技术最牛的人在巴伐利亚，那里有一个小伙子，是研制玻璃的天才，他的名字叫夫琅和费，是我们本节的第一个主人公。注意哦，这是一个人的名字，而不是夫琅先生和费先生两个人。

夫琅和费自幼贫苦，11岁就成了孤儿，只能屈身于一个玻璃厂做童工，这个玻璃厂违规经营，经常不顾员工死活，没几年就发生了厂房倒塌事故，夫琅和费被埋在废墟里，眼看就要一命呜呼。垂死之际，一道金光当空照，巴伐利亚选帝侯——查德·特奥多尔亲临救灾现场，担任救灾指挥部总指挥。未成年的夫琅和费得救了。

玻璃产业在当时可是欧洲最挣钱的产业之一，还记得穆拉诺小岛的故事吗？这位贵族看到小小少年，爱才之心油然而生，便出钱给他买书和煤油灯，以便他下班以后学习。夫琅和费也没其他选择，只好将自己毕生精力都投入到了玻璃研制上，力求精益求精。很快，巴伐利亚超越英国，成为当时欧洲光学产业的中心，就连英国烧制玻璃的大师法拉第，拿到夫琅和费的玻璃制品也自愧弗如。欧洲各大天文台争相订购夫琅和费设计的望远镜，他的代表作——9 英寸（1 英寸 =2.54 厘米）折射式望远镜，开启了“巨型折射式望远镜时代”。

英年早逝的夫琅和费（1787—1826）　　夫琅和费设计的 9 英寸折射式望远镜

夫琅和费制造望远镜的独门秘诀在于他发现了一套“密码”，这套“密码”并没什么神奇，就藏在随处可见的太阳光里。

我们知道，1666 年牛顿发现用三棱镜可以将白色的太阳光分解成如同彩虹的七色光带。但谁又能想到，这条光带里还潜藏着无数的秘密？

夫琅和费（中）在展示他的分光镜。

夫琅和费属于爱钻研的人，当他磨制出玻璃透镜以后，总要对着各种光线看看会发生什么。终于有一天，他用一种折射率特别高的玻璃制成一块三棱镜，用此发明了第一台分光镜。他先让太阳光通过一条极细的狭缝，再经过棱镜，在棱镜的后面架一台精密测量光线偏转角度的小型望远镜用于观察。这样阳光通过狭缝透射棱镜后，各色光线朝更开阔的方向散开，分布得更宽，得到了一长条艳丽的色带。

夫琅和费把自己关进小黑屋，点燃煤油灯，让煤油灯的光线透过三棱镜，穿过窥管，他朝窥管里观察，发现了两条明亮的黄线，还有各种各样的彩色线条，只是没有那两条黄线明显。他换了酒精灯、蜡烛，那两条黄线仍然很突兀地出现在窥管里。

夫琅和费把小黑屋的门打开一条缝，让一小束阳光照射到三棱镜上，这次察看的时候，窥管里出现的是又长又亮的完整彩虹。他仔细观察，却发现太阳光谱里有许多暗线竖立在彩虹里，好像太阳光少了几种颜色似的，他用 A、B、C、D……仔细记录下了每一根细线的位置，凭借超强的钻研精神，他发现了 500 多条暗线，这些暗线被称为“夫琅和费线”。

真是辛苦的一天，当夫琅和费完成了一天劳作，回到房间准备就寝时，突然觉得好像有什么不对，便又回到实验室。他再次点燃煤油灯，找到那两条黄线的位置，对比白天记录的太阳光谱里的暗线，发现双暗线 D 的位置正好和那两条黄线重合，一丝一毫都不差！也就是说，煤油灯里最强的光线，太阳光里却没有！

太神奇了！

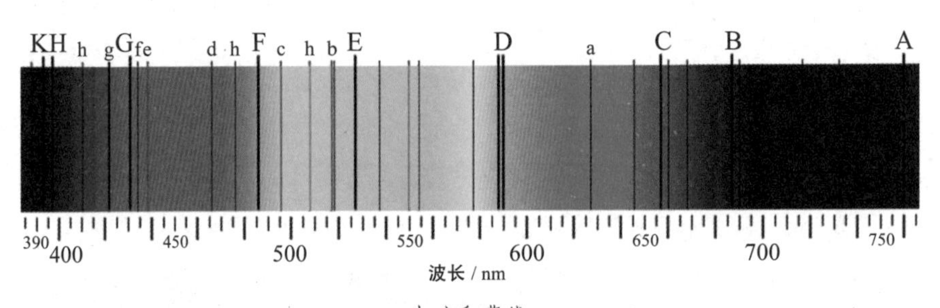

夫琅和费线

夫琅和费毕竟是一个技术男，他没有能力去探索这些暗线的来历，但他发现这些暗线是很好地鉴别透镜质量的利器。质量好的透镜，看到的暗线就清楚，而质量稍差的透镜，几乎看不到这些暗线，也难怪牛顿和那么多光学研究者都没注意到这些“密码”。夫琅和费就是用这套“密码”来检测他的透镜是否优质，至于这些“密码”的原理，自然留给后人去探究了。

在科学史上，夫琅和费算得上是一个十足的“民间科学家”，虽然他制作透镜的技术十分高超，但他一直到 35 岁才获得埃尔朗根－纽伦堡大学的“名誉博士”头衔。由于长时间地处于各种玻璃炼制现场，年轻的他吸入了过多重金属，仅仅 39 岁就与世长辞，实在令人扼腕。

1. 夫琅和费的非凡技艺体现在研制

A. 玻璃　　B. 陶瓷　　C. 塑料　　D. 橡胶

2. （多选）下列选项属于夫琅和费发明或发现的是

A. 夫琅和费线　　B. 本生灯

C. 戴维灯　　D. 分光镜

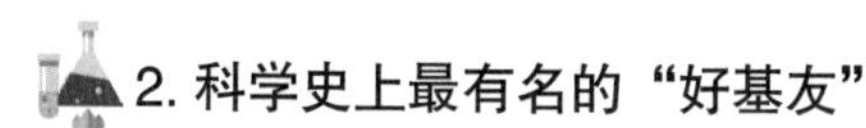

2. 科学史上最有名的“好基友”

上一节我们说到夫琅和费线的谜团，只能留给后人去解。

距夫琅和费线被发现约半个世纪之后，在德国最有名的海德堡大学里，林荫小路上经常会出现两个人的身影，他们的仪态极其不协调，其中一位高大健壮，戴上礼帽后足有两米多高，他言语不多，总是微笑着倾听，不紧不慢地迈着大步；另一位则短小精干，他挥舞着讲义，一边努力跟上前者的步伐，一边还在喋喋不休地讲述着他的见解。

他们俩，就是科学史上最有名（没有之一）的“好基友”——本生和基尔霍夫。

1811年，本生出生在一个科学世家，父亲是哥廷根大学的教授，母亲也学识渊博。他自幼就接受非常好的教育，17岁进入哥廷根大学学习数学、矿物学、化学等课程，取得博士学位之后，他开始云游欧洲，自见到了化学大牛李比希、米切利希后，就对化学产生了非凡的兴趣。回到哥廷根大学以后，他成为一名化学讲师，开始进行化学研究。

他研究了砷化合物，发现三氧化二铁的水合物就可以作为砷中毒的解毒剂，我们再也不用怕砒霜了。在一次制作有机砷化合物的实验中，装置发生了爆炸，他的右眼受伤，整个后半生他的视力都没有恢复过来。

在本生之前，化学家们的加热仪器是酒精灯，现在我们在实验室还看得到，但它的加热温度不高，本生想要得到更高的加热温度，它就力有不逮了。

恰逢当时德国已经普及了煤气路灯，煤气管道也已经铺设到本生的实验室里了，

【参考答案】1. A　2. AD

本生和他的本生灯

本生得到启发，设计了利用煤气加热的装置，这就是著名的“本生灯”。它可以安全地燃烧气体，火焰不会倒流进管内，可以旋转灯管调节进气量来控制火焰大小。从外观上看，本生灯最大的特点是火焰纯净、几乎无色，没有酒精灯、普通煤油灯的黄色火焰，温度可高达 1 500 ℃，现在我们家里使用的煤气灶，其工作原理就来自本生灯。

相比于本生的化学才能，基尔霍夫的才能更多地体现在物理中。比如，在电学里有名的“基尔霍夫电流定律”和“基尔霍夫电压定律”直到现在还是处理复杂电路的重要理论，因此他被称为“电路求解大师”。

在热辐射方面，他有大名鼎鼎的“基尔霍夫定律”，该定律指出在热平衡条件下，物体的辐射本领和吸收本领的比值与物体特性无关，是物体波长和温度的普适函数。在这之后，他又进一步提出“绝对黑体”的概念，要知道，几十年后，引爆量子力学的“乌云”之一就来自对黑体辐射的研究！

物理学大牛——基尔霍夫，有人说基尔霍夫是量子力学的曾祖父。（量子力学的祖父是普朗克。）

1851 年，本生受聘到布勒斯劳担任化学教授，结识了基尔霍夫。他俩相见恨晚，形影不离。一年多以后，本生接到了德国最好的海德堡大学的聘用书。到了海德堡大学后，他却十分想念基尔霍夫，于是想方设法将好朋友也推荐到海德堡大学。从此以后，这两位再也没有分开，并且每天都要在校园里、野外一边漫步，一边讨论学术问题，这成为科学史上的一段传奇。

他俩最为人所知的，是一起发现新元素的故事。话说本生有一门拿手绝活——徒手烧制玻璃，还经常在课堂上表演。只见他用两只大手灵巧地转动着本生灯上的玻璃块，并且全神贯注地朝熔融的玻璃里吹气，把玻璃变成各种形状，似乎忘却了手指上的灼热，学生们有时候甚至会看到他的手指在冒烟。

他在摆弄这些玻璃的时候，注意到火焰的颜色在不断变化。平时，本生灯的火焰总是呈极微弱的蓝色，可是，插入了一根玻璃棒后，火焰立马变成黄色；而插入一根铜管，火焰就变成绿色；当他将蘸有钾盐的玻璃棒插入，火焰又呈现淡紫色。

他尝试着用铂丝把其他物质放进去，果然本生灯上出现了各种各样的颜色的火焰，比如：钙盐——砖红色，钠盐——黄色，钡盐——黄绿色。

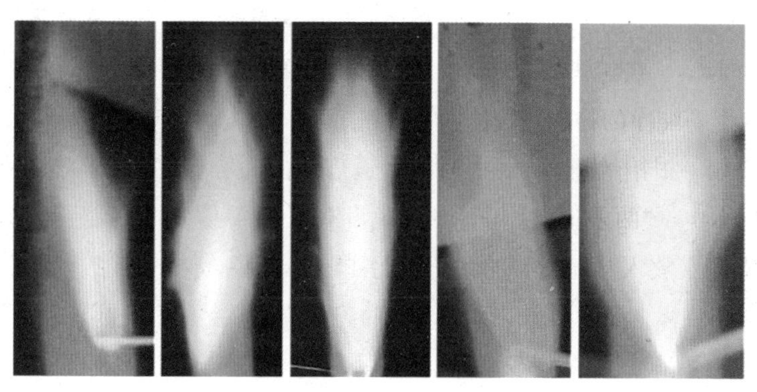

焰色反应，从左到右：砷（蓝紫色）、铜（绿色）、钠（黄色）、锂（紫红色）、钙（砖红色）。

本生想：如果通过本生灯就能看出物质的组成，这就省事多了。但事实是残酷的，若燃烧多种物质的混合物，几种颜色混在一起，就什么也分不清了。本生曾经想过用滤色镜来过滤光线，比如用蓝色玻璃来滤掉钠的黄色，但还是过于麻烦。

有一天两人散步的时候，本生把自己的困惑告诉了基尔霍夫，基尔霍夫回答："从物理学的角度来看，我认为更应该观察火焰的光谱，这样所有的颜色都会被清楚地区别开了。"

看吧，笼罩的乌云即将消散，化学的又一个春天就要到来了！

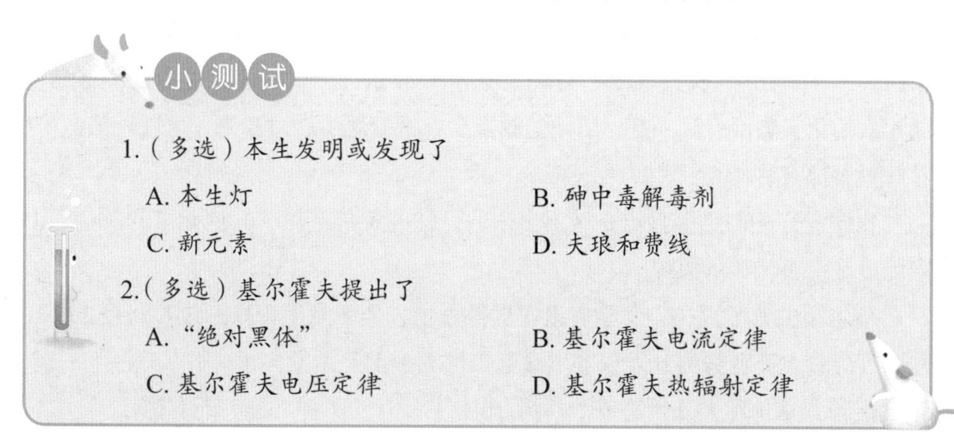

小测试

1.（多选）本生发明或发现了

A. 本生灯　　B. 砷中毒解毒剂

C. 新元素　　D. 夫琅和费线

2.（多选）基尔霍夫提出了

A. "绝对黑体"　　B. 基尔霍夫电流定律

C. 基尔霍夫电压定律　　D. 基尔霍夫热辐射定律

【参考答案】1. ABC　2. ABCD

3. 破解光谱密码

在一个天气晴朗的日子里，基尔霍夫来到本生的实验室，两人开始按照上次讨论的方案工作起来。物理学家基尔霍夫负责安装分光镜，无杂色的本生灯实在是再理想不过的光源了，这个分光镜与夫琅和费时代的分光镜相比有很大的进步，化学家本生则在准备纯净的物质。当他们各自完工后，历史性的时刻就要到来了。

本生先用一根铂丝蘸了一小粒食盐送进灯焰，基尔霍夫瞪大了眼睛，往窥镜里看，并告诉本生："两条黄线，其他什么也没有了。"

本生接着又放入其他类型的钠盐，比如苏打（碳酸钠）、硫酸钠、硝酸钠，它们的光谱全都一样，都是黑色的背景上有两条明亮的黄线，并且还出现在同一位置。

本生把铂丝清洗干净，又蘸了几粒钾盐送进灯焰。这一次基尔霍夫看到了什么呢？"一条亮紫线，一条亮红线，还有一大堆不明亮的线条，几乎连成一片。"基尔霍夫一边看一边说道。所有的钾盐都产生这样的线条。继续实验，所有的锂盐的光谱里都有一条明亮的红线和一条橙线，所有的锶盐都产生一条明亮的蓝线和几条暗红线。

总之，每一种元素都有其特征谱线，在分光镜里，它都有属于自己的唯一的"条形码"，不论以什么样的形态存在，单质也好，硫酸盐也好，氢氧化物也好，它的"条形码"都是不变的。

这一对好朋友发现了元素的"身份证"！

基尔霍夫将每种元素的"身份证"都详细地记录下来，本生看着认真工作的基尔霍夫，挑衅道："我给你出一道题目吧，考考你？"于是他背过身去，将几种不同元素的化合物混合到一起，用铂丝蘸取少许混合物，转过身来，送进灯焰："来吧，看看里面都有些什么？"

直接看灯焰的颜色肯定是看不出来的，钠的黄色遮住了其他元素的颜色，但分光镜里是一番什么景象呢？

基尔霍夫看了很久，实验室里安静得可怕，似乎是上帝故意让时间停止了一会儿，等待着人类智慧的升级！本生拿着铂丝的手都开始发抖了。

终于，基尔霍夫开始答道："我看出来了，有钠、钾、锂，还有锶！"

"对！"平时不苟言笑的本生竟然大叫起来！

化学家们再也不用害怕混合物的复杂了，有了分光镜，每一种成分都逃不出它的“魔眼”！

话说回来，这对好朋友花费了大半天工夫，也只是重复了夫琅和费的发现。还记得夫琅和费线的最大谜团吗？煤油灯里最强的光线，太阳光里却正好没有！

基尔霍夫作为一个物理学家，面对这些谜团，责任心驱使他必须给出合理的解释，于是就有了“基尔霍夫光谱学三定律”：

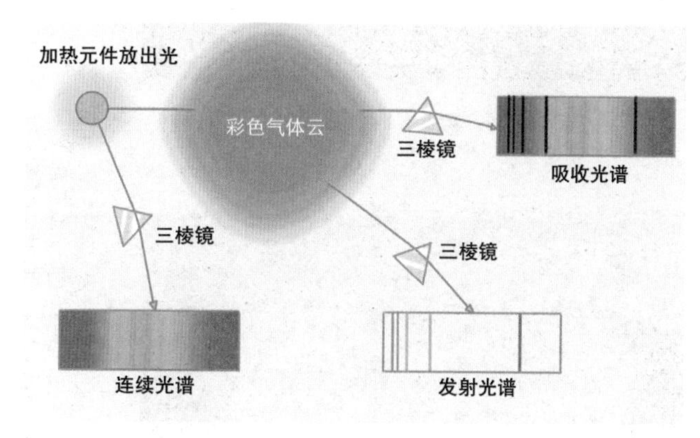

三种不同的光谱

①炽热的固体、液体或高压气体产生连续光谱。

②高温低压气体产生明线光谱，即发射光谱。

③处于炽热的连续光谱源和观察者之间的低温低压气体产生吸收光谱，即连续光谱上叠加若干暗线。

这样一下子就清楚了，夫琅和费线就是太阳光透过太阳大气产生的吸收光谱。夫琅和费线里的双暗线 D 就说明了太阳大气里有钠，基尔霍夫查找了 500 多条夫琅和费线，发现太阳上有的元素，地球上都有！

天哪！有了分光镜，我们竟然可以研究太空中星体的化学成分！在这之前，可没有一个人敢这样想，因为不可能把太阳和星星放到烧杯或者试管里化验，但有了光谱分析，化学家只要将分光镜配上望远镜，足不出户就可以知道各个恒星上都有哪些元素。就这样，天体化学这个崭新的学科诞生了！

物理手段永远是化学家们手中的利器，如果说拉瓦锡的朋友是天平，戴维的武器是电流，本生和基尔霍夫的工具就是光谱！

你想知道光谱分析有多牛吗？比如，本生灯里落入多少钠盐，分光镜里就会看到钠的“身份证”呢？

答案一定会把你吓呆，只要十亿分之一克的钠盐，就足够让分光镜里出现双黄线了。

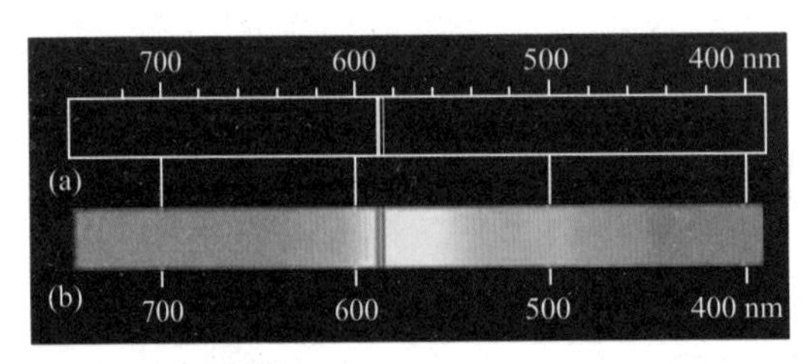

钠的发射光谱（a）和吸收光谱（b），双黄线总是特别夺目。

煤气的蓝色火焰中出现黄色火焰，其实是钠的焰色反应。

于是，他们俩经常在分光镜里看到双黄线，比如本生用手接触了一下铂丝，手上极少量的汗液沾了上去，汗里这一丁点儿的食盐就会产生双黄线。再比如在分光镜不远处，基尔霍夫翻了一页记录本，本生也能看到双黄线，这是怎么回事呢？其实，这来自大海。大海里有无数的钠盐，被海风卷起，夹杂在灰尘里，可以随风飘到地球的任何一个角落，所以，只要有一点点灰落进分光镜，分光镜就会报告：有钠！

我们平时烧的煤气的火焰是淡蓝色的，偶尔从铁锅上掉下一粒灰，煤气上就会跳出一些黄色的火焰，甚至你打个喷嚏，惊动了火焰，也会看到黄色火焰跳舞。我们一般接触的物质，看起来纯洁无瑕，但在分光镜的“魔眼”之下，总能找到很多杂质。

原来，我们身处一个很“脏”的世界！

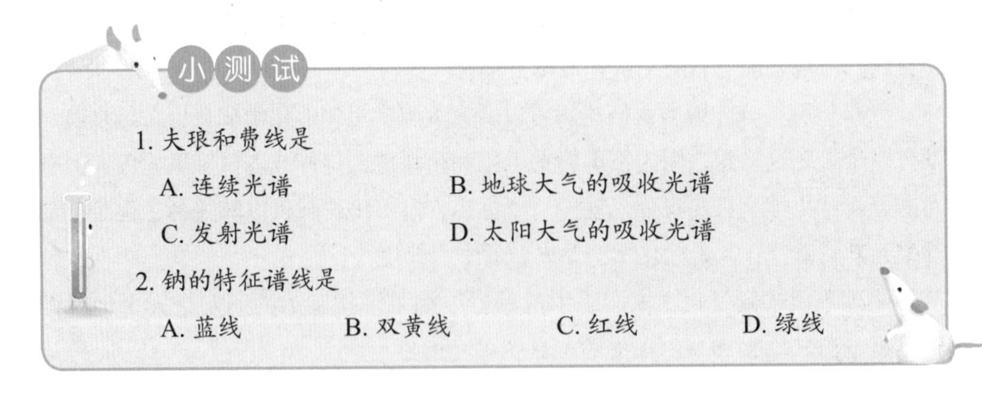

小测试

1. 夫琅和费线是

A. 连续光谱　　B. 地球大气的吸收光谱

C. 发射光谱　　D. 太阳大气的吸收光谱

2. 钠的特征谱线是

A. 蓝线　　B. 双黄线　　C. 红线　　D. 绿线

【参考答案】1. D　2. B

4. 从40吨矿泉水里找到的新元素

有一天，基尔霍夫来实验室迟了一些，本生一看见他，近乎失态地大叫起来："我找到锂了，你猜在哪里？"基尔霍夫还在一脸蒙的时候，一贯矜持的本生已经按捺不住："烟灰里！"

要知道，当时锂刚被发现几年，被认为是一种稀有元素，只在三四种极其稀有的矿物里才能找到它的身影。现在本生竟然发现，它在我们身边随处可见的烟灰里，分光镜的功能真是太强大了！

本生沉浸在分光镜的快乐里，他不断地寻找，不断地发现，花岗岩里有锂，河水里有锂，甚至血液里也有锂。原来，常见的元素蒙蔽了太多化学家的眼睛，但现在，用分光镜就能够消除这些干扰，找到原本认为稀有的元素。这样的话，是不是还有很多未发现的元素，它们平时躲在常见元素的背后，藏得很深，用普通的化学分析方法根本找不出它们，但现在有了分光镜，找出它们不再是梦想。

本生有了新的目标，开始把一样又一样东西放进他的分光镜，矿石、矿泉水、各种植物的灰烬以及各种动物的骨骼和肌肉。常见元素的谱线已经印在他的脑海里，每天夜里他都会梦见自己看到了新的谱线：红的，绿的，蓝的，紫的……

终于有一天，本生将产自杜尔汗的矿泉水浓缩以后，去除了其中的钙盐、锶盐、锂盐。浓缩液里就只剩下钠盐、钾盐以及一点点锂盐了，这三种元素就是那么讨厌，到处都能见到，却又很难除去，它们一直扮演着未知元素的遮蔽者的角色。但好在本生对这三种元素的谱线已经烂熟于心了，每次窥视分光镜，他想也不想就会将它们的谱线过滤掉。

这次，本生的心却扑通扑通地跳动起来，似乎有两条陌生的蓝线，躲在熟悉的钠、钾、锂谱线身后，在羞答答地跳舞。

锂的光谱，不用分光镜我们只能看到锂的紫红色火焰，在光谱里，还有橙色、绿色和蓝色的特征谱线。

铯的完整谱线，本生最早看到的是哪两条蓝线呢？

谨慎的本生唯恐出错，赶紧回过头去翻阅自己和基尔霍夫整理的“元素身份证登记表”——光谱图，锶倒是有一条蓝线，但窥镜里却是两条，而锶其他颜色的谱线，这里却一点都看不到。看来，新元素终于被找到了！

接下来就是要把这种新元素提取出来。然而，本生在将矿泉水浓缩很多次以后才发现新元素极其微弱的谱线，可以料想，一小瓶矿泉水里的新元素，估计也就一百万分之一克，这显然是没意义的。

好在本生跟附近的化工厂关系密切，经常给他们当技术参谋，化工厂里有的是大锅炉，帮本生处理矿泉水简直就是小儿科了。几个星期过后，40 吨矿泉水变成了 240 kg 浓缩液，接下来就方便多了，本生回到实验室，先用硫酸盐、草酸盐除去钙、锶、钡等碱土元素，再用碳酸铵除去锂离子，这时只剩下钾离子和新元素了。

这时，分光镜中又出现了新的暗红线，这是双蓝线新元素本身的谱线呢？还是其中还有另一种新元素？

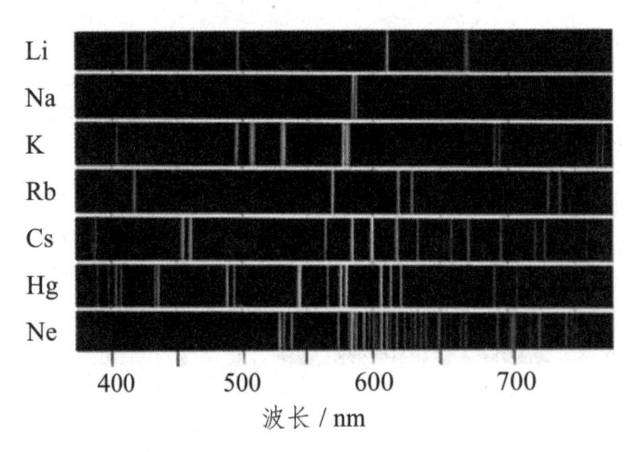

从上到下依次为锂、钠、钾、铷（Rb）、铯、汞、氖的特征谱线，可以看出，铷有两条暗红线。

本生之前已经发现氯铂酸钾溶解度较小，可以用来除去钾离子，因此他调来了“终极武器”氯铂酸来处理剩下的母液。经过分光镜分析，却发现新元素的谱线还是跟钾元素在一起，看来新元素应该是和钾元素一起被氯铂酸沉淀了，由此推知这种新元素的性质跟钾元素很类似。

好像又走到死胡同了，但本生没有放弃，新元素的氯铂酸盐和氯铂酸钾的溶解度曲线毕竟还是不一样的，通过加热溶液，新元素的氯铂酸盐被分离出来了，最后用氢气还原氯铂酸盐，终于得到了新元素的氯化物。

仔细分析以后，发现还真的不止有一种新元素，它们的碳酸盐在醇里的溶解度还是有点不同，最终本生得到了两种盐，前一种就是有双蓝线谱线的元素，本生把它命名为“铯”（Caesium），是天蓝色的意思；后一种就是出现暗红色谱线的元素，本生把它命名为“铷”（Rubidium），意为暗红色。本生花了好几个月，终于从 40 吨矿泉水里得到了 7 g 氯化铯和 9.2 g 氯化铷，化学分析可真不是普通人能做的啊！

图片为这对好朋友的墓碑。本生被安葬在海德堡，而基尔霍夫被安葬在柏林。

本生和基尔霍夫并没有得到铷和铯的单质，但这并不妨碍他们成为这两种新元素的发现者，这在科学史上还是第一次。何哉？既然大家已经认可了光谱是元素的“身份证”，那么发现了新光谱当然等于发现了新元素。

元素发现的前一个高峰还要追溯到戴维时代的电化学，这一次，光谱分析学大大拓展了化学家们的视野，元素发现的第二个新高潮来临了。几年内，新元素在分光镜的“魔眼”下纷纷现身，一个又一个被找出来！甚至连太阳上的新元素也被发现了，还记得“氦”吗？太阳元素——氦，最早就是被让森用光谱分析发现的。

铷投到水里是这样的情景。

话说回来，等到本生开始研究铷和铯的化学性质时，却发现它们跟钠、钾兄弟以及小弟——锂太相似了。只是，它们的脾气更加火爆。我们知道，将钠投到水里，会嗞嗞作响；将钾投到水里，会发出轻微的爆裂声；而你只要把铷放在空气里，空气里的一点点水蒸气就会让它自燃起来；如果你要将 1 g 铯投到水里，那简直就是一次灾难。

但这两种元素在自然界实在太少了，跟它们的兄弟元素钠、钾简直不能相提并论，因此严重限制了它们的应用，没有哪

美国海军气象天文台用的铷原子钟

个资本家会如此耗费精力、财力，提取这么点儿火爆元素，当成钠、钾去做肥皂、火药、食品添加剂等。

如此稀少的元素当然只有在高精尖的领域里才能找到身影，比如原子钟，就利用了铷和铯能级的超精细结构。铷含量比铯要多一点，也就更便宜一点，因此“铷级”原子钟在普通的电讯行业被大范围使用，如果需要更精确的等级，就要用到“铯级”原子钟。

还记得我们在第二章“3. 开启低温世界之门”里，提到过的玻色 – 爱因斯坦凝聚态吗？在超低温下，原子的运动速度足够慢时，它们将集聚到能量最低的同一量子态，此时，所有原子会如同一个原子一样，形成一种超流体，非常不可思议。

1995 年，美国物理学家康奈尔和维曼在比绝对零度仅仅高出两千万分之一摄氏度的超低温度下，使约 2 000 个铷原子形成了玻色 – 爱因斯坦凝聚态，通过实践证实了这一理论。几乎同一时间，德国物理学家科特勒也用钠原子做到了这一点。这让他们三个一起获得了 2001 年诺贝尔物理学奖。

未来，铷元素还会对人类有哪些贡献呢，让我们拭目以待吧。

2001 年诺贝尔物理学奖获得者（左为康奈尔，中为科特勒，右为维曼）

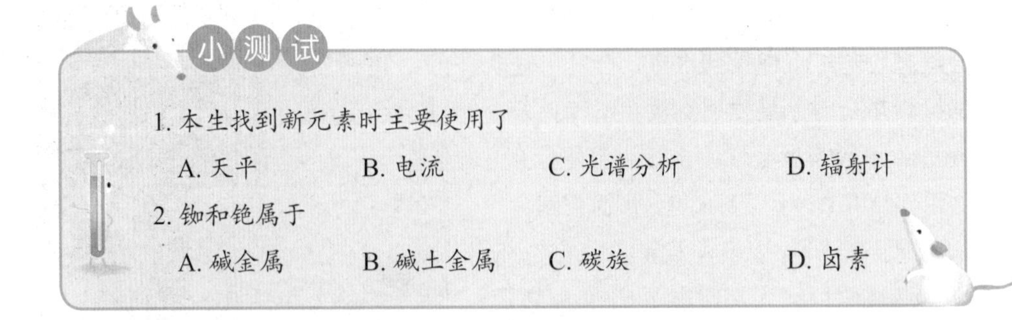

小测试

1. 本生找到新元素时主要使用了

A. 天平　B. 电流　C. 光谱分析　D. 辐射计

2. 铷和铯属于

A. 碱金属　B. 碱土金属　C. 碳族　D. 卤素

【参考答案】1. C　2. A

第三十八章　锶（Sr）

锶（Sr）：原子序数为38的活泼金属元素。单质呈银白色，易与水和酸作用而放出氢气。碳酸锶等锶盐在空气中燃烧时能产生红色火焰，因而常用于制造焰火。锶90是一种放射性同位素，可作β射线放射源。

1790年，伦敦皇家军事学院的药剂师克劳福德正在配药，突然发现产自苏格兰斯特朗提安的重晶石和以往的重晶石性质有些不一样，克劳福德在他的日记中写道："看起来，来自苏格兰的矿物里有一种全新的化学成分，是我们以前一直没有研究过的。"

几年后，化学家们甚至都为这里面的新元素取好了名字"Strontium"（锶），因为它来自苏格兰的斯特朗提安。但由于它没有被分离出来，拉瓦锡也就没有把它放进第一张元素表中。

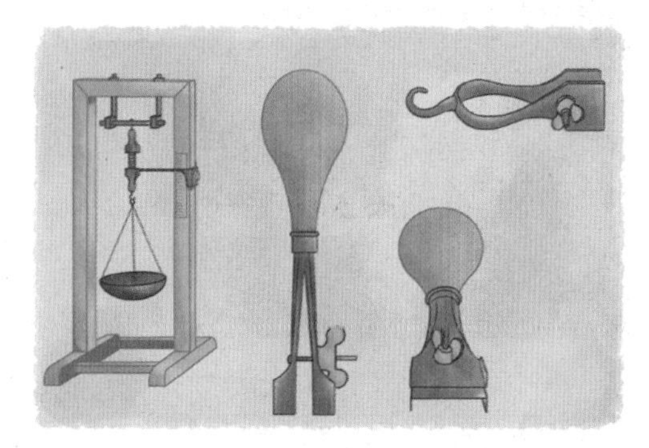

克劳福德使用的装置

最终一锤定音的还是我们的大帅哥戴维，他在电解出钾、钠兄弟后，又将目光转移到碱土金属上，1808年，他用盐酸处理菱锶矿，得到氯化锶，并将氯化锶和氧化汞混合电解，得到了锶汞齐，将汞蒸发后，剩下的就是金属锶。

1808年6月30日，戴维登上皇家学会的演讲台，宣布了这一发现，并被公认为锶的发现者。

锶在地壳里分布其实不少，含量约为0.037%，在所有元素中排第16位。锶主要以菱锶矿（主要成分为碳酸锶）和天青石（主要成分为硫酸锶）的形式存在，前者和石灰石（主要成分为碳酸钙）、毒重石（主要成分为碳酸钡）、白铅矿（主要成分为碳酸铅）类似，它们都被称为“文石类”，经常共生在一起，此外它们还经常和含硫矿物方铅矿、黄铁矿等伴生；后者跟石膏（主要成分为含水硫酸钙）、重晶石（主要成分为硫酸钡）类似，也经常共生在一起，富含钙的称为钙天青石，富含钡的称为钡天青石。

天青石晶体，如同它的名字，偶尔带点蓝天的青色。

不要小看这个名气不大的元素，它竟然是元素周期表的“引发剂”。

1829 年，德国化学家德贝莱纳在研究精确测量元素相对原子质量的方法时，大文豪歌德（没错，就是《浮士德》的作者，他也很喜爱化学）告诉他戴维几年前发现了新元素锶，这种元素比较少，也很新鲜，没几个人研究过。于是德贝莱纳开始反复推敲锶的数据，既然研究锶，也不可避免得接触到共生矿物钙盐和钡盐。突然，他注意到，锶的相对原子质量正好是钙和钡的相对原子质量的平均数，这个三元素组合是偶然？还是一种更深层次规律的表象呢？

德国化学家德贝莱纳，他跟歌德是好朋友。

德贝莱纳坚信这不是一种巧合，于是他继续关注其他元素的相对原子质量，终于又找到了“氯、溴、碘”“硫、硒、碲”这两个“三素组”。

可惜的是，当时的化学家们毕竟没有摆脱一些神学、炼金术的固有思想，他们被“三”这个数字所束缚，以为这是一种“三”的命理学。于是他们开始东拼西凑，硬是搞出许多牵强的组合，并将这些组合跟神学对应起来。

幸亏 40 年后，门捷列夫没有被“三”约束了思想，元素周期律才最终被人们发现。但我们不要忘了，锶元素开启了“三素组”，这种思想被门捷列夫借鉴。

H							He
Li	Be	B	C	N	O	F	Ne
Na	Mg	Al	Si	P	S	Cl	Ar
K	Ca	Ga	Ge	As	Se	Br	Kr
Rb	Sr	In	Sn	Sb	Te	I	Xe
Cs	Ba	Tl	Pb	Bi	Po	At	Rn

几个真正的“三素组”，它们只是元素周期律的表面规律。

在本生和基尔霍夫的分光镜里，锶有几条蓝

线，但在我们的肉眼里，蓝色的线条总是被几道红光遮掩，所以当锶盐燃烧时，我们看到的是它那激情似火的红光。因此，锶经常被加到烟火里，我们看到的红色焰火，就是锶元素在热烈舞蹈呢。

红色焰火里，锶元素发出红光。

锶元素更为人所知的是它有一种可怕的放射性同位素——锶 90，它会逐渐衰变为钇 90，这个过程几乎是纯 β 衰变，只产生微不足道的 γ 射线。虽然它的半衰期长达 29 年，但辐射能量很高，这在放射性同位素里是不多见的。更重要的是，虽然锶元素在人体内几乎没啥作用，但它会经常和钙在一起，进入人体的骨质。正常的锶元素对人体没有任何影响，但放射性强的锶 90 进入人体就会沉积在人的骨头里，这让它成为人们避之唯恐不及的对象。

核爆炸之后，铀 235 会产生很多锶 90，因此检测锶 90 在空气中的含量也可以用来检查某些国家是否进行了核试验。

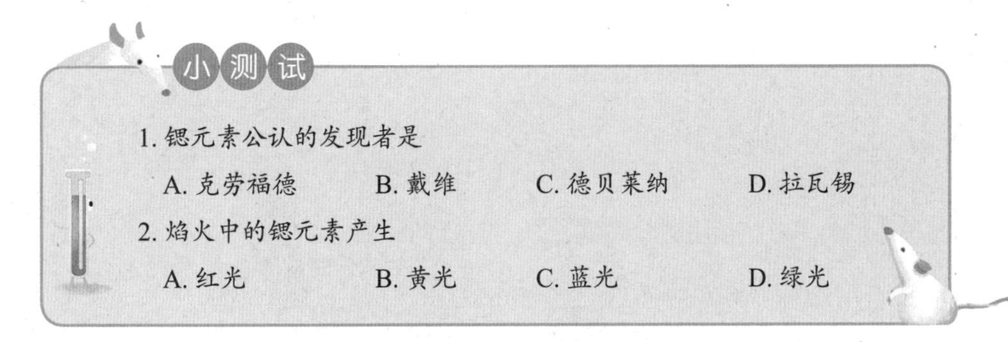

【参考答案】1. B　2. A

第三十九 四十章

元素特写

钇：普通青年的经历不普通呢！从前的我为人类推开了稀土世界的大门，现在的我成功参与了制造激光与雷达。

元素特写

锆：倔强的男孩儿，讨厌作为钻石替代品的光鲜生活，甘愿成为化学反应釜，在超高温与腐蚀的考验下静静绽放。

第三十九章　钇（Y）

钇（Y）：位于元素周期表第39位的稀土金属元素，单质呈灰黑色，与热水能反应，易溶于稀酸。可制特种玻璃和合金，钇钡铜氧材料可用于制造高温超导材料。

18世纪，欧洲人破解了中国的陶瓷技术，长石矿的需求与日俱增。瑞典也不例外，1780年，距离斯德哥尔摩20 km外的于特比小镇上，一座新的长石矿动工了，谁都不知道，这个小镇上的矿山会带领人类进入一扇什么样的大门。

芬兰化学家加多林，钇的发现者。

1787年，瑞典的一位兼职化学家阿伦尼乌斯（不是后来获得诺贝尔奖的那个）来到于特比小镇的矿山上考察，发现了一种坚硬的黑色石头，他以为是刚发现的钨。

阿伦尼乌斯只是个小人物，他把这些黑色石头邮寄给了多位化学家，求他们帮忙鉴定一下。经过几番辗转，矿石到了芬兰化学家加多林手上。

加多林出生于科学世家，祖父是一位物理学教授兼教会的主教，父亲是一位物理学家兼神学教授，到了加多林，他响应当时的启蒙运动，彻底摆脱了神学，投奔到理性的怀抱。

年轻时代，加多林走遍了欧洲大陆，回国之后，他选择了一个叫图尔库的地方静心研究各种矿石，逐渐小有名气，欧洲各国的地质学家、化学家都开始给他邮寄一些不寻常的矿石，求他鉴定，瑞典的化学家当然也不例外。

较纯的钇

加多林仔细研究了黑色石头，发现这绝不是钨，其质量的 38% 是一种新元素的氧化物，性质部分跟氧化钙相似，部分跟氧化铝相似。他就用这些石头的“故居”于特比(Ytterby)来命名这种新元素为“Yttrium”，翻译成中文就是“钇”。1794 年，加多林发表了他完整的分析过程，虽然加多林并没有将钇分离出来，但大家都公认加多林是钇的发现者。

1828 年，老熟人维勒用钾还原氯化钇，得到了单质钇。然而，好戏才刚刚开始，维勒得到的并不是纯净的钇。1843 年，法国化学家莫桑德尔发现，氧化钇绝不像加多林想象的那样，是一种金属的氧化物，他竟然分离出来三种氧化物：白色的氧化钇，棕褐色的氧化铽（tè)，玫瑰色的氧化铒。一下子又有两种新元素被发现了。

钇是第一种被发现的稀土元素，在这之后，一种又一种稀土元素被发现出来。有人说，加多林抖了抖于特比的钱袋，一枚又一枚金币就这样落了下来。加多林和钇一起开启了稀土元素的大门！事实上，总共有 7 种元素跟于特比小镇有关，于特比小镇堪称元素小镇，这些精彩的故事我们留到后面再说。

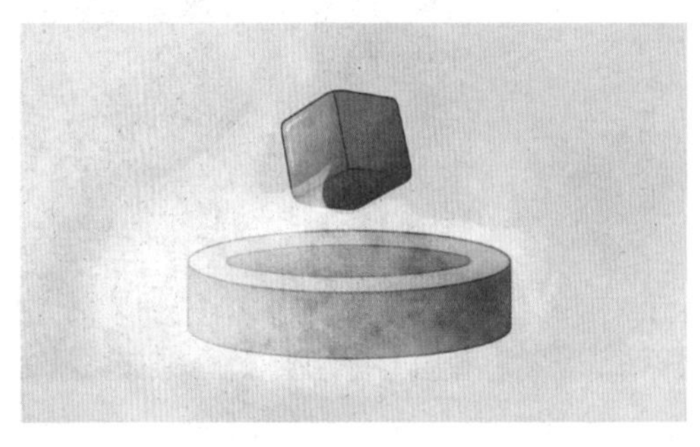
这些神奇的超导现象会出现在我们身边吗?

自从 1911 年奥涅斯发现超低温下水银的纯结晶的超导现象以后，人们开始憧憬着超导的临界温度逐渐提高，好让各种神奇现象能够迅速出现在身边。然而现实是残酷的，从 1911 年至 1973 年的 60 多年间，临界温度仅以平均每年 0.3 K 的速度提高。如果说这只是实验数据，人们好歹还有希望，但 1957 年 BCS 理论（超导电性的微观理论）的提出几乎让科学界绝望。

还记得 1956 年的诺贝尔物理学奖吗？那个不善言辞、动手能力差的巴丁和搭档布拉顿以及野心勃勃的上司肖克利一起因为锗半导体而获得诺贝尔奖，后来巴丁又被肖克利赶去了其他项目组。巴丁只好离开贝尔实验室，去了伊利诺伊大学，在那里，他继续研究半导体，并将目光投向超导体。

是金子在哪里都会发光，1957 年，巴丁、库珀和施里弗提出了 BCS 理论，第一次系统地解释了超导的原理。令人失望的是，根据 BCS 理论，最高的临界温度是

30 K，实在太低了，比液氮的温度还要低好几十开尔文（K），这几乎宣判了室温超导的死刑。

不管怎样，在当时，BCS 理论被证明很完美，巴丁、库珀和施里弗因此获得了 1972 年诺贝尔物理学奖，巴丁这个木讷的男人成为历史上唯一一位两次获得诺贝尔物理学奖的人。

伊利诺伊大学里，关于 BCS 理论的介绍

话说 1956 年他走上领奖台面对瑞典国王的时候非常紧张，当瑞典国王问他为什么只带了三个孩子中的一个孩子时，他仓促地回答：“下次一定把三个全带来。” 1972 年，他果真履行了自己的承诺，全家人去瑞典领奖，这成为科学史上的一段佳话。

科学从来没有说自己的理论是真理，现有的理论就是用来被打破的，只是没想到那么快。1986 年，IBM 公司的柏诺兹和缪勒发现一种掺杂了镧元素、钡元素的氧化铜的临界温度竟然达到了 35 K，打破了 BCS 理论的预言，这让他们俩共同获得了 1987 年诺贝尔物理学奖。

正当科学界还在消化这一神奇现象之时，1987 年 1 月，休斯敦大学的朱经武和他的学生发现了一种钇钡铜氧材料，其超导临界温度竟然达到了 90 K 以上，简直超乎人们的想象。

腼腆木讷的巴丁，是唯一一位两次获得诺贝尔物理学奖的人。

钇钡铜氧材料的发明者——朱经武

钇钡铜氧材料虽然没有获得诺贝尔奖，但在超导历史上是一个划时代的里程碑，因为它是第一个超导临界温度高于液氮温度（77 K）的材料，人类从超低温（液氦温度）超导时代一下子进入了低温（液氮温度）超导时代，钇元素为人类打开了高温超导的大门！

1. 钇元素的发现者是

A. 维勒　B. 加多林　C. 阿伦尼乌斯　D. 朱经武

2. 钇钡铜氧材料的超导临界温度高于

A. 液氦温度　B. 液氮温度　C. 室温　D. 超高温

3. 截至目前，唯一一个两次获得诺贝尔物理学奖的人是

A. 居里夫人　B. 刘易斯　C. 巴丁　D. 杨振宁

【参考答案】1. B　2. B　3. C

第四十章　锆（Zr）

锆（Zr）：原子序数为40，单质是一种高熔点、浅灰色的金属。单质锆的表面易形成一层氧化膜，具有光泽，故外观与钢相似；耐腐蚀性强，但可溶于氢氟酸和王水；高温下可与水剧烈反应。

宝石级锆石，经常有人用它来冒充钻石。

在印度洋上的斯里兰卡，出产一种美丽的宝石——锆石，也叫风信子石、锡兰石（斯里兰卡古称锡兰）。由于其中掺杂了不同的元素，锆石有无色和红、蓝、紫、黄等各种颜色；由于折光率很高，纯净的锆石也有钻石那样晶莹闪烁的彩色光芒，所以经常被人用来以假乱真，冒充钻石。但它的硬度低、易碎，所以还是比较容易鉴别的。在西方文化中，锆石在《圣经》中被多次提及，是十二月份的生辰石。

1789年，法国大革命的那一年，那个发现中国人马和在《平龙认》中提及氧气的克拉普罗特的爸爸——德国化学家老克拉普罗特对这种锆石进行了研究，他先用氢氧化钠跟它共熔，然后用盐酸处理，再用碳酸钾处理，得到不溶的碳酸盐，用硫酸处理得到的碳酸盐沉淀，去除二氧化硅，这都是化学分析的必备技能。

当继续用碳酸钾处理上述所得滤液之后煅烧，他以为可以得到钙、镁或铝的氧化物——石灰、苦土或白土，但这种沉淀既不像白土那样溶于碱液，也不像苦土那样会和酸反应，看来这其中有一种新的未知元素，老克拉普罗特称它为“zirkonerde”（锆土），来自古波斯语“zargun”（金色）。

戴维从石灰和苦土里发现了钙和镁以后，曾经尝试用电解的方法去分解锆土，未果。后来贝采里乌斯用钠还原锆氟酸钾，得到了不纯的锆。直到1914年，荷兰的两位科学家用钠还原四氯化锆，创立了工业化制金属锆的方法，纯净的锆金属终于得见天日，这一方法一直沿用至今。

锆块（左下）和锆棒（右二），泛着银灰色的金属光泽，纯度都在 99.95% 以上。

锆特别耐热，熔点为 1 852 ℃，沸点高达 4 377 ℃。在元素周期表里，它位于钛的下方，和钛一样，也非常耐腐蚀，只有王水和氢氟酸能攻破它。所以锆经常被用于制作耐高温耐腐蚀的容器，比如反应釜、坩埚、冶金的熔炉等。

由于锆几乎不阻挡中子，所以高纯度的锆还经常被制成管子，在核反应堆里盛放核燃料芯块。

锆金属做的坩埚

但锆有一个缺点，它在高温下会和水反应，生成二氧化锆和氢气。这一反应在 100 ℃以下非常缓慢，但如果温度超过 900 ℃，则会迅速加剧。氢气逐渐积累，就会存在爆炸的风险。

2011 年 3 月 11 日，日本沿海发生里氏 9.0 级地震，导致福岛核电站中的 1、2、3 号反应堆冷却器受损，温度失去控制，锆管在高温下与水剧烈反应，释放出大量氢气，3 月 12 日福岛核电站发生爆炸，大量含辐射的核物质随蒸气泄漏出来，随着海水、空气流通到外部，引起世界性恐慌。

2011 年 3 月 28 日，已检测到的数据显示，此次日本核泄漏已经达到切尔诺贝利核电站的污染水平。一直到今天，福岛的辐射泄漏问题仍然没有被完全解决，这个原来生机勃勃的村庄现在已成为只有在电影里才能看到的无人鬼镇。这难道是锆元素的错吗？

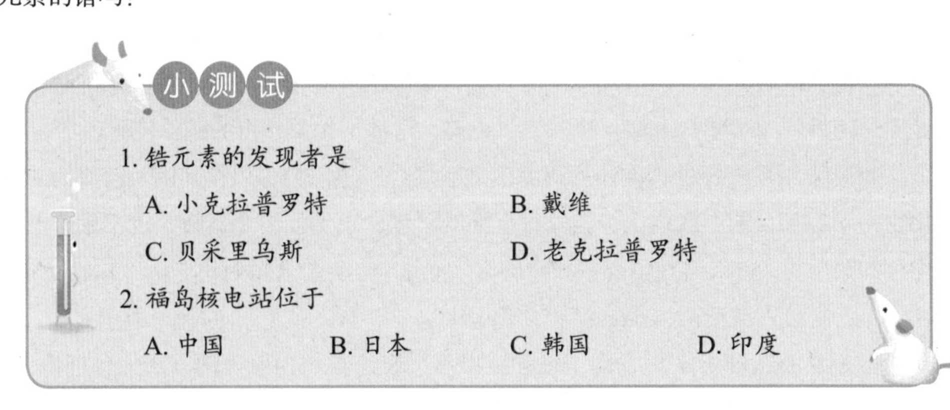

【参考答案】1. D　2. B

第四十一　四十二章

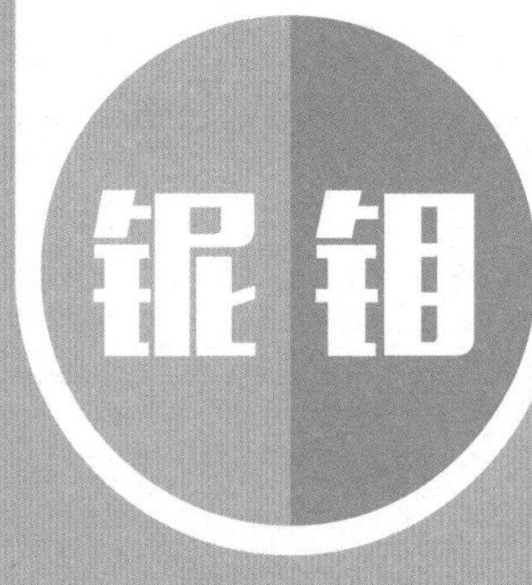

元素特写

铌：名字源于希腊女神的浪漫元素，跟随阿波罗 15 号成功登月，经历和名字一样传奇。

元素特写

钼：点化生命的小天使，藏身于固氮酶中，促进氮气合成营养物质。

第四十一章 铌（Nb）

铌（Nb）：原子序数为41的金属元素，单质能吸收气体，是一种良好的超导体。常温下铌对许多种酸和盐的溶液都是稳定的，但可溶于氢氟酸。铌合金具有超强的耐热性，因此主要用作航空航天工业中热防护和结构材料。

1. 悲痛女神之元素——铌

英国化学家哈切特，是钶的发现者。

1801 年，在大英博物馆工作的哈切特得到了一种来自新大陆美洲的黑色矿石，是美国康涅狄格州第一任州长的孙子邮寄赠送给大英博物馆收藏的。经过研究，哈切特从新大陆矿石中提取出一种氧化物，他认为这里面含有一种未知的金属元素。由于这种黑色矿石来自新大陆，因此他用发现新大陆的哥伦布的名字来命名它为“Columbium”，翻译成中文是“钶”。

等等，小伙伴有话要说：“我阅遍元素周期表，118 种元素倒背如流，也没有见过钶元素啊？”

是的，你先别急！

瑞典化学家厄克贝里，是钽的发现者。

第二年，瑞典化学家厄克贝里发现了一种新的金属元素，他用宙斯的儿子坦塔罗斯的名字来命名它——钽。但是问题来了，化学家们开始研究这两种新的金属，发现它们的性质极为相似，1809 年，英国化学家沃拉斯顿发表论文《钶与钽的同一性》，指出这两种金属的氧化物密度虽然不同，但他认为两者是完全相同的物质。

这一谜团就这样纠结了 30 多年，1844 年，德国化学家罗泽从一种矿石中分离出两种性质相似的元素，一种很熟悉，就是钽，另一种未知元素用坦塔罗斯的女儿尼俄柏的名字来命名为“Niobium”，中文翻译为“铌”。

两年后，罗泽又发现，在同一种矿物中还有第三种元素，他用坦塔罗斯的儿子佩洛普斯的名字来命名为“Pelopium”，这简直是家族聚会了。

1853 年，罗泽又自我推翻了之前的发现，“Pelopium”不过是铌的另一种价态，二者是同一种元素。

1860 年，德国人科贝尔声称，他发现了一种新元素，跟钶、钽的性质极为相似，他用罗马神话中狩猎女神丹娜的名字来命名它为“Dianium”。事情似乎越来越乱了，所幸不久，“Dianium”就被证明也是铌。

德国化学家罗泽

1866 年，瑞士化学家马里尼亚克对含钶和钽的矿石进行了仔细研究，发现之前化学家发现的钶和钽都不纯净，都是两种难以分离的元素的混合物，之前的“钽”中含有更多的重元素，而“钶”中含有更多的轻元素。事情终于明朗了起来，马里尼亚克将较重的继续称为“钽”，较轻的称为“铌”。

美国人不答应了，为什么不将它称为“钶”呢，毕竟这个名字用得更早一点啊，所以新大陆的美国人坚持用“钶”。而欧洲人也很执拗，“铌”和“钽”性质如此相似，用希腊神话故事中的父女两人的名字来命名，当然更为浪漫！

在很长一段时期里，同一元素竟然出现了两种不同的名称，一直到 1949 年，国际纯粹与应用化学联合会（IUPAC）舍弃了“钶”，采用“铌”作为 41 号元素的正式称呼。

瑞士化学家马里尼亚克将铌和钽分辨开。

说到以名字命名铌的尼俄柏女神，也有一个经典的故事。

尼俄柏是坦塔罗斯的女儿，宙斯的孙女，自幼美丽动人，仪态万千。成年后她嫁给了吕底亚国王安菲翁，生下七个儿子和七个女儿。作为一个女人，同时拥有了血统、美貌、权力和子女成

阿波罗和阿尔忒弥斯在天上射杀尼俄柏的子女们。

群，可谓幸福至极了。但这个女人却因此而骄傲起来，到处显摆自己的幸福，甚至连阿波罗和阿尔忒弥斯的母亲勒托也不放在眼里。光明之神——阿波罗和暗夜女神——阿尔忒弥斯岂是好惹的？两人腾云驾雾，前往吕底亚，阿波罗一连射杀了尼俄柏的七个儿子。

尼俄柏悲伤欲绝，可能是哭傻了，竟然继续咒骂勒托："小样，我还有七个女儿呢！"阿尔忒弥斯实在受不了这个恶毒的女人，只好继续给她点颜色看看，把她较大的六个女儿一一射杀。悲痛欲绝的尼俄柏悲号道："把这唯一的一个孩子留给我吧！只留下这么多孩子中最小的一个吧！"她的话音刚落，最小的孩子已经坠落在地。

这个故事告诉我们，不能嘚瑟！

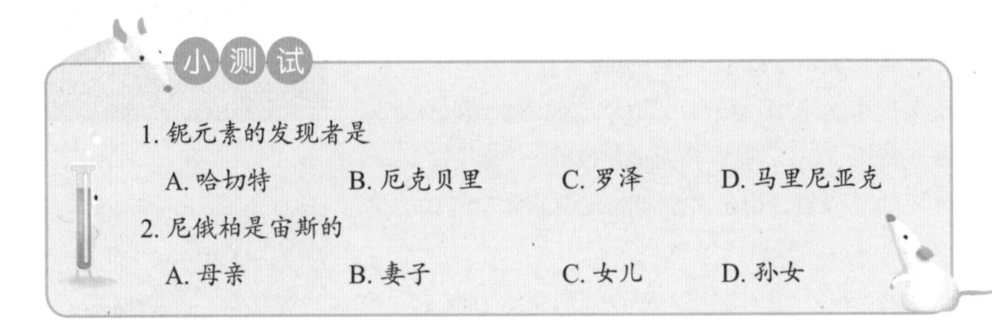
小测试

1. 铌元素的发现者是

A. 哈切特　B. 厄克贝里　C. 罗泽　D. 马里尼亚克

2. 尼俄柏是宙斯的

A. 母亲　B. 妻子　C. 女儿　D. 孙女

2. 高精尖元素——铌

上一节中尼俄柏的故事只是神话，现实中的铌元素可是一种非常有用的元素。

日常生活中，我们很少见到铌的身影，似乎它是一种稀有元素，其实它在地壳中并不算非常稀有，在所有元素中，它的地壳丰度排第33位，蕴藏量是银的好几十倍，比黄金多100多倍。甚至有人提出理论，在铁质地核中，也有大量的铌存在，这就

【参考答案】1. A　2. D

需要未来的科学去探索了。

阿波罗 15 号在月球轨道上，尾部那黑色的喷嘴用的就是含铌的“超级合金”。

铌的熔点高达 2 468 ℃，将 6.5% 的铌掺在钴铁合金里制成一种“超级合金”，可以有效地提高耐温能力，绝对是制作喷气式飞机、火箭喷嘴、燃气涡轮等的理想材料，比如阿波罗 15 号的喷嘴用的就是这种合金。

20 世纪 60 年代，正是冷战大幕最黑暗的时候，太空竞赛是美苏争霸的焦点。美国专门为阿波罗登月计划服务的几家巨头公司——华昌、波音、杜邦、联碳、通用等一起组成联合项目组，研制了一种以铌为主体的合金，即 C-103 合金，其中 C 代表美国仍在使用的铌的别称——钶（Columbium）。这种合金从阿波罗计划开始，一直沿用至今，最近几年很火的 SpaceX 公司也用它作为耐热材料，比如 Falcon 9，上面那一节的喷嘴用的就是这种合金。

2017 年 Falcon 9 发射升空。

在温度 9.2 K 以下，铌表现为一种超导体，不要小看这个临界温度，这可是所有单质超导体中最高的。将铌做成合金，则可以提高它的临界温度，最高可达 20 K 左右。

目前，超导技术仍然位居庙堂之高，超导材料用量最大的地方为大型加速器，比如费米实验室的加速器，其中超导高频系统的金属腔，用的就是纯铌。正在规划建在日本的国际线性对撞机（ILC）也将用到大量的纯铌，现在铌的市场价格大约为每千克 600 元，这也算一笔巨款了，更不用谈为了将这些纯铌冷却到临界温度，需要多少液氦了，高能物理就是烧钱啊！

铌的模样，左下是经过阳极氧化处理后的铌金属。

你可能觉得，铌这种高精尖元素一定是很冷冰冰的，距离我们的日常生活很遥远吧。可不是这样呢，铌很耐腐蚀，尤其在人体内，不和人体中的任何物质反应，也不会损伤人体的任何组织，把它植入人体，它只会同有机组织长期结合而无害地留在体内。因此整形上经常会用到铌金属，没想到吧，铌有可能就在你的体内。

用阳极氧化处理后的铌做的装饰件

当然你完全可以放心，有人用铌代替骨折后的骨头，经过一段时间，肌肉竟然在铌条上生长起来，就像在真正的骨头上生长一样。因此，铌属于“亲生物金属”。

和钛、铝、钽等金属一样，铌也可以被阳极氧化处理，但它经过处理之后，会出现一层五光十色如同彩虹的膜。因此经常用阳极氧化处理后的铌来做装饰品，甚是漂亮。

1.（多选）铌可以用作

A. 火箭喷嘴　　B. 粒子加速器　　C. 美容整形　　D. 装饰品

2. 下列几种金属中，在地壳中的蕴藏量最大的是

A. 金　　B. 银　　C. 铌　　D. 锝

【参考答案】1. ABCD　2. C

第四十二章　钼（Mo）

钼（Mo）：位于元素周期表第42位，是人体及动植物生长发育的必需微量元素，单质为银白色金属，硬而坚韧。人体各种组织都含钼，肝、肾中含量最高，在体内的氧化还原反应中起着传递电子的作用，同时是多种酶的组成成分。

1. 钢铁卫士——钼

今天的故事又将从可爱的舍勒开始，话说他研究了软锰矿之后，又将视线放到另一种黑色的矿石——“molybdenite”身上，现在我们称它为辉钼矿。一直以来，辉钼矿被认为是石墨，其性质也与石墨很相似，所以被用作固体润滑剂。

辉钼矿，很像石墨。

但舍勒总觉得哪里不对，他想用各种化学分析方法来考验这种黑色矿石，首先用的是硝酸，硝酸不与石墨反应，但将这种黑色矿石加入硝酸后，却发生了剧烈的反应，生成硫酸和一种不溶于水的白色粉末。显然，辉钼矿跟石墨是两种不同的物质。

舍勒的实验室缺乏高温加热的炉子，于是他将这种白色粉末交给他的朋友——瑞典皇家造币厂主管耶尔姆。四年后，耶尔姆将亚麻籽油和白色粉末混合，放在密闭的坩埚中加热，得到了一种不纯的金属。耶尔姆将这种新的金属命名为“Molybdenum”，翻译成中文就是“钼”。

接下来的一个多世纪，钼都是一种默默无闻的金属，一直到那血腥无比的一战。

一战时期的“大贝莎”

前面的章节里，我们曾叙述过一战时期德国人使用的恐怖的化学毒气，那是一种无形的邪恶气息，可以算得上战场上的“入云龙公孙胜”了，而正面战场上，德国人也有他们的“大刀关胜”——克虏伯公司设计的“大贝莎”巨炮！

“大贝莎”巨炮重达43吨，必须拆散它才能运上阵地，需要200人6个小时才能装配完成。但它的火力是前无古人的，可将1吨重的炮弹发射到15 km以外。可惜的是，“大贝莎”也有一个致命的缺陷，巨炮那强烈的喷射，会导致钢制炮筒过热变形，尽管设计师已经在说明书上白纸黑字地写着：每小时最多开炮8次！但在战场上，炮手和指挥官哪儿管得了这么多，因此“大贝莎”的工作寿命只有短短几天。

克虏伯公司被迫寻找解决方法，首先是找熔点高的金属，当时知道的高熔点金属有钼、钨、铼、锇、钽，后面三种实在太稀少，暂时不考虑，钨太硬，延展性不好。且从宏观上看，钼的熔点比铁高1 000多摄氏度。

德意志帝国君主——威廉二世

接下来，德国的第二代“钼钢”大炮投入战场，英法联军遭遇噩梦。正当德国军队步步推进，连战连捷之时，前方的德军将领却收到德国后勤装备部的电报：没钼了！

在德意志帝国的末代君王威廉二世看来，为了战争，只有通过铁血的意志达成目标，没有任何理由和借口！没钼了，德国金属工业集团是干什么吃的？快去找啊！

这又何其艰难，在这之前，因为钼的用途不为人所知，没人去关注它的开采，全球已知的钼矿只有挪威的一个，远远满足不了德国人的需要。

然而敏锐的德国人找到了1915年美国矿物学简报里的一篇报道：美国大西部的科罗

拉多州洛基山发现了一座大矿藏，那里锡、铅都已经开采殆尽，只剩下没用的钼……

德国人派出他们最牛的商业间谍肖特来到美国，肖特使用各种手段威逼利诱，就差直接杀人了，最终矿主不堪骚扰，只收了4万美元，就把这座钼矿卖给了肖特。肖特在美国成立了一家新公司，为了避免猜疑，取名叫“美国金属公司”，一船又一船炮管必需的钼金属被运回德国。

一战结束，《凡尔赛和约》签订，虽然它仅维持了约20年的和平。

后知后觉的美国人一直到一战结束的那一年——1918年才发现这个“美国金属公司”的“通敌”事件，他们冻结了肖特的公司，并收回了那座钼矿。而在大洋另一边，德国人仍在使用新一代“大贝莎”轰击巴黎，射程更是达到了惊人的120 km。

我国的钼矿

战争虽已结束，但我们必须记住：好战必亡，忘战必危。直到现在，钼仍然是一种战略金属，美国钼元素的蕴藏量居全球首位，而我国是全球最大的钼生产国，这些钼元素就是守卫我们的钢铁卫士。

1. 首次分离出钼的是

A. 舍勒　　B. 贝采里乌斯　　C. 戴维　　D. 耶尔姆

2. 钼蕴藏量最多的国家是

A. 美国　　B. 中国　　C. 俄罗斯　　D. 巴西

【参考答案】1. D　2. A

2. 生命起源于火星吗

文科生看到的是雷公电母，物理系学生看到的是空气电离，化学系学生看到的则是固氮。

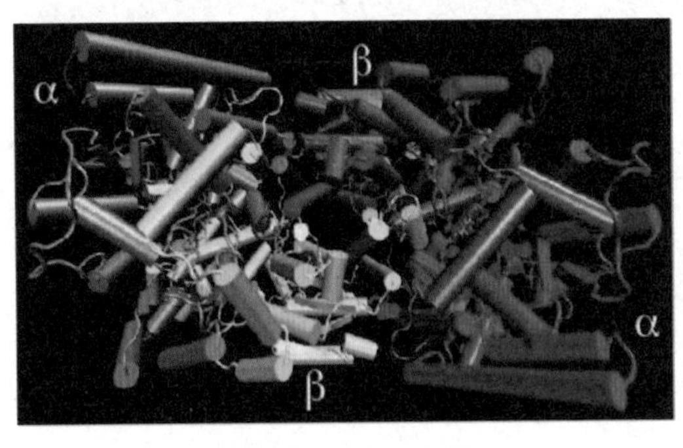

钼铁蛋白的晶体结构

你可能以为钼就是一种战争元素，我们人类迟早会被这些战争元素毁灭。其实道理是反过来的，如果没有这些钼元素，可能就没有我们现在的生命。

在氮的篇章里，我们曾经提到雷电将空气中的氮气变成一氧化氮，之后氮元素以硝酸的形式随着雨水落到土地里，被植物吸收转化为营养物质。其实，不靠雷电这个“救世主”，生物自己也有这个功能。

一些固氮生物体（比如根瘤菌）内含有一种固氮酶，它是由两种蛋白质组成的：一种含有铁，叫铁蛋白，另一种含有铁和钼，叫钼铁蛋白。只有铁蛋白和钼铁蛋白同时存在，固氮酶才能发挥作用，将空气中的氮气转化成氨。

你看，哈伯花费那么大的力气发明的合成氨，大自然里竟然早就存在了！

要知道，碳元素算得上是生命的骨架，氮元素则堪称生命的营养！没有了氮元素，就没有氨基酸、蛋白质，更不用说 DNA 里的含氮碱基了！钼元素就像一个神仙，将空气中没有灵气的氮元素接枝到有机物上，完成了生命的点化！

然而，当科学家们仔细研究以后，却发现了一个巨大的谜团——早期地球可能根本不具备形成生命的条件！

在氧的篇章里，我们曾经提到，距今大约 24 亿年前，地球上发生了一个重大事件——“大氧化”。在“大氧化”之前，地球上氧气含量一直很低，大多是一些厌氧型生命存在。

是不是又离题了？氧气多少和钼有啥关系呢？

厌氧型生物多生活在海底火山口。

钼有 0、+2、+3、+4、+5、+6 六种常见价态，其中 +6 价化合物最稳定。早期地球上的缺氧环境，使得大部分金属都处于较低价态，大多数钼都处于 +2 价、+3 价的不溶于水的化合物形态，无法进入海洋这座“超级反应釜”。因此，在“大氧化”之前，氮元素一直游离在空气里，无法进入有机物形成营养物质，难怪生命发展得那么缓慢。

有些科学家的思路更加天马行空，他们提出，早期地球上的氧气那么少，但是有一个地方氧气很多，那就是古老的火星。

据考证，早期的火星曾经很湿润，拥有液态水，火星本身就是一个富氧的环境，看看它现在表面红色的氧化铁就知道了。在那个有水有氧的年代，钼元素很容易变成 +6 价的钼酸盐，把氮气转化成营养物质，在这种环境里产生氨基酸和 DNA 显然更加容易！后来，来自火星上的陨石在太阳系内进行太空穿梭，有些携带了 DNA 到达了地球，地球的生命原来来自火星！

只是，现在火星上的生命去哪里了？自毁了？还是飞向更精彩的地方？

1.（多选）有两种蛋白质同时作用，帮助固氮，它们是

A. 肌红蛋白　　B. 铁蛋白　　C. 钼铁蛋白　　D. 血红蛋白

2. 钼元素的某个价态形成的化合物最稳定，这个价态是

A. +2 价　　B. +3 价　　C. +4 价　　D. +6 价

【参考答案】1. BC　2. D

第四十三章

元素特写

钌：我的工作就是撮合元素与元素之间的良缘，曾成功将二氧化碳直接转化为甲醇呢。

元素特写

钯：比黄金还贵的我是珠宝界的明星，更是科技界的宠儿，你会崇拜我超强的储氢能力吗？

第四十三章 轻铂系金属——钌(Ru)、铑(Rh)、钯(Pd)

轻铂系金属——钌（Ru）、铑（Rh）、钯（Pd）：分别位于元素周期表第44、45和46位，单质均呈银白色，化学性质都很稳定。钌和铑质地较硬，钯质地较软。钌是极好的催化剂，用于氢化、异构化、氧化和重整反应中。铑主要用来制造加氢催化剂、铂铑合金等。钯吸收氢气的能力尤其强大，是一种良好的储氢材料。

1. 俄罗斯元素——钌元素

较纯的钌金属，呈现出银灰色。

19 世纪的俄国为了铸印钱币，四处寻找金矿、铂金矿，化学家的任务就是将这些矿石里的不同成分分离出来。1840 年，喀山大学的俄国化学家克劳斯收到了一批来自圣彼得堡造币厂提供的铂金矿样品，和以往一样，他要通过一系列的化学方法将贵金属分离出来，尤其是铑、铱、锇。这是非常冗繁的工作，他足足花费了 4 年时间，终于发现不溶于王水的残渣里还有一种新的贵金属。由于这是在俄国的矿石里被发现的，被命名为“Ruthenium”，意为俄罗斯，翻译成中文是“钌”。

对于新的发现，克劳斯起初有点忐忑，于是也将样品邮寄给贝采里乌斯，请求鉴定。结果贝采里乌斯认为它是不纯的铱。克劳斯并没有失去信心，他继续工作，测定了新元素的相对原子质量，再将最新的结果和数据快递给贝采里乌斯，贝采里乌斯终于被铁一般的事实说服了。1845 年，贝采里乌斯发表文章，承认钌是一种新元素。

这个故事告诉我们，一定要坚持自己笃信的观点，不能屈从权威。

钌毕竟是一种稀有的贵金属，大多数工业都用不起，仅仅为人所知的是美国1939年试制成功的一款派克51钢笔。钢笔的笔尖每天经受磨损，柔软的金属容易变形，之前一般用铱锇合金，为了降低成本，派克51钢笔的笔尖采用96%钌和4%铱的合金。但在宣传上则下足了功夫，广告语“风靡世界的钢笔”，让它成为身份的象征，甚至艾森豪威尔和麦克阿瑟分别签署二战欧洲和太平洋战区结束的条约时，用的就是这款派克51。

和其他元素组成化合物时，钌可以表现出多种价态：+2、+3、+4、+6、+7、+8价。在这些价态之间切换不是太困难的事情，这让化学家给它找到了一个好的用途——作催化剂。

1995年，美国化学家格拉布等人发明了一种金属钌的卡宾络合物，用作烯烃复分解催化剂。这种“格拉布催化剂”成为第一种被普遍使用的烯烃复分解催化剂，并成为检验新型催化剂性能的标准。这个发现让他获得了2005年诺贝尔化学奖。

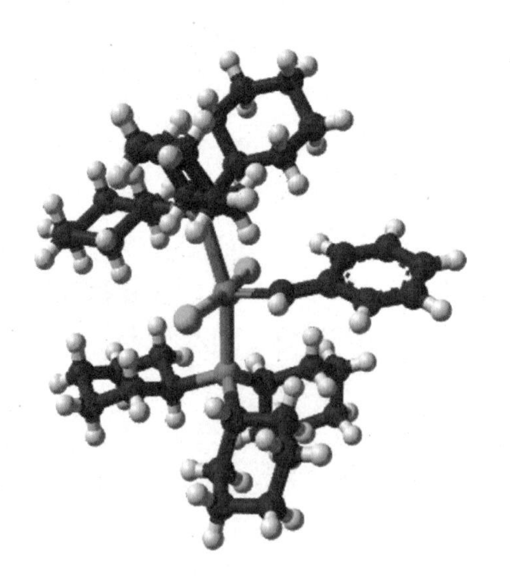

格拉布催化剂的结构，中间的蓝色原子是钌原子。

2005年诺贝尔化学奖获得者——格拉布

2016年，美国南加利福尼亚大学宣布他们发明了一种基于金属钌的催化剂，可以从空气中捕获二氧化碳，并直接转化为甲醇燃料，转化率高达79%。

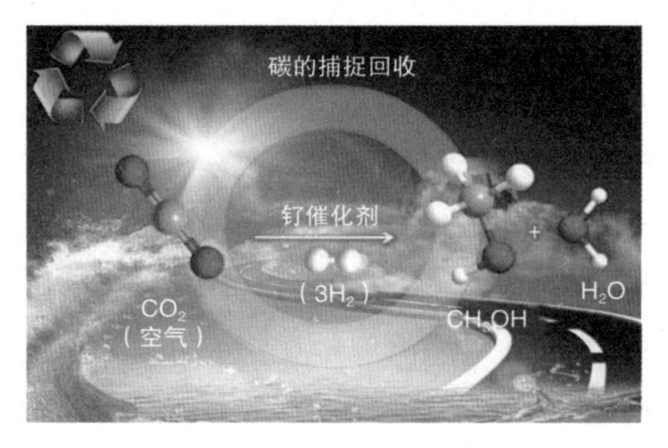

将二氧化碳转化成甲醇，绿色经济不再是梦想。

这项技术如果成功实现工业化应用，那前景将是不可限量的。地球上的碳、氢等元素被植物重新排列组合，再经过亿万年的深埋才能变成我们现在常用的化石能源。而现在只要有这种钌催化剂，就可以实现原本需要亿万年的化学反应，绿色经济不再是梦想。

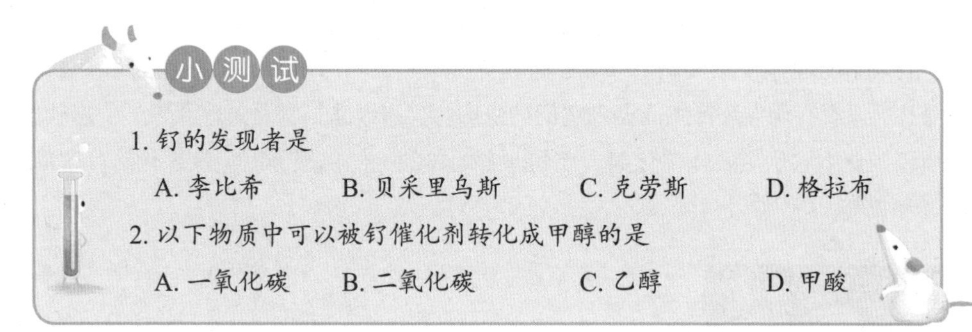
小测试

1. 钌的发现者是

A. 李比希　　B. 贝采里乌斯　　C. 克劳斯　　D. 格拉布

2. 以下物质中可以被钌催化剂转化成甲醇的是

A. 一氧化碳　　B. 二氧化碳　　C. 乙醇　　D. 甲酸

2. 可控核聚变已经实现了吗？

1802年，英国化学家沃拉斯顿正在研究一种来自南美洲的铂金矿，按照惯例，他将铂金矿溶于王水，之后用氢氧化钠中和掉剩余的酸，再用氯化铵将溶液中的铂变成氯铂酸盐沉淀掉。剩余的溶液中还有些什么呢？他试探性地加入氰化汞溶液，结果得到了黄色沉淀。这当然是从来没见过的事情，他将这种黄色沉淀和硫黄、硼砂一起共热，最后得到了一种光亮的金属颗粒，这种金属和之前的任何一种都不一样，又一种新元素诞生了。

接连发现两种贵金属元素的沃拉斯顿

由于当时刚刚发现了第二颗小行星——智神星，这位“智神”其实就是那伟大的女神帕拉斯·雅典娜。

【参考答案】1. C　2. B

沃拉斯顿就用她的名字帕拉斯来命名新元素为“Palladium”，翻译成中文是“钯”。现在我们知道，它是第46号元素。

沃拉斯顿再接再厉，又用类似的方法来考验南美的铂金矿石。这一次，他将钯沉淀完之后，继续往滤液中添加盐酸，除去过量的氰化汞，最后将溶液蒸干，得到了一种红色物质。他分析证明这是一种新金属和钠、氯组成的盐，由于这种盐呈现出鲜艳的玫瑰色，所以依据希腊文中玫瑰“rhodon”一词将它命名为“Rhodium”（铑），这种红色的盐就是十八水合氯铑酸钠。现在我们知道，铑还排在钯前面，在元素周期表里是45号元素。

铑和钯都属于贵金属，顾名思义，价格当然是响当当的，比黄金还贵。在我们身边，只有在珠宝装饰里能见到它们的身影。又由于它们都是过渡元素，价态较多，所以工业上它们主要作催化剂。比如非常经典的铑催化剂可以将氮氧化物分解成氮气和氧气。

◀镀铑的铂金戒指

▲镀钯的银质戒指

▼铑催化剂，被安放在汽车尾气处，保障我们的健康。

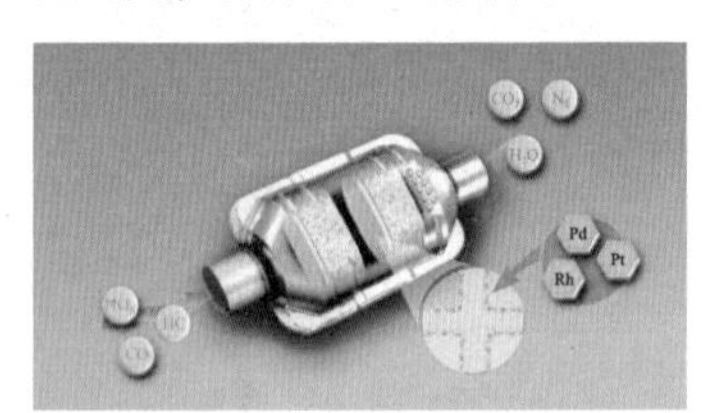

而钯在催化剂领域更加有名，在各种加氢反应、脱氢反应和石油裂解中都出现有它的身影。

2010年10月6日，瑞典皇家科学院宣布，美国科学家理查德·赫克、日本科学家根岸英一和铃木章因开发更有效的连接碳原子以构建复杂分子的方法获得当年的诺贝尔化学奖。

众所周知，制造复杂的有机材料就是通过化学反应将碳原子聚合在一起的过程。但是碳原子本身非常稳定，不易发生化学反应。传统的思路是通过某些方法让碳的化学性质更加活泼，更容易发生反应。这条思路在制造简单有机物的时候很有效，但当化学家们试图合成更为复杂的有机物时，往往有大量无用的物质生成，效率太低。

这三位科学家则是从另一个思路出发，他们通过实验发现，碳原子会和钯原子连接在一起，选用钯作催化剂，进行一系列化学反应，这种反应路线可以让化学家们更加精确有效地制造他们需要的复杂化合物。

因为钯催化剂的反应路线而获得2010年诺贝尔化学奖的三位科学家。左起：铃木章、根岸英一、理查德·赫克。

钯更牛的是它超强的吸附氢的能力，1体积海绵钯竟可吸收900体积氢气，这让它成为良好的储氢材料。

这么多氢原子到了钯的晶格里会干吗呢？有些科学家认为它们不会光是做客，而是有可能发生一些奇妙的反应。

1989年，美国两位化学家弗莱施曼和庞斯在犹他大学建立了一个实验室，他们用一个钯电极来电解重水，电解出的氘吸附到钯电极中，他们观察到一个反常现象，钯电极的温度竟然上升了很多。通过计算，这个升温绝不可能是氢气和氧气化合而带来的。

看到这里，你是不是也想到什么了？

可控核聚变！

两位化学家还是过于冲动了，他们冒冒失失地召开了一个新闻发布会，宣布世界能源问题已经被解决！一时间，两位化学家成为举世关注的对象。

枪打出头鸟，全球都一样。全世界对此存疑的科学家们似乎在一夜之间变得步调一致，开始从各个方面质疑两位化学家的实验，实验误差、测量手

氢原子（蓝色）吸附到纳米钯（灰色）的晶格中。

段、捏合数据等等。距离新闻发布会仅仅过去 40 天，两位化学家就从天堂掉入地狱，一直到现在还没有翻身。

现在一些科学家客观地重复了弗莱施曼和庞斯的实验，发现氢原子在钯晶格中的活动确实不像我们想象的那么简单，它们可能确实有一小部分发生了核聚变反应。只是这个反应的概率还是太小了，能量输入输出不成比例，所以根本没有工业化价值。也许，对于钯吸附氢的机理，还需要进一步研究吧。

1. 钯和铑的发现者是

A. 贝采里乌斯　　B. 沃拉斯顿

C. 弗莱施曼　　D. 庞斯

2. 你认为弗莱施曼和庞斯实现了冷核聚变吗?

【参考答案】1. B　2. 略

第四十四　四十五章

元素特写

银：人见人爱的招财小神兽，不仅为财富代言，还拥有杀菌净化的神奇力量。

元素特写

镉：虽然导致了“痛痛病”，但镉黄颜料在生活上很有用啊！

第四十四章　银（Ag）

银（Ag）：原子序数为47，是一种银白色金属。银在自然界中少量以游离态存在，绝大部分以硫化银等含银化合物矿石存在。银的导热、导电性能很好，质地较软，延展性优良，多被用来制造装饰品。银单质的化学性质稳定，一般不与氧气反应，历史上曾被用作货币。银化合物的感光性很好，曾被用作摄影胶片的感光材料。

1. 白银帝国：古希腊的摇钱树

《尔雅》："黄金谓之璗，其美者谓之镠，白金谓之银，其美者谓之镣。"

金的光芒和银的洁亮，让它们成为人类最早认识的两种金属，具体的发现时间已经无从考证，但一定比铜、铁、铅、锡更早。拉丁文中，银叫作"Argentum"，来自希腊文"argyros"，意为明亮，所以一直到现在，银的元素符号还是 Ag。

现在英语中常用的"silver"则来自古代的盎格鲁－撒克逊语，后来被古英语和古德语沿用。

天然的白银

而在中文中，银字的右半边"艮"意为边缘、接近，之所以叫银，是因为它的价值最接近"金"。

相对于金来说，银在自然界中含量虽然更丰富，但银较活泼，只有一小部分保持单质状态，大部分以辉银矿（主要成分为硫化银）的形态存在，而且经常跟铅矿混在一起，难以分离。物以稀为贵，在公元前 15 世纪的古埃及，银的价格甚至比金更贵。

公元前 2500 年左右，智慧的劳动人民发明了"灰吹法"，将含银的粗矿放在用动物骨灰制成的钵中加强热，铅被氧化成氧化铅，而银保持原样。铅的熔点是 327 ℃，氧化铅在 888 ℃时也成为液体，而银的熔点高达 961.78 ℃，这就非常容易将银和氧化铅分离开来了。只要加以鼓风，就能得到未被氧化的光亮的银。

古老的灰吹法

灰吹法诞生后，银的产量猛增。由于银的结构性能比铜差太多，没法用来制作工具和武器，所以银主要作为装饰品，更重要的是作为货币。

《圣经》里记载了在约瑟时代（公元前 2000 年）人们用白银作为货币交换奴隶、货物，几乎是同时期，美索不达米亚地区的埃什努那城邦的《俾拉拉马法典》中有记录用白银作为罚金，这部法典和 200 年后第一部完备的法典——《汉谟拉比法典》中，还都记录了白银的贷款利率是 20%。可见在当时，白银已经成为很重要的支付手段。

埃及和美索不达米亚地区的银矿都不多，真正给他们带来白银的是海上民族腓尼基人，大约公元前 1500 年到公元前 300 年，他们几乎控制了地中海。

有一种说法，腓尼基人之所以拥有如此出色的航海能力，是因为他们对白银的渴望。大约公元前 1200 年到公元前 800 年，他们的“哥伦布”在撒丁岛和西班牙发现了大量的银矿，然后一船又一船将它们运到当时世界的最中心——埃及和美索不达米亚。

世界上第一部完备的法典——《汉谟拉比法典》

公元前 7 世纪，希腊人也掌握了“灰吹法”，开始大批量地冶炼白银。雅典人在邻近的拉夫里翁（也叫洛里恩）发现了一座大银矿，从公元前 600 年到公元前 300 年，雅典人每年从中提取出 30 吨白银，这简直是一棵摇钱树！于是，雅典迅速从希腊各城邦中崛起。

古希腊文明之所以如此光辉灿烂，雅典城邦的梭伦创立的民主制度自然功不可没，但我们不要忘了，雅典的民主只是30万奴隶之上那数万自由民的民主。这数万自由民之所以能够衣食无忧，思考人生，研究自然，举办奥运会，享受先进制度，琢磨宇宙规律，银矿这棵“摇钱树”功不可没。

1.（多选）公元前1000年左右，下列地方有大量银矿的是

A. 埃及　B. 美索不达米亚　C. 撒丁岛　D. 西班牙

2. 世界上第一部完备的法典是

A.《俾拉拉马法典》　B.《汉谟拉比法典》

C.《大宪章》　D.《权利法案》

3. 公认的古希腊文明的圣地是

A. 雅典　B. 斯巴达　C. 克里特　D. 爱奥尼亚

2. 白银帝国：是货币还是“兴奋剂”

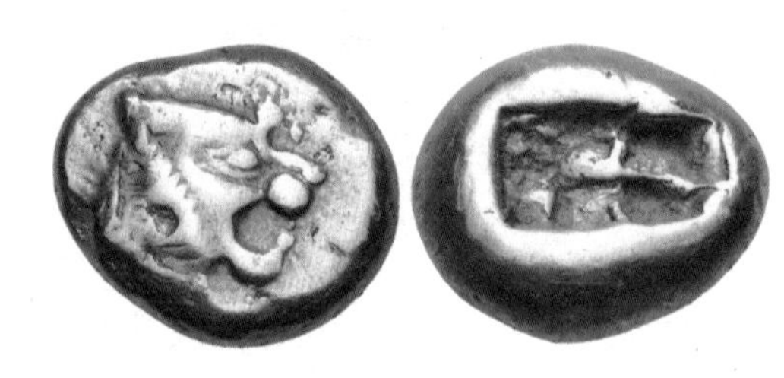

吕底亚最早的金银币上印刻了狮子和公牛。

腓尼基时代及之前，不论美索不达米亚的世俗社会如何发达，也不管海上民族运回多少白银，他们使用的都是没有确切重量的银锭、银块或银条，每次交易之前需要称量，使用极为不便。公元前7世纪，吕底亚（现土耳其西部）人开始铸造最早的金银币，这是一种含80%金和20%银的合金，来自天然的金银矿。随后，古希腊诸城邦纷纷开始铸造纯银币。亚里士多德在《政治学》中提到，这种带有印记的硬币增加了图案，标记了面值，取代称量的银块，极为方便。

雅典的银矿让他们在这场铸币大赛中拔得头筹，公元前431年，雅典击败斯巴达，雅典的民主政体达到了极盛时期，雅典铸造的银币成为国际硬通货，其他城邦纷纷用雅典的银币作为自己的储备货币。在白银货币的帮助下，雅典的商业

【参考答案】1. CD　2. B　3. A

达到了前所未有的高度，他们大量出口葡萄酿造品、橄榄油，使用的粮食中有 2/3 依靠进口，甚至出现了银行的雏形。

斯巴达国王列奥尼达斯二世（左二）

与之相反，雅典的死对头斯巴达在公元前 3 世纪之前却一直没有铸造过硬币，而是用铁块当作货币，他们认为拥有金银是对斯巴达武士精神的背叛。最终，“劣币驱逐良币”法则发挥作用，斯巴达反败为胜，击败富得流油的雅典，这也让我们明白，商业的繁荣都是浮云。

螳螂捕蝉，黄雀在后。斯巴达获得希腊地区霸主地位后不久，希腊东北部的马其顿崛起了。马其顿的崛起也不是空中楼阁，而是有着雄厚的经济基础支撑，腓力二世占领了色雷斯的金银铜矿，这才有足够的经济实力建立起一支强大的军队。

公元前 336 年，腓力二世遇刺身亡，他的儿子亚历山大继位，这是“西方世界的秦始皇”！

亚历山大首先统一了希腊，然后就是一路东进，消灭波斯，直抵印度。每到一处，首先占领当地的银矿，然后建立了 10 座亚历山大城。没有足够的经济实力，很难想象这些成就如何达成。

我们现在追忆亚历山大大帝时代，往往被他的军事武力折服，但必须承认，兵马未动粮草先行，战争实际上打的是钱、粮。腓力二世也好，亚历山大也好，他们都铸印了带有自己头像的银币，这些闪亮的白银促进了经济交流，保证了财政收入，才能承担得起远征的军费开支，这才是这位伟大帝王功绩的经济基础。

其兴也勃焉，其亡也忽焉。英武盖世的亚历山大 33 岁就早早去世，他的马其顿帝国也分裂为 3 个国家，这些后来的希腊化国家为了证明自己的合法地位，纷纷铸印自己的银币，其图案也模仿亚历山大银币上的头像。甚至在古罗马早期，金币、银币上印有的恺撒头像，也是这种领袖侧脸的模样。

铸印腓力二世头像的银币

铸印亚历山大大帝侧脸的银币，背面是宙斯–阿蒙神。　印有恺撒侧脸的银币

古罗马在五贤帝时代达到极盛，他们占领了所能控制的所有的矿藏资源，只留下那些偏远荒芜之地给其他的落后民族。当时全帝国每年大约开采出200吨白银，到了公元2世纪，估计全帝国的白银库存已经达到1万吨。这些财富极大地促进了罗马帝国的经济发展，也让全社会陷入了疯狂的财富崇拜，从罗马皇帝到贵族，甚至到自由民，都不例外。贪污、受贿、挥霍、奢侈之风盛行，这个帝国就这样失去了进取精神，陷入衰退，最终走向灭亡。

白银这玩意儿就好像一剂兴奋剂，开始服用很给力，长久之后却会掏空整个国家。联想到我们当今的“太平盛世”，是否也要警惕呢？

开采中的波希米亚银矿

西罗马帝国崩溃之后，欧洲被中世纪的宗教大幕遮盖，西班牙和撒丁岛的古老银矿也被开采殆尽，欧洲人又在很多地方发现了品质较好的银矿，如西里西亚、波希米亚、匈牙利、挪威、阿尔萨斯、萨尔茨堡等，这些地区的经济也迅速发展起来，成为众多领主争夺的战略要地。但在那个时代，宗教的吸金效率更高，更多的财富最终流转到了主教、领主的手里，严重影响了社会的发展。到了文艺复兴前夕，这些较新的银矿也基本被采完，全欧洲每年的白银开采量还不到50吨，欧洲人民到了黎明前最黑暗的时候。

1492年，哥伦布发现了新大陆，一大批探险家抱着黄金梦奔向大洋彼岸。事实上，他们真的没有找到太多黄金，而是发现了银矿。

1545 年，西班牙征服者们来到了南美洲西岸秘鲁的波托西，发现了一座巨大的银矿，他们立马建城并开始贪婪地开采不计其数的白银。更多的人怀揣着梦想前来，波托西甚至一度成为南美洲最大的城市，被称为“波托西银都”。自发现银矿的 1545 年至 17 世纪下半叶，共有 1.6 万吨白银被运往西班牙。这些白银不仅帮助西班牙显赫一时，建造了“无敌舰队”，更是让整个西欧的物价飙升。

如果你认为这座银矿的影响只波及欧洲，那么你就大错特错了，更多精彩请看下一节。

1. 希腊化时代和古罗马早期，银币的款式多模仿

A. 腓力二世银币　B. 亚历山大银币　C. 恺撒银币　D. 屋大维银币

2. 最早铸造金银币的是

A. 腓尼基人　B. 吕底亚人　C. 马其顿人　D. 罗马人

3. 西班牙征服者在拉丁美洲发现的银矿所在的城市被称为

A. 波尔多银矿　B. 波利尼西亚银矿

C. 波托西银都　D. 波尔图银矿

3. 白银帝国：明朝亡于白银

让我们把眼光放回中国，跟西方世界相反，我们是一个缺金少银的国度，从春秋战国时期，中国的货币就以青铜为主。秦始皇灭六国后，统一度量衡，将全国货币分为三等，银并不在其列。史书记载：“黄金以镒名，为上币；铜钱识曰半两，重如其文，为下币；而珠玉龟贝银锡之属，为器饰宝藏，不为币。”可见，我国自古就没有将白银用作货币的传统。

一直到唐代，大理的银矿被发现，中国的白银储量才开始丰富起来。得到白银的助力，中国进入了经济发达的朝代——宋代。在宋代，经济繁荣到什么程度呢？南宋高宗年间，一个州的财政收入就比得上唐朝全国。在宋代的盛世，白银也没有

【参考答案】 1. B　2. B　3. C

登上主流舞台，因为我们的祖先们进行了最早的金融创新，发行了最早的纸币——交子，使得交易更加方便。

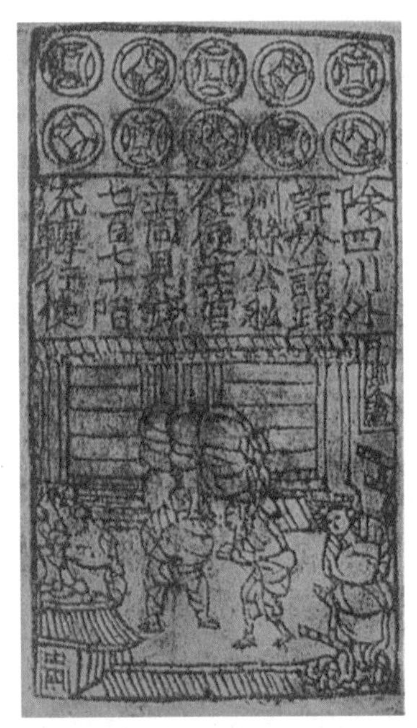

最早的纸币——交子

宋代的纸币太超前了，统治者很快遇到了现在还令我们头疼的问题，进入了“经济繁荣—发行纸币—继续繁荣—滥发纸币—纸币贬值—通货膨胀—经济没落”的怪圈。甚至在元军将至的时候，南宋丞相贾似道还在大肆印钱，宋的核心竞争力——经济首先溃败，更不用谈军事了。蒙古大军一至，大宋王朝和小皇帝一起沉没于崖山外的那片蓝海。

印发几乎无成本的纸币对统治者来说，诱惑力实在太大了，元朝和明朝的统治者在建国初期就开始印发纸币，明朝洪武年间甚至禁止铜钱的流通。但几百年前的统治者毕竟没有学习过宏观经济学，滥发的纸币很快就让经济混乱，百姓甚至官员都怨声载道，希望使用银钱等硬通货进行交易，政府无力阻拦只能默许。

崖山海战，宋朝末代幼小君主宁死不降！

明代中叶，张居正改革，推行“一条鞭法”，白纸黑字写着“计亩征银，官收官解”。国家法律允许老百姓以银钱的方式缴税，取代了之前几千年的实物缴税，白银终于走上了中国货币的舞台。

恰逢1500年前后是全球的转折点——地理大发现，美洲的白银不光炒高了西欧的物价，还被西班牙、荷兰的航海家们带到菲律宾，并进一步流入大明王朝，勤奋的中国人民辛勤劳作，售卖出织物、茶叶、陶瓷和其他手工艺品，将白银一点一点挣回国内。据统计，从1570年到1644年明朝灭亡，总共约有1.26万吨白银从美洲流入中国，这是历史上最大的一次白银流动。

我们现在看《水浒传》《金瓶梅》等小说或影视作品，会看到英雄好汉、市井小民动辄从怀里取出几两银子消费买单，其实这都是明代作者根据当朝的支付手段而臆想出来的。实际上，宋代很少使用较标准化的银块付款，一直到明朝中后期，由于国内白银泛滥，银制货币才流行开来。

崇祯遗诏："朕自登基十七年，上邀天罪，致虏陷地三次，逆贼直逼京师，皆诸臣误朕也。"

白银的泛滥直接促进了明朝的经济繁荣，小说《金瓶梅》基本可以反映当时的社会状况，炫耀性消费非常明显，琳琅满目的食品、酒类、茶充斥整篇小说，这还只是小小的清河县，更不用提大都市了。

前面我们叙述罗马帝国兴亡史的时候提到白银犹如一剂兴奋剂，对大明王朝也是如此。明朝末年，朝廷内党争不断，各地经济繁荣之后，带来的是土地兼并，豪强林立，百姓流离失所。到最后，中央政府税收困难，赤字加剧，竟然需要通过裁撤驿站来节省开支，再加上自然灾害，直接导致大规模农民起义，最终灭亡。

值得关注的一点是，崇祯皇帝请求大臣捐款，竟然无人应答，李自成进京之后，却发现所有官员的家里都堆满了白花花的银子，让人不禁感叹人性的卑劣。

有人认为明亡于崇祯，有人认为明亡于万历，更有人认为明实亡于白银。

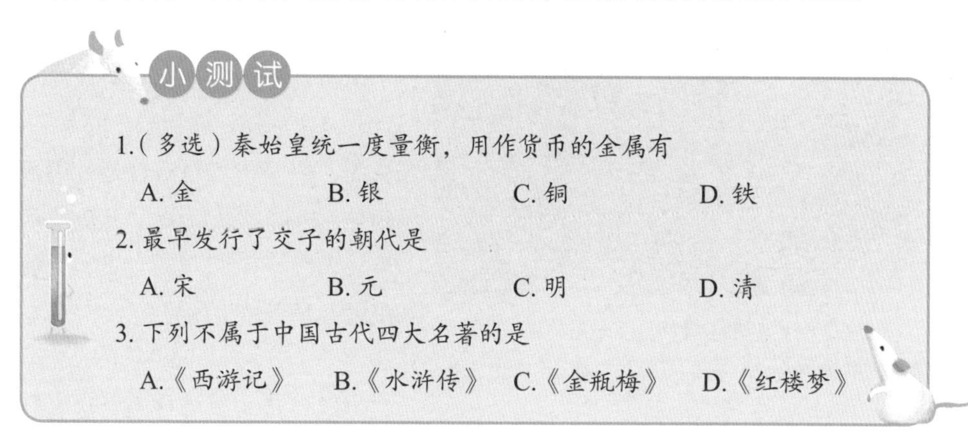

小测试

1.（多选）秦始皇统一度量衡，用作货币的金属有

A. 金　　B. 银　　C. 铜　　D. 铁

2. 最早发行了交子的朝代是

A. 宋　　B. 元　　C. 明　　D. 清

3. 下列不属于中国古代四大名著的是

A.《西游记》　B.《水浒传》　C.《金瓶梅》　D.《红楼梦》

【参考答案】1. AC　2. A　3. C

4. 白银帝国：鸦片战争还是白银战争

号称“欧洲老祖母”的维多利亚女王

清代是中国历史多数民族被少数民族统治的王朝，虽然中华民族没有搭上现代科学文明的顺风车，但清政府接下大明的盘子还算不错，加上我们的祖先勤劳肯干，因此直到19世纪初，白银仍然如同水银泻地一般流入中国。据统计，18世纪60年代，每年有300万两白银流入中国，而到了18世纪80年代，这个数字变成了惊人的1 600万两。要知道，这些真金白银都是中国的劳动人民用自己的辛勤工作换回来的！

但在大洋彼岸的另一端——大英帝国看来，这太不科学了！

维多利亚女王时代是大英帝国的全盛时期，英国人开始讲究生活品位，从上到下嗜好茶叶，中国的茶叶就这样从英国换回了大量的白银。为了维持贸易平衡，东印度公司曾经尝试向中国市场推销各种工业时代的新玩意儿，比如用织布机织出的羊毛衫。然而，中国市场自给自足，用最高领导人乾隆的话来说：“天朝物产丰盈，无所不有。”既然如此，为何要跟远方蛮夷做生意呢？

英国人描述的乾隆接待马嘎尔尼的图，堂堂大清皇帝被绘制成一个蒙古包里的土匪，显然不可信。

既然传统贸易打不开这个巨大的市场，那就用非典型的产品去打开那扇大门吧。东印度公司的商人们敏锐地意识到，中国人民总会需要些别的东西，那就是鸦片！

情况终于发生了变化，英国人在印度种植鸦片，然后贩卖到中国，这个三角贸易对欧洲白人来说再熟悉不过了，几百年前在非洲、美洲他们就是这样干的。到了19世纪20年代，中国的白银开始流出中国，达200万两之多，而到了30年代，这个数字增加到了 900 万两。

在这种局面下，任何一个英明的领导者都必须想办法改变局面了,林则徐警示道光皇帝的“无可用之兵”只是一方面，经济层面则是更加实际的危机!

林则徐虎门销烟。

后面的事情我们都知道了，第一次鸦片战争爆发,《南京条约》签订，清政府赔偿大英帝国 2 100 万银元，折合后约 1 470 万两白银。

很多人往往为这些数字捶胸顿足，但其实很少有人关注，这 2 100 万银元支付的其实是西班牙银元,从明朝中叶到清朝末年,中国一直处于出超，大量外国银元流入中国。其中西班牙银元质量好，人们都爱用它。但鸦片战争一败，中国劳动人民多年来辛辛苦苦挣来的西班牙银元就这样又“赔”给了大英帝国。

在中国流通过的西班牙银元,上面还被刻了中国汉字。

鸦片战争起因于白银流通，最终又以赔付白银而完结，鸦片战争真的可以说是“白银战争”。

然而，中国深重的苦难才刚刚开始呢。西方列强看透了清政府的外强中干，轮流找各种理由侵略我们神圣的国土，逼迫清政府签订了一个又一个不平等条约。我们祖先积累了数千年的财富就这样一船又一船流向西方，为西方列强完成资本积累贡献了一份“宝贵”的力量。

1856 年，第二次鸦片战争爆发。1860 年，英法联军攻破北京城，火烧圆明园。法国大文豪雨果在一封信里这样写道 :“这个奇迹已经消失了。有一天，两个强盗闯进了圆明园。一个强盗洗劫,另一个强盗放火……将受到历史制裁的这两个强盗,一个叫法兰西，另一个叫英吉利……我希望有朝一日，解放了的干干净净的法兰西会把这份战利品归还给被掠夺的中国。”

尚且不论圆明园里有多少财富被强盗们践踏，仅在 1860 年，清政府与英、法分别签订的《北京条约》中，就各赔款英法军费800万两，抚恤金英国50万两，法国20万两。

1894年，清王朝在甲午战争中失败，从此失去亚洲霸主地位。次年，《马关条约》签订，2亿两白银的赔偿金前所未闻，如此巨额的财富约相当于日本当时年度财政收入的数倍。得到这样一大笔战争赔款，大和民族尝到了冒险和扩张的甜头，他们用这笔钱继续发展军事、兴办教育，成为亚洲霸主，一直领先到21世纪。而中华民族所有人都不能接受输给蕞尔小国的结局，一大批仁人志士开始反思，这是中华民族最黑暗的时刻，也是我们绝地反击的起点。

1900年，清政府向西方列强11国宣战，八国联军侵华，慈禧太后和光绪皇帝被迫“西狩”。次年，《辛丑条约》签订，清政府向列强们赔偿4.5亿两白银，分39年还清，本息共计约9.8亿两白银。这几乎摧毁了清政权统治的合法性，从此之后清朝政府的灭亡只是时间问题。

“袁大头”

话说天下大势，合久必分分久必合。清政府的垮台并没有立即带来中华文明的复兴，而是使中国进入了更加多灾多难的民国时期。

1914年，北洋政府公布《国币条例》，正式规定用重量七钱二分、成色89%的银元作为货币单位，这就是鼎鼎有名的“袁大头”。

虽然袁世凯的名声极为不好，但从经济学的角度来说，“袁大头”堪称我国近代史上第一次成功自制的货币。在这之前，国内最早用西班牙银元，赔完了以后又开始改用“墨西哥鹰洋”，堂堂大国，使用的竟然不是自己的货币，这一尴尬状况到了民国时期终于被终结了。

现在已经进入电子货币的时代。

实际上，从刚刚进入20世纪开始，现代的货币已经开始逐渐淘汰传统的贵金属货币，国家开始根据自己的信用或者根据贵金属的储备情况来发行货币，大多数国家以更有价值的黄金作为储备金，这就是金本位。现代银行将银元淘汰，这也是一个有趣的事情吧。总之，白银慢慢失去了它在货币市场上的影响力，一部分成为装饰品，更多的则进入工业领域发挥它的工业价值。

而进入21世纪，电子货币日盛，人们更加不知银钱为何物了。也许，未来的某一天当你的孩子问你“银行”二字由来的时候，你可以给他讲讲这段白银的历史。

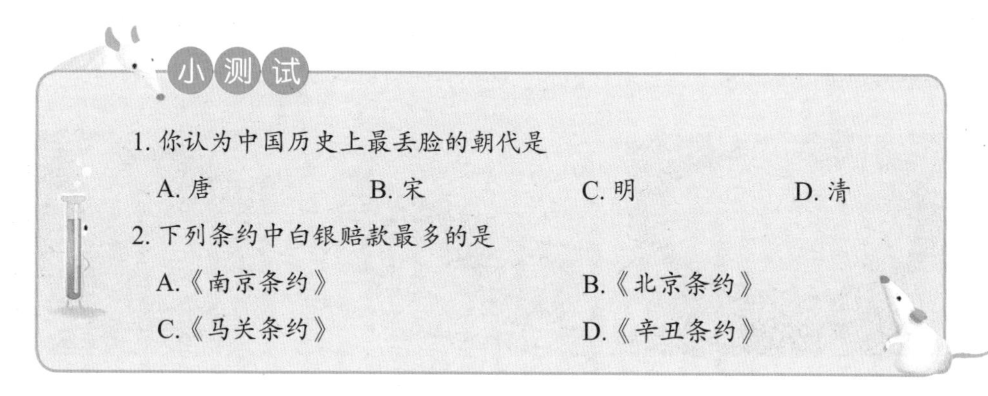

1. 你认为中国历史上最丢脸的朝代是

A. 唐　　B. 宋　　C. 明　　D. 清

2. 下列条约中白银赔款最多的是

A.《南京条约》　　B.《北京条约》

C.《马关条约》　　D.《辛丑条约》

5. 银器保养指南

白银当然不仅仅用作货币，在货币市场之外，它也随处散发着纯洁的银白金属光泽呢！

银制的日用器物最早被王公贵族、宗教上层普遍使用，这些我们在博物馆里经常见到。现在它们也开始流入寻常百姓家，拥有一套光亮的银色餐具，是许多崇尚奢华生活人士的梦想。

很早以前，游牧民族就发现，用普通容器盛放的马奶非常容易腐败，但将马奶盛放在银制容器里，就能很长时间不变质。如果你有机会去大草原旅游，牧民端出银碗，向你敬献马奶酒，那可是非常盛情的款待啊！

维多利亚时代的皇室银器

现代科学发现，银在水中电解出很少的银离子，但这些银离子足以杀死其中的细菌。它不光会破坏细菌的营养物质转运、细胞壁合成，还会干扰细菌的DNA的合成，真是杀菌利器！

西方交响乐队中，乐器分为弦乐、木管、铜管、打击乐与色彩乐器，我们在铜

【参考答案】1. 略　2. D

那一章时曾经提过铜管乐器主要用黄铜制作，但木管乐器可不全是木头做的。

和中国的笛子一样，西方交响乐中的长笛最早也用竹子制成，虽然音色圆润、温暖、细腻，但音量较小，音域不够宽广，上不了交响乐队的台面，因此后来改成各种各样的合金，比如白铜、镍合金等，直到 1947 年改为银制后，一直延续至今。银制的长笛清冷靓丽，音色婉转悠扬，深得音乐爱好者的喜爱。

大草原旅游，怎能不品尝银碗里的马奶酒？

银色的长笛，高雅美观。

银器锈迹斑斑的部分和清洗保养过的部分的对比

纯银质地较软，所以大多数银器实际上采用的是铜银合金，银易和硫化物反应，生成黑色的硫化银，影响光泽。纯银稍好一些，但也会存在这样的问题。如今空气污染严重，二氧化硫等会加剧银器表面的氧化，所以银器保养十分重要。

保养银器无外乎使用物理方法和化学方法，物理方法一般使用擦银布，将表面的硫化银颗粒摩擦掉，其实用牙膏也是可以的。化学方法则多使用硝酸，但腐蚀性较强，使用时一定要多加小心。

当然，使用化学方法肯定会伤害表面，使银器变薄。所以，“洗银水”是大杀器，若不是锈迹斑斑，一定慎用。

另外，有些银器实际是铜合金表面镀银，将表面的银层洗掉了，可就再也恢复不了了。

其实在家中，有一种化学方法简便易行，又不会过多伤及银器。先将银器用洗洁精清洗干净，去掉油脂，再找一张铝箔，跟银器一起放在热的食盐水（80 ℃左右）里，3~5 分钟以后，银器便光洁如新。这利用的是铝反应活性强于银的电化学原理。

同理，千万注意，不要将银器和黄金首饰放在一起，银的反应活性大于金，和金接触之后会发生典型的电化学反应，加速银的氧化。

之前我们已经提到温泉里富含硫黄和硫化物，所以千万不能带着银器手镯、项链去泡温泉啊，一番舒服之后，从热气腾腾的温泉里起身，你会发现你的银器全黑了，除非你泡的是假温泉。

银制的刀叉餐具，既美观大方，又能杀菌消毒，只是需要好好保养。

航拍汤山温泉。温泉虽好，可以穿金，却不可戴银哦。

1. 西方交响乐团中，长笛的材料是

A. 金　　B. 银　　C. 铁　　D. 塑料

2. 下列材质的首饰中，不能和银器放在一起的是

A. 金　　B. 铜　　C. 铝　　D. 塑料

6. 魔镜啊魔镜，谁是世界上最美的女人

《木兰辞》里，花木兰“当窗理云鬓，对镜贴花黄”。然而我们要知道，花木兰用的镜子可不是我们现在的模样，而是青铜镜。早在周朝的《考工记》中，就记载了制作铜镜的合金比例：“金锡半，谓之鉴燧之齐。”

但青铜镜毕竟太粗糙了，难以将女神美貌的每一个细节勾勒出来。1835年，化学大牛李比希发明了一种在玻璃表面沉积一层均匀银膜的方法，这就是著名的“银镜反应”！

将李比希刻在银币上，是对他最大的肯定。

李比希发现醛类化合物可以将银离子还原成银，向硝酸银溶液中加入氢氧化钠水溶液，振荡试管，有白色

【参考答案】1. B　2. A

沉淀生成，加入氨水至最初产生的白色沉淀恰好溶解为止，得到银氨络合物溶液，再滴入乙醛，混合溶液共热后，洁净的玻璃容器内壁上就会出现均匀平整的银镜。

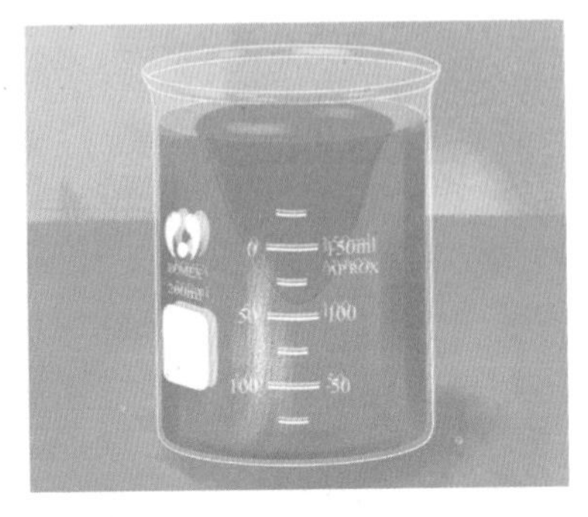

用烧杯做的银镜反应，可以很清晰地看到银镜反射的烧杯刻度。

这种“银镜反应”不是特别复杂，在家里就可以做，只是要注意一些细节，比如控制氨水的量，玻璃需要清洗得特别干净。也不需要刺鼻的乙醛，可以用葡萄糖溶液代替。这是因为葡萄糖分子中含有醛基，而醛类化合物都可以还原银氨离子，所以在化学分析上，“银镜反应”是很好的检验醛类化合物的手段之一。

需要注意的是，最后的银氨溶液要及时妥善处理，银氨溶液放置过长时间会转化成叠氮化银，叠氮化银易分解发生爆炸。

从此以后，银镜一下子取代了之前的青铜镜、锡箔镜，广受大众喜爱。不光是镜子，我们身边那光亮的热水瓶胆，用的也是“银镜反应”，镀上了一层银。银的反射能力特别强，可以有效屏蔽热辐射，达到更加保温的效果。

镀银的热水瓶胆

之前有人担心镜子镀上的是水银，因此有毒，这纯粹是谣言。当然，随着技术的发展，现

◀魔镜啊魔镜，请告诉我，谁是世界上最美的女人？其实白雪公主的故事发生在圆桌骑士的时代，大约在公元前600年至公元前500年，公主继母用的最可能还是铜镜或锡镜，“魔镜”看不清楚谁最美是很正常的事情。

▶开普勒望远镜，寻找系外行星的利器，我们能不能找到另一个家园，就靠它了。

在已经出现了真空沉积法镀铝的技术，可以大幅节省成本，我们现在看到的大部分镜子都是铝镜。如果你家有一面寿命超过 20 年的镜子，那么它有可能是银镜。

现在银镜仍然出现在高科技的最尖端，比如开普勒望远镜用的就是银镜，但已经不是李比希的方法了，而是更先进的“离子辅助蒸发”法。

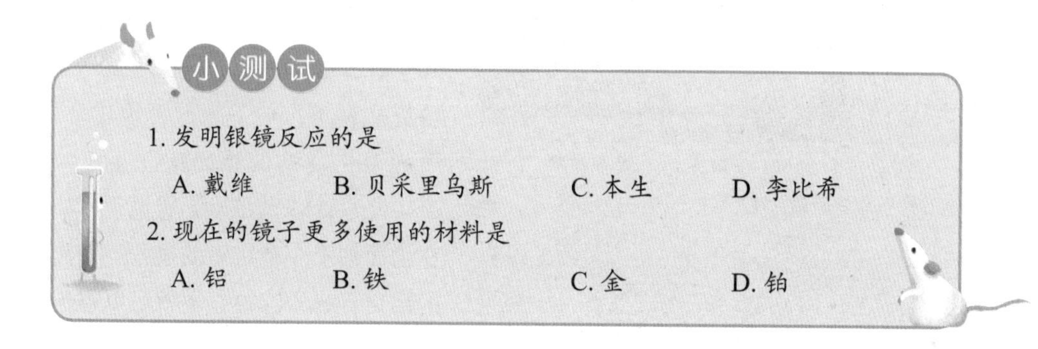

7. 光与影的艺术

用银镜只能即时看到自己的模样，而要将自己的容颜、美丽的风景保留下来，则需要依赖摄影技术，这也和银有关。

1800 年左右，英国人威基伍德发现硝酸银很容易感光，分解成黑色的银粉小颗粒，于是他将白纸或白色的皮革用硝酸银溶液浸泡后，放到照相暗盒里，将暗盒开一个小口对着外面，成功得到了物品的阴影。但是这种阴影实在太淡了，根本无法看清楚，而且经过一段时间就会消失。当时的贵族们宁可花大价钱去找画师作画，也不愿意尝试这种新技术。

1816 年，法国人尼埃普斯用氯化银取代硝酸银做实验，但氯化银不溶于水，所以只能涂在纸上。可惜失败了，该暗的地方暗，该亮的地方却没有亮起来，原来，只要将氯化银放在光天化日之下，就全曝光了。万般无奈之下，他只好转过头去找其他的感光物质，他找到了沥青，在 1822 年成功拍出了第一张照片，可惜已经遗失。但他 1826 年拍摄的一张照片一直保存至今，成为摄影史上的一个里程碑。尼埃普斯用沥青虽然能拍出照片，但缺陷也非常明显，曝光时间实在太长了，最少要八个小时，有时候甚至要好几天才能拍出清晰的照片。事实上，他成功拍出的照片也只能是一些静物，比如保存下来的第一张照片实际拍摄的是一块刻板上的图案。而人

【参考答案】1. D 2. A

民群众的需求是随时随地将我们的音容笑貌保存下来，你如果让女神坐上大半天才能等到自己的美照，那她一定会很遗憾地放弃。

18世纪的暗盒，利用小孔成像的原理，为后来的银版摄影奠定了基础。

尼埃普斯在发明现代摄影术后没几年就去世了，他的搭档达盖尔继续改进摄影术，他不想放弃银化合物，因为银化合物的感光特性实在太强了。他想，感光是显影的过程，如果在后面加上一个定影的过程，将剩余的银化合物去除掉，不就可以避免尼埃普斯遇到的完全曝光问题了吗？于是，他将一块银板暴露在碘蒸气里，产生一层均匀的碘化银感光表面。曝光时，光使碘化银分解，留下黑色的银粉颗粒。亮处的碘化银分解较多，也就更黑，而暗处的碘化银分解较少，所以更亮。这就是照相底片，它与最终的照片明暗恰好相反。

目前保留下来的最早的照片，实际上拍摄的是一块刻板。

然后他将银板暴露在汞蒸气里，汞与纯银结合并形成银汞晶体。再用硫代硫酸钠将未反应的碘化银清洗掉，这就是定影。

最后再将底片印成相片，黑的变白，白的变黑，出现在照片上的就是很真实的影像了。摄影，其实就是银化合物的光化学反应。

▲达盖尔用自己的银版摄影法拍的自拍照

▲现在已经进入数码摄影的时代，不再用银胶片了。

达盖尔使用这种方法，可以将曝光时间降低到半小时。因此他的方法一炮走红，被称为达盖尔法，也就是现在所说的银版摄影法，1839 年 8 月法国政府宣布达盖尔获得摄影术专利。

在这之后，人类进入了光与影的时代，彩色照片、胶片、电视、电影一步一步发展起来，但都离不开银的贡献。直到 1999 年，全球还有多达 8 300 吨白银用于各种各样的摄影业。然而，这却是银版摄影最后的高潮了，在这之后，数码摄影后来居上，没几年就取代了银版摄影，银这种高贵的元素最终还是回到了庙堂之高处。

1. 现代摄影的创始人是

A. 尼埃普斯　　B. 达盖尔　　C. 李比希　　D. 贝采里乌斯

2. 银版摄影的发明者是

A. 尼埃普斯　　B. 达盖尔　　C. 李比希　　D. 贝采里乌斯

【参考答案】 1. A　2. B

第四十五章　镉（Cd）

镉（Cd）：原子序数为48，单质是银白色有光泽的金属。镉的毒性较大，被镉污染的空气和食物对人体危害严重，且在人体内的排出速度较慢，日本因镉中毒曾出现“痛痛病”。

1817年，普鲁士汉诺威省医药视察总监施特罗迈尔来到希尔德斯海姆地区视察，发现当地的一些药商用碳酸锌代替氧化锌配药，这违背了当时的《药典》。

刻板的施特罗迈尔当然要负责任干预此事，回过神来他也很不理解，因为将碳酸锌焙烧成氧化锌并不是很困难的事情。经过调查，他发现这些碳酸锌都来自萨尔兹吉特的一个制药厂，他来到制药厂质问此事，厂长无奈地告诉他，当地的碳酸锌矿经过焙烧后呈现黄色，卖相不好，就只能跟客户商谈，用碳酸锌代替氧化锌了。

认真的施特罗迈尔将这种碳酸锌交给马德堡地区的医药顾问罗洛夫，请求帮忙检测。罗洛夫用硫酸溶解锌矿，再通入硫化氢气体，得到了一种鲜黄色的沉淀，罗洛夫很紧张，以为是硫化砷，这可是一种毒药，它立即在《医学杂志》上发表了检验报告。这样一来，事情闹大了，制药厂被查封。厂长很委屈，他自己又对样品做了仔细的分析，并没有发现砷，因此他要求施特罗迈尔重新检测。

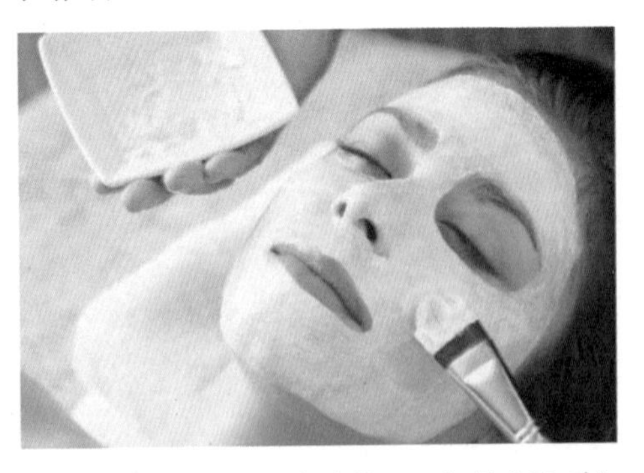

碳酸锌一般用于皮肤护理，如果这里面有砷的话，你还敢用吗？

施特罗迈尔仔细检查了一下那种鲜黄色沉淀，将它放入盐酸，沉淀溶解了，这就说明该沉淀根本不是硫化砷，施特罗迈尔终于帮助制药厂洗脱了罪名。

他继续研究，加入过量的碳酸铵，其中的锌盐都溶解了，却还有一种白色沉淀。他将白色物质焙烧，再和炭黑共热，得到了一种具有蓝灰色金属光泽的粉末。这可是一种新的金属元素！他在1819年发表论文，其中写道："我更加仔细地研究锌的化合物，我惊奇地发现这种颜色的产生是由于其中存在一种特殊的金属氧化物，至今未被发现过。我用一种特殊的方法将它分离出来，并还原成金属状态。"

弑龙英雄卡德摩斯，传说他还是古埃及首都底比斯的建造者。

施特罗迈尔用炉甘石（碳酸锌）——"calamine"来命名新元素为"Cadmium"（镉）。而"calamine"来自古希腊神话里著名的弑龙英雄卡德摩斯。

镉被发现以后迅速平淡了下去，除了镉黄（硫化镉）作为一种颜料以外，很少有地方能用上它，因为它实在太少了，只跟锌矿伴生在一起，矿主们将有用的锌提取走以后，剩下的镉就被遗弃在那里，无人问津。

日本的神冈地区就有这样一座古矿场，从公元710年开始，人们就为了这里的贵金属你争我夺。

用镉黄颜料涂饰的机车

1895年，日本赢得甲午战争，尝到了对外扩张的甜头，极大地刺激了日本对金属材料的需求，当然也包括锌。神冈的矿工们使用类似烘焙咖啡的方法来处理锌矿，将镉除去。当时哪里有什么环保意识，含镉的废料被排放到河流里或者通过土壤渗透到地下，灾难的种子就这样埋下了。

1912年开始，越来越多弯腰驼背的农民去看医生，向医生诉说他们全身骨头的酸痛，其中98%是女性。他们的骨头脆弱到这样的地步：有一次医生给一个女孩诊脉的时候竟然弄断了她的手腕。疾病如同瘟疫一般从一个村子蔓延到邻近的村子，人们开始把它称为"痛痛病"，因为患病者总是发出痛楚的呻吟，并在疼痛中死去。

二战结束以后，1946年，一位叫萩野升的医生开始调查"痛痛病"，他对比了神冈地区的水文地图和“痛痛病”的流行病地图，发现储水地区和“痛痛病”的发病地区几乎完全吻合。他终于开始观察到矿物对水体的影响，他化验了当地的庄稼，发现被污染的地里长出来的稻米简直就是吸镉的海绵。

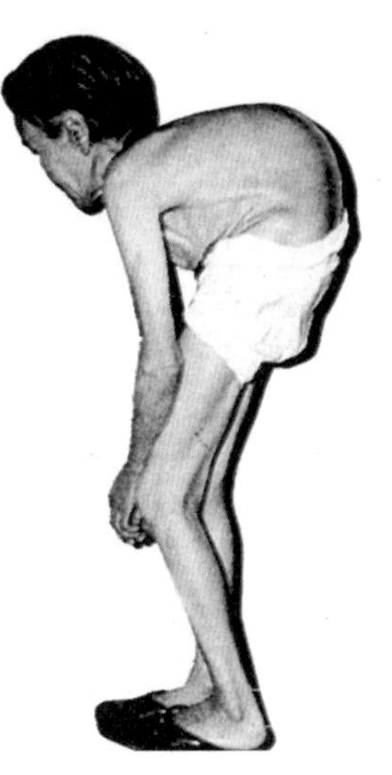
“痛痛病”患者

原来，镉总是和锌混在一起，锌是人体必需的矿物质，镉潜入人体以后取代了锌的位置，人体就不能得到足够的锌了。更危险的是，镉一旦进入人体，就没法被代谢出来，在人体内越积越多，这就是“痛痛病”的病理学解释。原来“痛痛病”的罪魁祸首是镉元素。

1961年，萩野升公布了自己的研究成果。日本政府成立了一个委员会来调查“痛痛病”，当时神冈的矿场归属三井矿业冶炼公司，作为日本最有权势的财团，三井公司想尽办法，将萩野升排除在委员会之外。但最后，这些有良心的委员们不堪内心的谴责，还是承认了镉是“痛痛病”的罪魁祸首这一事实。

日本神通川河，曾经被镉污染。

1972年三井开始向178名幸存者支付巨额赔偿金，每年23亿日元。

2013年，三井公司总裁继续为“痛痛病”道歉，并一次性赔偿60万美金给之前政府未登记的受害者。

镉元素当然不是一无是处，也不会只给人类带来麻烦。

1899年，瑞典人甄格发明了一种镍镉电池，几年以后，他的好伙伴、大名鼎鼎的发明大师爱迪生为这种新式电池申请了专利。1906年，甄格在瑞典开了一家工厂，专门生产镍镉电池，40年后，美国也开始生产这种电池。

镍镉电池的最大好处是可充电，但缺陷也很明显，电压只能达到1.2 V，低于碳锌电池的1.5 V；存在记忆效应，几次不彻底的充放电之后，可充放电量就会变小；最大的问题当然还是废弃镉镍电池对环境的污染。

20 世纪 90 年代以后，镉镍电池逐渐被镍氢电池、锂电池取代。如果你手上还有“古老”的镍镉电池，用完以后一定要注意上面的回收标志，将它放到专门的电池回收垃圾箱里，可不能随意遗弃这些有毒物质，让我们的同胞也得上那可怕的“痛痛病”哦。

近年来，随着中国经济的发展，对各种金属的需求以几何级数增长，而环保意识、监管能力又远远落后于经济增长的速度，问题就随之而来了。

从 2007 年开始，南京农业大学的潘根兴教授带领的团队陆续在全国各地的大米样品中发现了镉超标现象。这一下子引起了轩然大波，“镉大米”成为国人心头的一把达摩克利斯之剑。和日本的经历一样，这些镉污染主要来自采矿、冶炼行业的废弃物。

镉大米，你害怕吗？我们可不想重走日本人“痛痛病”的崎岖弯路。

我们不能因为这些事实而将科学视为恶魔猛兽，我们不可能回到过去了，只能吸取经验教训，制定更严格的排放标准，给镉元素加上一道“紧箍咒”！

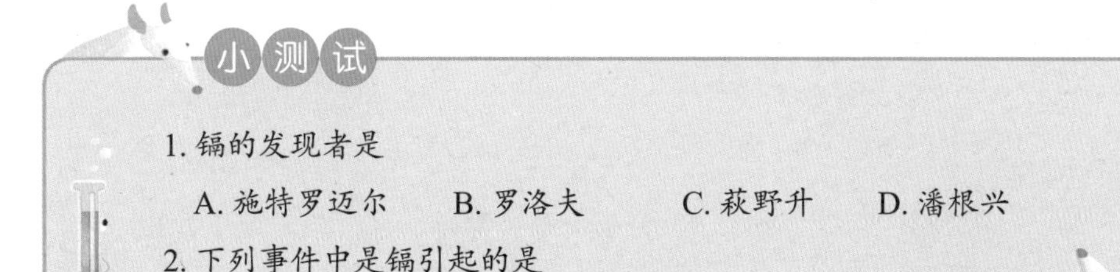

小测试

1. 镉的发现者是

A. 施特罗迈尔　B. 罗洛夫　C. 荻野升　D. 潘根兴

2. 下列事件中是镉引起的是

A. 水俣病　B. 四日市哮喘　C. 痛痛病　D. 福岛核泄漏

【参考答案】1. A　2. C

第四十六　四十七章

元素特写

铟：精通“黑科技”的靛蓝男孩儿，喜欢在液晶屏上滑行，燃烧时擅长召唤蓝色火焰。

元素特写

锡：虽有着经不得热、受不得冷的娇气性格，却是一种历史悠久的金属——五金之末便是锡。

第四十六章 铟（In）

铟（In）：原子序数为49，是一种柔软的银白色并略带淡蓝色的金属，带有光泽。在电子工业中，氧化铟锡用于生产液晶显示器，高纯铟用于制造半导体材料。

1862 年，克鲁克斯和拉米发现了铊元素。德国弗莱堡矿业学院的赖希教授对这种新元素很感兴趣，希望得到更多的铊来进行研究。他试着在附近的锌矿里寻找这种新元素，弗莱堡附近有闪锌矿、黄铁矿、辉铅矿，还有含锰、铜、锡等元素的矿物，他采用炼锌的方法，通过煅烧将硫和砷去除，然后用盐酸溶解过滤，最后加入硫化铵，得到了一种草黄色的沉淀。从它的各种表现看来，跟已知的元素化合物都不一样，赖希猜想他可能发现了一种新元素。

在当时，本生和基尔霍夫创立的光谱分析已经深入人心，人们已经利用分光镜发现了三种新元素铷、铯、铊，赖希也想用新的方法来验证自己的猜想。但很可惜，赖希竟然是一个色盲，对着分光镜，他就只能大眼瞪小眼了。

赖希只好请求他的助手里希特帮助他进行光谱检验，里希特通过分光镜发现了一条新的靛蓝色的明线。之前我们在铷、铯的发现史中也提过，铯有两条蓝线，因而得名，此外锶也有一条蓝线，但现在里希特眼前的蓝线位置和它们都不一样，这就是光谱分析的厉害之处！

他们俩已经可以确定自己发现了新元素，就用希腊文中的“靛蓝”（indikon）来命名其为“Indium”（铟）。

后来，赖希和里希特制得了铟的氯化物和水合氧化物，然后用碳去还原氧化物，得到了不纯的金属铟。这是一种银白色并略带淡蓝色的金属，但是很软，几乎和钠一样软，用小刀就可以切割开。

它的化学性质跟铊和后来发现的镓比较类似，它们都属于硼族元素。所以铟的熔点也很低，只有 156 ℃（镓是 30 ℃），但这不妨碍它在室温状态下为一种固体金属。

铟能润湿玻璃，图为在试管中润湿玻璃的铟。

有传说，当时里希特表明自己是铟元素唯一的发现者，赖希为此深表遗憾。也有人说，赖希曾经表示发现铟元素的荣誉应只属于里希特。具体的历史细节已经无从得知了，我们只需要知道现在公认他俩共同发现了铟元素。

纯度 99.99% 的铟条,每个重 1 磅。

你可能会说，这种金属距离我们太远了吧？

其实不然，有一种叫氧化铟锡（ITO）的物质（In_2O_3 和 SnO_2 的混合物），导电性和透光性特别强，因此被用于液晶显示屏上的涂层。进入 21 世纪，电视机的显示屏几乎用轻薄的液晶取代了笨重的显像管，笔记本电脑也因此流行开来。

现在更有各种智能手机、平板电脑改变了我们的生活，拓展了我们的视野。当我们用手指在智能手机上划动，享受足不出户即知晓天下事的乐趣时，就是铟元素在为我们服务呢！

显像管显示屏（左）和液晶显示屏（右）的对比，优劣立现。

平板电脑的显示屏上涂了一层含铟的 ITO。

1. 人们用某种颜色来命名铟，这种颜色是

A. 红　　B. 黄　　C. 靛蓝　　D. 绿

2.（多选）在我们日常生活中，铟会出现在

A. 液晶电视　　B. 智能手机　　C. 平板电脑　　D. 显像管电视

【参考答案】1. C　2. ABC

第四十七章　锡（Sn）

锡（Sn）：原子序数为50，单质是一种具有银白色光泽的金属。锡是人类最早发现和使用的金属之一，我国周朝时，锡器的使用已十分普遍，被列为“五金”之一。在100 ℃时，单质锡的展性非常好，可以展成极薄的锡箔，用于包装香烟、糖果，以防受潮。但在低温下（13.2 ℃以下），锡会变成另一种形态——灰锡，这是一种松散的粉末。

1. 拿破仑被锡元素坑了吗

若问欧洲历史上谁执牛耳？有三位大帝必获提名：亚历山大、恺撒和拿破仑。1809年，拿破仑击败反法联盟，攻破维也纳，迫使奥地利签署《维也纳和约》并割让土地，法兰西第一帝国达到鼎盛，成为欧洲霸主。

然而，拿破仑还有更高的追求，那就是一统欧洲，特拉法尔加海战的失败让他跨海击败大英帝国的梦想无限期推迟，摆在他案头上的只有那张俄国地图。1812年

拿破仑最风光的时候，加冕法兰西第一帝国皇帝。

狼狈撤退的拿破仑

5月，拿破仑率领57万大军远征俄国，一路高歌猛进，直抵莫斯科，最终却遇到了莫斯科的大火和俄国的严寒，57万大军只剩下2万余人逃回。拿破仑梦断俄国暴风雪，让多少人扼腕长叹。

近年来，有人“考证”出这么一套说法，拿破仑竟然是败于锡元素。

这种说法提到，法军士兵的纽扣都是用锡做的，锡在室温（25 ℃左右）保持我们常见的金属状态；但到了严寒地区，锡会“生病”，感染一种“锡疫”，完全变成粉末状，哪能用来做纽扣？所以，法军在寒风暴雪中如同敞胸露怀，非战斗减员就是不可避免的了。

其实，这纯属子虚乌有，但类似的事情在历史上是发生过的。19世纪60年代中的一年，俄国圣彼得堡的冬天来得特别早，俄军发了冬装。很奇怪的是，没有一套衣服上有纽扣。监制军服的官员大惊失色，立马开始调查此事，他发现在应该钉纽扣的地方存在很多灰色的粉末。他又问下属钉的是什么纽扣，下属告诉他是锡制的纽扣，但问题还是得不到解决。

一位科学家知道了此事，找到愁眉苦脸的官员，让官员带上灰色粉末和他一起去见沙皇，可以保他无罪。

见到沙皇，科学家告诉沙皇是锡“生病”了，得了“锡疫”。沙皇智商再低，也不会相信这种看似江湖骗术的民科言论，于是让科学家拿出证据。科学家找沙皇要了一只锡盘，并把它放在皇宫的院子里，让沙皇过几天再来看。

几天以后，沙皇、官员和科学家一起来到院子里“看望”锡盘，科学家让沙皇将锡盘拿起。结果，沙皇的手指碰到哪儿，哪儿就是粉末，沙皇终于相信了科学家“锡疫”的说法。

原来，锡是一种特别“脆弱”的金属，它不耐热，161 ℃以上就会变脆，232 ℃就会熔化，它也不能经受低温。我们正常看到的闪闪发亮的锡金属叫作“白锡”，也叫作 β－锡，但温度降到 13.2 ℃以下，它就会开始转化为“灰锡”，也叫作 α－锡，是一种粉末状物质。温度越低，这种转变速度越快，更为恐怖的是，这种转变具有传染性，如果把白锡和灰锡放在一起，白锡转变为灰锡的速度会加快，直到完全转化为灰锡，这就是可怕的“锡疫”！

白锡（左）和灰锡（右）

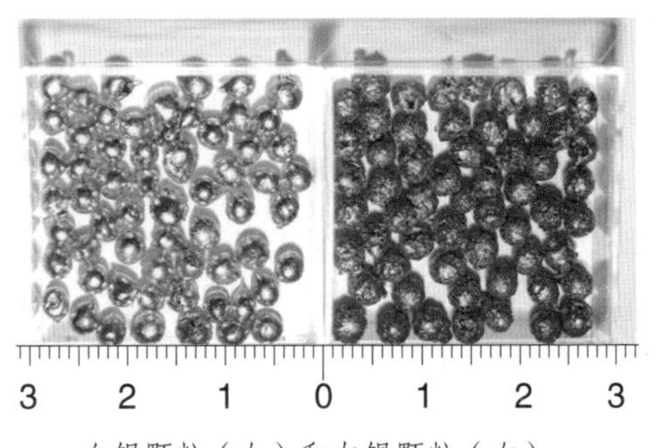

白锡颗粒（左）和灰锡颗粒（右）

拿破仑的法军有没有遭遇“锡疫”，历史上没有任何一条明确记录，很可能是有人将沙俄的故事附会到拿破仑远征的历史上。然而，关于“锡疫”，历史上还真有一个著名的故事！

1909 年 4 月，美国海军中校罗伯特·皮尔里第一次将星条旗插在了北极点。人类已经征服了北极，那么南极呢？ 40 岁的英国鱼雷专家斯科特和 37 岁的挪威极地探险家阿蒙森同时做好准备，冰雪覆盖的南极点是他们的目标。

1911 年 12 月 14 日，低调的阿蒙森捷足先登，而被大英帝国寄予厚望的斯科特于 1912 年 1 月 18 日才抵达南极点，看到的是阿蒙森插下的挪威国旗、一堆石头标记和一顶帐篷，帐篷里有两封信，一封留给挪威国王，一封留给斯科特。

看着阿蒙森的信，斯科特怅然若失，自己的荣耀与梦想已彻底沉于这片白皑皑的冰雪大地。不管阿蒙森是否成功归去，他都已经青史留名，而自己不仅未能获得“冠军”，现在还得忙活着继续跟这片死亡之地抗争，以求能够活着回去。

绅士斯科特一边品尝着失败的苦果，一边将阿蒙森的信带在身上，启程返航。现在我们回顾当年他们的这场以生命为赌注的竞赛，真的不禁感慨万千，有资料显

位于南极点的阿蒙森－斯科特南极考察站，以两位英雄的名字而命名。

示，当年的南极洲的气温长期在 −40 ℃以下。可以想象，斯科特团队在归程路上所遇到的一个又一个噩梦：寒冷、雪盲、冻疮、坏血病等。两个队友先后倒下，1912 年 3 月 29 日，斯科特写下了最后一篇日记，在饥寒交迫中死去，距离下一个补给站仅仅 18 km。

在这之后，阿蒙森理所当然成为第一个征服南极点的英雄，而斯科特虽然没能夺魁，但他的悲情感染了整个大英帝国乃至全世界。

1912 年 11 月，人们找到了斯科特的尸体，发现了他随身携带的阿蒙森的信以及他留下的日记，日记中提到他们的汽油桶里的燃料竟然漏得一滴不剩。一些日子以后，人们找到了斯科特的汽油桶，看到这些油桶焊接的地方确实存在很多漏洞。当人们回过头去调查制造这些汽油桶的过程时，发现它们是用锡焊的。真相大白了，要么是斯科特团队不懂科学，要么是有人企图“暗害”斯科特。在赤裸裸的人性面前，我们宁愿相信前者。

1. 第一个到达南极点的人是

A. 阿蒙森　　B. 斯科特　　C. 拿破仑　　D. 麦哲伦

2. 根据本文，有确凿证据表明是被锡元素坑害的人是

A. 阿蒙森　　B. 斯科特　　C. 拿破仑　　D. 麦哲伦

【参考答案】1. A　2. B

2. 五金之末——锡

中国有“五金”的说法——金、银、铜、铁、锡，锡被列为五金之末。但实际上，人类利用锡比铁还早。锡在自然界多以锡石（二氧化锡）和黄锡矿（铜铁锡的硫化物）的形态存在，因为锡的熔点太低了，才 232 ℃，远远低于铁和铜，所以比铜、铁更容易冶炼出来。在商代的殷墟遗址里，曾经发现过成块的锡，还有锡制的戈，甚至有铜面镀锡的物件；此外，在古埃及第一王朝（约公元前 3200 年）的坟墓中也发现过锡制器具，这都说明锡在青铜时代已经被人们熟知了。

天然的、较好看的黄锡矿（左）和锡石（右）

青铜时代最早的一批青铜器中锡的含量不到 2%，专家们推测这是古人无意为之，碰巧有锡和铜的矿物混合在一起（比如黄锡矿）。后来人们发现将锡掺入炼铜工艺中，可以让铜的熔点大幅降低，这可是一件天大的好事，要知道在古代，能源可是十分有限的，工匠通过种种设计才能达到当时的“高温”。

所以人类最早使用青铜，不是因为它坚硬、耐用，而是因为条件有限，只能炼出这种低熔点金属。

上一节提过，锡的缺点很明显，耐高温和低温性能都很差，一般不单独用作材料，只能和其他金属结合成合金使用。

但锡也有它的优点，它不易腐蚀，能长久保持银白色的金属光泽，所以《说文》中解释：“锡，银铅之间也。”

前面提到商代人将锡镀在铜器表面，可能是为了美观，因为铜毕竟不是一种易腐蚀的金属，实用价值不大。锡镀在铁器表面，保护易腐蚀的铁，才是正途。

镀锡薄板的技术最早掌握在波希米亚人手里，后散播到德国的萨克森地区。当时，铁匠铺叫黑作坊，而生产镀锡薄板的作坊叫白作坊，足见这种金属在当时堪称

1840 年，英国特雷夫里斯特印铁制罐厂。

黑科技之流了。

17 世纪，一个英国人来到萨克森窃取了这项技术，将它带回英国。当时正好赶上了工业革命，镀锡薄板技术一下子散播开来，进行工业化生产，制品远销全球。1805 年一年时间，英国就出口了 5 万件镀锡铁盒，而到了 1860 年，这个数字增长到了 170 万。

这种好东西当然会流传到中国，有人说它是从澳门进入国内的，所以根据澳门的英文名“Macau”得名“马口铁”。

马口铁主要用来做罐头的包装，这种包装不透光，使维生素不易发生化学反应；密闭性好，有效防止氧化；而且由于微弱的电化学效应，会有微量的铁被氧化成二价铁离子进入食品内，帮助人们补铁。现在虽然铝罐越来越多，但马口铁的罐头仍有一定市场。

锡的展性特别好，可以被打制成极薄的锡箔，用来包装香烟、巧克力、糖果等等。我们常说的“锡箔纸”最早真的是由锡制成，现在基本都已经被铝取代了，但锡的金属光泽明显比铝更加光亮。

锡的延性却很差，无法被拉成很长的细丝，这又约束了它的用途。

美观耐用的马口铁罐头

上一节我们提到斯科特被焊锡坑的事情，为什么非要用锡来焊接呢？其实，这正是利用到锡的优点——熔点低，焊锡在各种管道连接和电子线路板里广泛使用。

我们大学电子电路的实验课里，用小小的电热器就能够将锡加热至熔融状态，然后将一小块一小块电路焊接在一起，利用的就是锡熔点低的特性。

最早的焊锡用 63% 锡和 37% 铅的合金，由于铅对人体有害，现在禁止使用含铅的焊锡料，大多使用锡铜合金。

电子线路板的连接大多数靠焊锡。

包装巧克力、糖果的锡箔纸，现在基本都是铝箔。

小测试

1. 下列金属中不属于我国的“五金”的是

   A. 金　　B. 铁　　C. 锡　　D. 铂

2.（多选）五金之末——锡可以用在

   A. 锡箔　　B. 马口铁　　C. 焊锡　　D. 青铜

【参考答案】1. D　2. ABCD

第四十八　四十九章

元素特写

锑：华丽而狡猾的杀手，古埃及时便被用作化妆品，谁能料到却具有毒性呀。

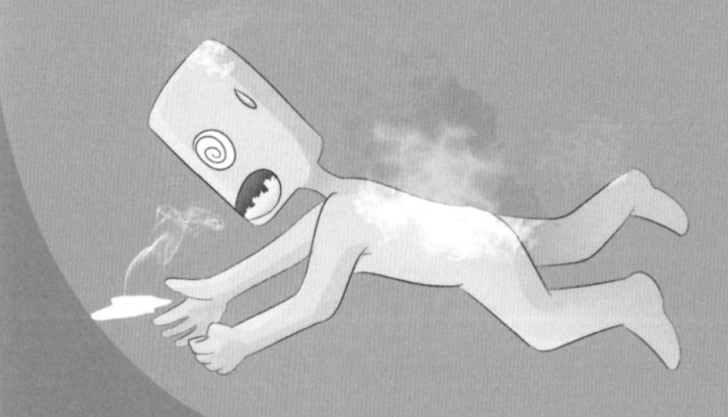

元素特写

碲：令我不安的，是我特殊的大蒜气味，以及燃烧时产生的蓝色火焰与有毒白烟。

第四十八章　锑（Sb）

锑（Sb）：原子序数为51，单质是银白色、有光泽、硬而脆的金属。锑元素在自然界中主要存在于辉锑矿和方锑矿等中。2009年相关资料显示，中国是世界上锑产量最大的国家，承担着世界九成以上的锑供应量。锑可以用于生产阻燃剂、合金材料、滑动轴承和焊接剂等。

1. 谁是世上最强酸（上）——酸碱理论的发展

看到标题，大多数人可能会问：“是不是硫酸？”

初中生会问：“是不是王水？”

高中生会说：“我们学过，是高氯酸。”

其实，这个问题涉及化学中最基本的问题，什么是酸？

硫酸是最强酸吗？

最早，人们将有酸味的物质叫作酸，有涩味的物质叫作碱。当然，这只是经验规律，远远称不上科学。

如果大家看过“氧”的篇章，一定会记得拉瓦锡将氧元素命名为“酸素”，他认为氧是形成酸的元素，所有酸中都含有“氧”这种酸素。这一观点被戴维打破了，他在对氯的研究过程中发现盐酸不含氧元素，类似地，其他氢卤酸、氢硫酸、氢碲酸也都不含有氧元素。但戴维没有提出他的酸碱理论，与他同时代的大多数化学家（如贝采里乌斯）仍然认同拉瓦锡的酸素理论。

1838年，有机化学之父李比希在研究了众多有机酸之后提出，所有的酸都含有氢元素，它可以被金属置换出来，变成氢气。“酸素”终于由氧元素变成了氢元素。

1884年，瑞典物理学家、化学家阿伦尼乌斯在李比希的基础上，总结了大量

1903年诺贝尔化学奖得主阿伦尼乌斯

的化学现象，第一次提出了现代的酸碱电离理论。之前很多人以为酸在水溶液中电离出氢离子，从现代科学的观念来看，这太可怕了，氢离子就是一个裸质子，它太小了，没什么能挡得住，简直可以在水里自由穿梭。

阿伦尼乌斯认为，氢离子在水溶液中不能单独存在，而是去极化了一个水分子，得到一个水合氢离子（H_3O^+），在水中真正体现出酸性的是水合氢离子，也正是这个水合氢离子让我们感觉有“酸味”。因此，同样条件下，酸电离出的水合氢离子的浓度越高，说明这种酸的酸性越强，比如硫酸的酸性明显强于醋酸。

常温下，水溶液中水合氢离子和氢氧根离子浓度的乘积是一个定值——10^{-14}，电离出更多氢氧根离子的就是酸的死对头——碱。

阿伦尼乌斯因为电离理论而获得1903年诺贝尔化学奖。但在酸碱电离理论中，几种强酸的酸性强度无法区分，比如硫酸和硝酸在水中电离得都相当彻底，无法分辨谁更强，而当醋酸作为溶剂时，又可发现几种强酸的酸性明显有强弱之分，比如高氯酸 > 硫酸 > 硝酸。酸性（碱性）强度不同的强酸（强碱）在水中无法体现出强弱之分，这被叫作“拉平效应”。

人们终于意识到，还得考虑溶剂这种介质的影响。1905年，富兰克林进一步发展了酸碱电离理论，提出了酸碱溶剂理论：凡是在溶剂中产生该溶剂的特征阳离子的溶质叫酸，产生该溶剂的特征阴离子的溶质叫碱。比如在液氨中，能产生NH_4^+的是酸，而产生NH_2^-的是碱。

$$2NH_3 \rightleftharpoons NH_2^- + NH_4^+$$

液氨的自耦电离，只不过液氨的电离常数比水的要小得多。

酸碱溶剂理论仍有局限性，它只能解释自耦电离溶剂体系，而不能解释非溶剂体系下的酸碱反应。

1923年，丹麦化学家布隆斯特和英国化学家劳里分别提出了酸碱质子理论：凡是能够给出质子（H^+）的物质都是酸，凡是能够接受质子（H^+）的物质都是碱。这个理论指出，酸和碱都是相对的，比如碳酸氢根离子既能和盐酸反应也能和氢氧化钠反应。当它和盐酸反应时，它接受质子，因此是一种碱；而和氢氧化钠反应时，

酸碱质子理论的提出者——丹麦化学家布隆斯特（左）和英国化学家劳里（右）

它提供质子，因此是一种酸。

酸碱质子理论仍不能解释很多不含氢的化学反应，比如氧化钙和三氧化硫在无水的情况下反应生成硫酸钙，从拉瓦锡时代开始，化学家都将这个视为酸碱中和反应，但一个多世纪之后的酸碱质子理论竟然不能将它囊括进去，看来，化学家还有事可做。

这个光荣而艰巨的任务终于落在了化学界的“无冕之王”——吉尔伯特·路易斯身上。

有一个著名的关于路易斯的笑话。一天早晨，路易斯的助手闯进了他的办公室，举着一个冒着气泡的玻璃瓶叫起来：“新鲜出炉的超级酸！它可以溶解一切物质！”路易斯没给好脸色地回了一句：“那你是怎么用玻璃瓶装起来的？”

路易斯毕生都在研究原子中的电子在不同情形下如何运动，他认为既然化学反应是原子在交换电子，那么酸碱反应自然也不例外。比如盐酸溶于水，离解为水合氢离子和氯离子，他认为不应该强调氢离子，而是在相反的方向强调带走了电子的氯离子。如此一来，酸就不应该是质子提供者，而是电子剥夺者，即电子对的受体；而碱是电子提供者，即电子对的供体。这才是最能反映酸碱反应实质、最广义、最普适的酸碱理论——酸碱电子理论！

1. 第一个提出现代科学意义上酸碱理论的科学家是

A. 拉瓦锡　B. 阿伦尼乌斯　C. 贝采里乌斯　D. 路易斯

2. 号称化学界“无冕之王”的化学家是

A. 拉瓦锡　B. 阿伦尼乌斯　C. 贝采里乌斯　D. 路易斯

3. 下列酸碱理论中，最广义、最普适的是

A. 酸碱电离理论　B. 酸碱溶剂理论

C. 酸碱质子理论　D. 酸碱电子理论

【参考答案】1. B　2. D　3. D

2. 谁是世上最强酸（下）

根据酸碱质子理论和酸碱电子理论，一方面做好防守，保护自身的电子不被剥夺，另一方面提升进攻，提供质子去剥夺别人的电子，这就可以得到更强的酸。有没有比硫酸、高氯酸更强的酸呢？真的有！

1994 年诺贝尔化学奖获得者奥莱

1966 年，美国化学家奥莱教授的一个助手不小心将一块蜡烛丢在了一个装了酸的容器里，他惊奇地发现蜡烛很快溶解了！要知道，蜡烛主要成分是长链烷烃，主要参加自由基反应，一般认为它们是老老实实的有机物，跟酸碱反应从来都是绝缘的！

奥莱教授也震惊了，他带领团队仔细研究了一下，发现溶解蜡烛的酸是五氟化锑和氟磺酸的混合物。由于该现象过于神奇，奥莱团队给这种酸起名“魔酸”。他们又给反应后的蜡烛溶液做了核磁共振分析，发现其中竟然有一个尖锐的碳正离子峰，说明魔酸竟然将烷烃给质子化了！他们继续实验，发现魔酸不仅可以攻克蜡烛的防线，其他烷烃、烯烃的堡垒也都一座又一座被魔酸这种超级攻城利器攻克了，生成了一种又一种碳正离子。

一直以来，碳正离子仅仅存在于化学家的理论中，作为一种假设的中间产物，因为它的反应活性太强，实在很难保存。如今奥莱团队终于发现，碳正离子不仅真实存在，而且可以保存在魔酸溶液里，参与下一步的反应。1994 年，因为对碳正离子的研究，奥莱获得诺贝尔化学奖。

$$CH_4 \xrightleftharpoons[SbF_5]{HSO_3F} \left[CH_5 \right]^+ \longrightarrow CH_3^+ + H_2$$

$$CH_3^+ \xrightarrow{CH_4} C_2H_6 \rightleftharpoons C_2H_7^+ \rightleftharpoons C_2H_5^+ \rightleftharpoons H_2C=CH_2$$

魔酸将甲烷变成碳正离子和氢气，并进一步反应生成乙烯，开辟了新的化学反应路径。

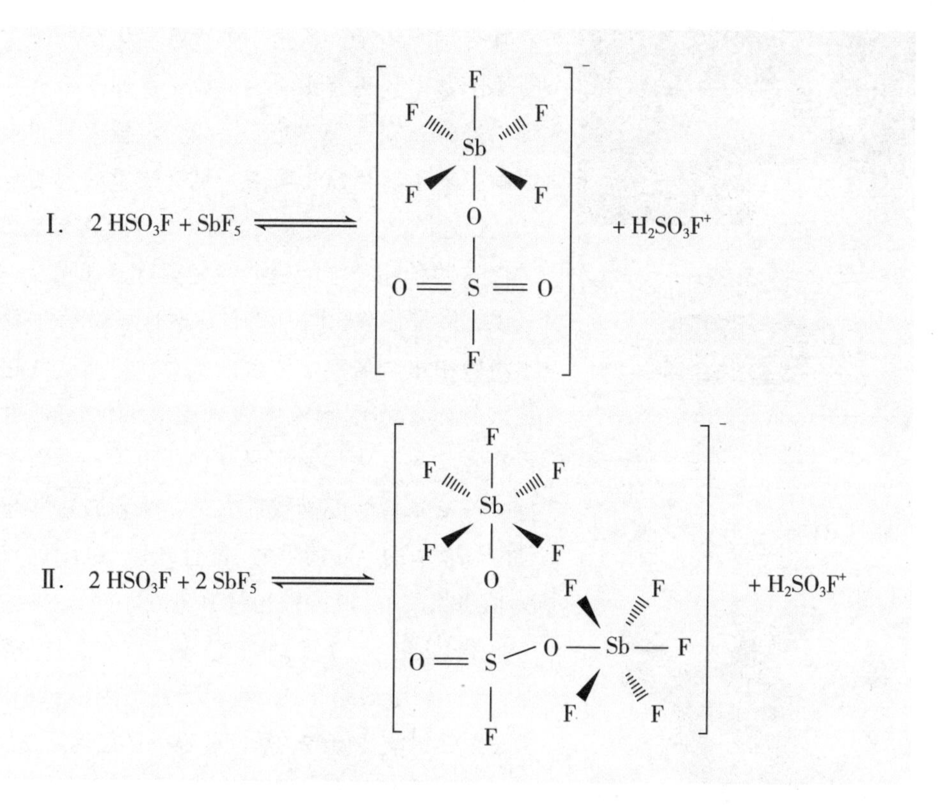

魔酸中的反应，一个或两个五氟化锑和氟磺酸通过配位键形成超大阴离子。理论上，最多可以有三个五氟化锑配位氟磺酸，所以在魔酸中，五氟化锑一般要过量。

魔酸为什么如此强大？

首先，氟磺酸中有一个氟原子和三个氧原子，F、O 为电负性很强的两种元素，吸电子的能力特别强，当其中的氢离子离开以后，F 和 O 将多余的负电荷紧紧地拉拽过来，均匀分布在氟磺酸负离子里，因此氢离子几乎很难回家，所以氟磺酸是一种非常好的质子提供者。而五氟化锑本身就是一种很强的路易斯酸，也就是说它剥夺别人电子的能力很强，当它和氟磺酸负离子形成配位键以后，负电荷就扩散到了更大区域，氢离子（实际是氟磺酸合氢离子）真的成了一颗无家可归的游子，只能去进攻其他分子。

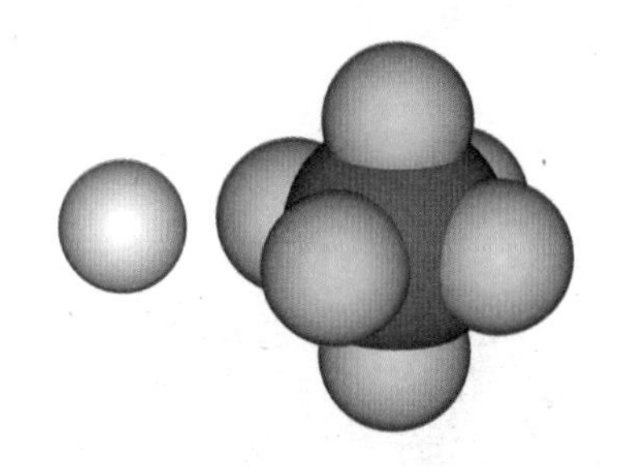

图片为氟锑酸中电离出的氢离子（左）和六氟合锑阴离子（右）。我们可以看到，六氟合锑阴离子的笼形结构让负电荷均匀分布。

在魔酸之后，人们又发现了更强的超级酸——氟锑酸，是氢氟酸和五氟化锑的混合物。氢氟酸电离出氢离子以后，剩下的氟离子和五氟化锑形成一个“笼形”的

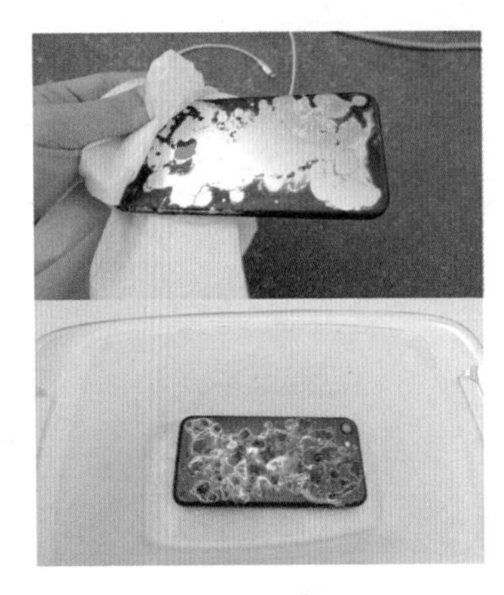

用硫酸浸泡 5 分钟的 iPhone7（上），竟然还能使用；滴了几滴氟锑酸的 iPhone7（下），瞬间被腐蚀。

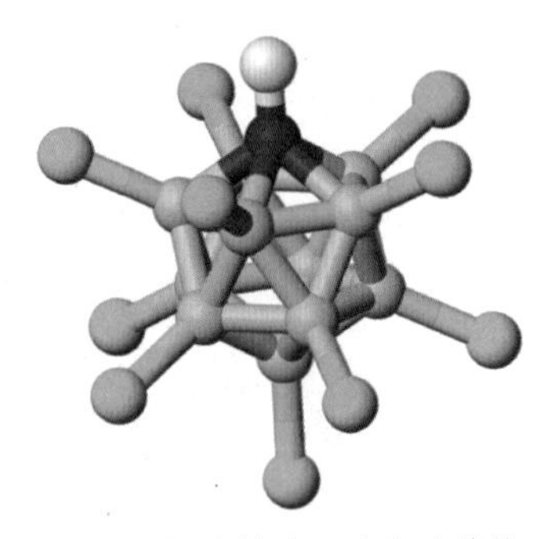

碳硼烷酸拥有精致而稳定的结构。

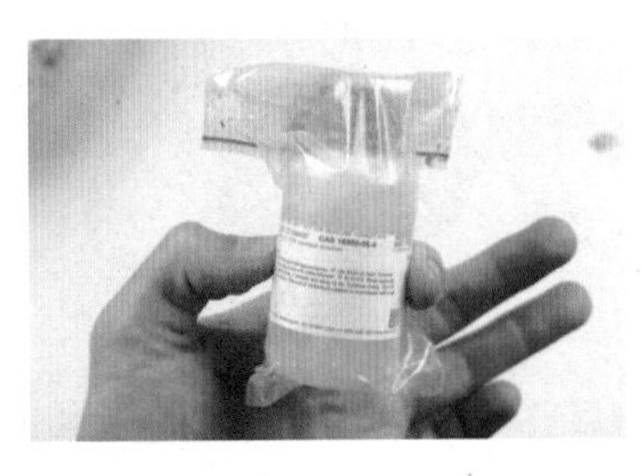

存放氟锑酸只能用聚四氟乙烯哦。

六氟合锑阴离子，这是一个正八面体结构，六个氟原子紧密包裹着中心的锑原子，那一个负电荷均匀地分布在这个“笼子”里，对氢离子的吸引力就更弱了。相比于魔酸，氟锑酸里的氢离子更加畅快地游荡着，氟锑酸的酸性也就比魔酸更强。

这两种超级强酸的酸性究竟有多强呢？一般来说，衡量强酸弱酸时我们熟悉的是 pH，也就是水溶液中水合氢离子浓度的负对数，而这些超级强酸根本不在水溶液中表现超级酸性，pH 也就没有意义了。化学家们只好创造出了一个新的指标——哈米特酸度函数（H_0 值）来比较这些超级强酸，H_0 值的绝对值越大，酸性越强，跟 pH 类似，H_0 值每相差 1，其酸性相差 10 倍。

我们常见的硫酸 H_0 值是 –11.93，高氯酸是 –13，而魔酸是 –25，氟锑酸更是达到 –28，也就是说氟锑酸比硫酸的酸性要强一亿亿倍。

魔酸和氟锑酸都不是单组分的酸，必须在使用之前分别将对应的两组分混合，才能达到最强的酸度。最强的单组分酸是 2004 年被发现的碳硼烷酸（$HCB_{11}Cl_{11}$），和氟锑酸类似，离解出氢离子之后，碳硼烷阴离子（$CB_{11}Cl_{11}^-$）是一个精密的笼子，让氢离子浪迹天涯。

另一方面，碳硼烷酸又是最温和的酸，因为碳硼烷阴离子（$CB_{11}Cl_{11}^-$）这个笼子是有史以来最稳定的结构之一，几乎和氦的反应活性差不多，也就根本不会跟任何物质（活泼金属除外）反应，因此它虽是超级强酸，却丝毫没有腐蚀性。

回到上一节路易斯的问题：超强酸如何存放？

温和的碳硼烷酸可以用任何材料存放，而魔酸跟氟锑酸只能用聚四氟乙烯来存放了。

最后多嘴一句，路易斯总结了酸碱反应的本质，为何他仍为化学界的“无冕之王”？确实，在化学界他誉满全球，仅仅他的学生就得了5个诺贝尔奖，而他一直到死也没有摘得桂冠，这是为什么呢？一方面，由于个人性格问题，他树敌太多，这里我们不做讨论。另一方面，他研究的广度大于深度，没有那种石破天惊级别的发现。所以，他一共得到了41次诺贝尔化学奖提名，史上之最，比咱一个国家的提名都多好多倍，最终却一次都没有获得奖项，堪称最佳男配角。

实验室里的路易斯

还有一种说法，路易斯有一个死对头：1932年诺贝尔化学奖获得者朗缪尔。相比于路易斯，朗缪尔做PPT、写论文和科普的能力更强，好几次路易斯在实验室累死累活搞出新理论，朗缪尔马上就基于路易斯的理论写出好几篇论文。比如他1919年的论文《原子和分子中电子的排列》，就被认为是严重基于路易斯的立方体原子理论。

路易斯的死对头朗缪尔

有传言，1932年朗缪尔因为表面化学的贡献获得诺贝尔奖之后，利用和诺贝尔奖委员会的关系多次干预、阻止路易斯获奖。二战爆发后，朗缪尔成为曼哈顿计划的特别顾问，而路易斯竟然没有被列入名单，这让他整个二战期间心灰意冷，无所事事。

1946年3月23日中午，路易斯和朗缪尔这对老冤家一起共进午餐，没有人知道他们谈了什么细节。下午路易斯阴沉着脸回到实验室，一个小时后，他的学生发现了他的尸体，以及实验室里满溢的苦杏仁味（氢氰酸的标志）。

小测试

1. 根据哈米特酸度函数的指标可知，目前发现的最强酸（包括双组分）是

A. 高氯酸　B. 王水　C. 魔酸　D. 氟锑酸

2. 史上获得诺贝尔化学奖提名最多的人是

A. 阿伦尼乌斯　B. 奥莱　C. 路易斯　D. 朗缪尔

3. 下列选项中，最温和的超级酸是

A. 魔酸　B. 氟锑酸　C. 碳硼烷酸　D. 王水

【参考答案】1. D　2. C　3. C

3. 帮助牛顿发现万有引力的锑元素

51 号元素锑的含量在自然界实在不能算多，地壳里的含量只有 0.2~0.5 g/t，但神奇的是，自然界中却能找到天然的单质锑，说明它的化学性质真不是特别活泼。

早在古埃及时代，人类就开始利用锑元素了。古埃及的妇女们喜欢用从辉锑矿中提取的三硫化二锑来描眉画眼，不光是让自己的眼睛向男性放电，施展自己的魅力，更是为了赋予自己"巫术"的力量。锑的拉丁文名称"Stibium"由此而来，意为"美丽的眼睛"，现在元素周期表里锑元素的符号"Sb"也正是由此而来。

锑经常跟铅混在一起，难以区分。有一种颜料拿蒲黄，化学成分是锑酸铅和亚锑酸铅，从公元前 7 世纪开始就被巴比伦人使用。当时巴比伦最有名的国王叫尼布甲尼撒二世，他攻克了犹太教圣城耶路撒冷，将犹太人赶往巴比伦城囚禁，史称"巴比伦之囚"。他还建造了世界七大奇迹之一的空中花园。传说他用拿蒲黄将自己宫殿的墙壁漆成黄色，没多久他就疯了。

古埃及女人将含锑的矿物当成睫毛膏使用。

这个故事告诉我们，锑和铅都是有毒的重金属。

传说第一个将金属锑分离出来的是阿拉伯人吉伯，欧洲第一个得到金属锑的是德国修道士瓦伦丁。17 世纪初，瓦伦丁写了一本《锑的凯旋车》，书中提到了如何提取金属锑。在这本书里，"Antimony"第一次固化为锑的英文名，"anti"是反的意思，"mony"可不是金钱，有人说它来自僧侣"monk"，因为大多数炼金术士跟僧侣没什么两样，他们经常接触有毒的锑，死亡率较高，因此锑就是"反僧侣"。也有人说这是因为很多炼金术士乱开方子，他们发现给猪吃含锑化合物，猪

尼布甲尼撒二世遥望着他建造的奇迹——空中花园。

的食欲就会大增，但这样的猪肉后来毒死了很多人，所以人们称锑为“反僧侣”。

不管怎样，现在锑的英文名叫作“Antimony”。

几十年后，科学史上最著名的科学家之一牛顿出场了，话说牛顿的主要贡献在数学和物理学，但其实牛顿最用心的是炼金学，虽然他在这方面几乎一事无成。

在那个时代，炼金术士们总要将各种金属跟天上的星球一一对应起来，比如水银是水星，铜是金星，铁是火星，锡是木星，铅是土星，那么锑是什么呢？有一次，牛顿在他的“炼丹炉”里得到了一块不纯的锑，它闪闪发亮，很像天上闪闪发光的恒星。牛顿将它和狮子座的轩辕十四（英语里叫“Regulus”，雷古鲁斯）对应起来，将它叫作“轩辕十四锑”。

图片为德国传教士瓦伦丁。现已查明，《锑的凯旋车》的真正作者叫邵尔德，瓦伦丁是他的化名。

牛顿的手稿显示，牛顿在锑身上花的精力比在引力上多得多！他共留下了好几百页关于炼金术的手稿，还留有一篇关于“轩辕十四锑”的 1 200 字左右的文章《实验之论》，这些还只是一场大火之后留下的残稿。

虽然牛顿的“轩辕十四锑”没有给他带来任何炼金术上的成果，有人认为启发牛顿万有引力定律的并不是苹果，而是“轩辕十四锑”这些炼金学中神秘的“发气原理”，促使牛顿想到物体之间的超距作用。原来是锑元素帮助牛顿为我们打开了现代物理学的大门，你相信吗？

锑毕竟有毒性，更何况牛顿还长期接触在那个时代炼金术士手头必不可少的金属稀释剂——汞，很多人相信，就是因为沉迷于炼金术，牛顿的晚年变得非常怪癖，投资屡屡失败。1727 年 3 月 20 日，牛顿死去，在他的头发里发现了大量的汞。

沉迷于炼金术的牛顿

30 年后，又一个天才诞生，不过他的天才不在科学和数学，而在音乐。他就是音乐神童——莫扎特。

莫扎特的一生并不如他的音乐那般欢悦明朗，而是在颠沛潦倒中过完了短暂的

音乐神童莫扎特也死于锑吗？

一生。1791 年，35 岁的年轻的莫扎特在病患中死去，留下了永恒的 600 多部作品。

关于莫扎特的死因，有很多种传说，其中有一种较为著名，有人提出莫扎特在死前高烧时服用了过多的锑。原来，锑片是著名的泻药，在莫扎特的时代，锑片较硬，有时候在肠道中不能溶解。也许，就是这种古老的锑片害死了音乐天才。

锑当然不总是作为毒药，它也有其使用价值。

锑多用作阻燃剂，一般将三氧化二锑和卤化物阻燃剂一起使用，生成锑的卤化物，减缓燃烧。这种阻燃剂在儿童玩具、汽车座椅里都广泛使用。

锑还和铅等金属一起形成合金，提高铅的硬度和机械性能。以前报纸上的“铅字”其实是含有 11%~20% 的锑，铅字早已被现代的激光打印所取代，铅弹中也含有锑。

还记得上一个元素“锡”容易发生“锡疫”吗？科学家们早就找到了对抗“锡疫”的办法，那就是在锡中加一点锑，发生“锡疫”时所需的温度就要下降很多。

1.（多选）你认为下列名人死于锑元素的是

A. 莫扎特　　B. 牛顿

C. 尼布甲尼撒二世　　D. 拉美西斯二世

2. 牛顿用天上的一颗恒星与锑对应，这颗恒星是

A. 太阳　　B. 金星

C. 火星　　D. 轩辕十四

3. 锑的元素符号“Sb”最早的意思是

A. 形容人是傻瓜　　B. 美丽的眼睛

C. 三氧化二锑　　D. 毒药

【参考答案】1. 略　2. D　3. B

第四十九章 碲（Te）

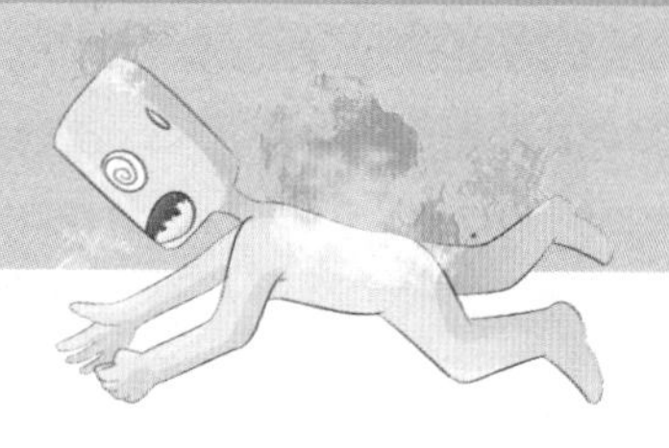

碲（Te）：原子序数为52，有两种同素异形体。碲虽然是一种非金属元素，却有良好的传热和导电能力。碲在空气中燃烧，有蓝色火焰，生成二氧化碲。碲还是能与金元素化合的为数不多的几种元素之一。

中世纪罗马尼亚西北部的山里，曾经找到过一种白色的矿石。奥地利维也纳郊区一家矿场的监督赖兴施泰因对这种矿石很感兴趣，1782 年，他提出这种矿石的成分是硫化铋。第二年，他又撤回了他的报告，重新发表论文，提到这种白色矿石中含有金和另一种未知金属，这种未知金属非常像锑。接下来的 3 年里，赖兴施泰因对这种未知金属进行了仔细的研究，记录下来的实验就有 50 多个。在实验记录中，赖兴施泰因提到，把这种未知金属加热后，有一种臭萝卜的味道；该金属跟硫酸反应生成红色溶液，溶于水后得到黑色沉淀。他把它称为“奇异金”，并把“奇异金”的样品邮寄给伯格曼请求鉴定，由于样品太少，伯格曼只能证实这确实不是锑。

16 年后，德国化学家克拉普罗特把赖兴施泰因的论文重新找了出来，并重新做了实验，他用王水溶解白色矿石，往滤液中加入氢氧化钠，得到白色沉淀。他再将白色沉淀烘干并与油混合，在烧瓶中加热，烧瓶内壁逐渐出现一些银白色颗粒。克拉普罗特将它命名为“Tellurium”，来自拉丁文“tellus”，意为“地球”，翻译成中文是“碲”。

谦逊的克拉普罗特一再申明，碲的发现者是赖兴施泰因。后来他又收到匈牙利化学老师吉塔贝尔的来信，原来这位吉塔贝尔老师在 1788 年也发现了碲元素。克拉普罗特回信确认了他的发现，他们俩的通信至今仍存放在匈牙利博物馆。

最早，大家一致以为碲是一种金属。1832 年贝采里乌斯研究了它的特性，发现它和硫、硒很类似，这之后碲才被列入非金属。

碲元素的另一个发现者吉塔贝尔

你有没有化学的 sense？是不是感觉到不对头了？

你可能还在不屑一顾："非金属就非金属呗，非金属多着呢！"

碲可能只是一种普通的非金属，但它却和金在一起，这就问题大了！

长期以来，人们一直以为金是最神圣的金属，在化学家们的实验室里，只要刚发现各种化学性质强的新物质，首先就要让它去试试金的防守。除了王水等少数几种物质，各种酸碱、令人窒息的氯气、似乎可以毁灭一切的臭氧等在常温下都攻破不了金的堡垒。

然而化学家们转头一看，自然界竟然就存在着金的化合物，这实在是在打化学家的脸。

碲和金还不只生成一种化合物矿物呢，而是有针碲金银矿、碲金银矿、针碲金矿、碲金矿这一长串的名字。它们的主要成分的化学式也同样令人眼花缭乱，如一种针碲金银矿的主要成分是 $Au_{0.8}Ag_{0.2}Te_2$。根据其中金含量的不同，它们的颜色也是千奇百怪，其中有几种还真是金色的光泽，足够以假乱真，尤其会给那些淘金者制造麻烦。

针碲金银矿

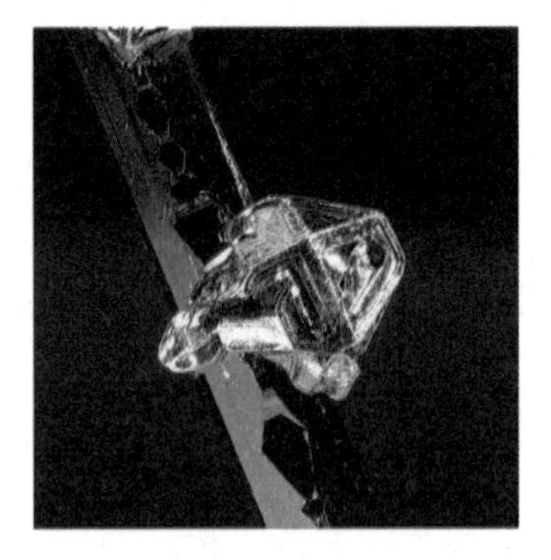
针碲金银矿里的碲晶体

1893 年，三个爱尔兰人来到澳大利亚西部沙漠地区淘金，希望有朝一日发财致富。有一天，他们的马丢了一只马蹄铁，在寻找这只幸运的马蹄铁的路上，他们在地面上就找到了好几千克重的金块。这三人立刻向有关部门提交了一份所有权申请，由于他们三人中的老大叫汉南，所以这块地皮被称为“汉南地”。这一消息传播出去之后，数以千计的淘金者来到这里，都想要试试运气。

短短的几个月后，这里已经建立起一座简单的城市，这些淘金者就地取材，将挖矿剩下的碎石收集起来，建造了住房、啤酒厂、小卖部甚至还有娱乐场所。

三年后的一天，几个刚来到“汉南地”的露营者点起了篝火，突然发现，堆起篝火的石头竟然透出了黄金。原来，这可不是普通的石头，而是真实的碲金矿！

这个故事很快传遍了汉南地，听闻这个消息的矿工们很快将他们能找到的所有矿石都清扫一空。等到他们打扫完这些垃圾，目光立刻转到了小城本身，所有的房子都被拆掉，因为他们相信，自己建造成房屋的砖块，其实都是被施了魔法的金块！

其兴也勃焉，其亡也忽焉。没过几天，这座小城就成为一片废墟，连路面都见不到了。

有名的淘金者汉南

汉南地已不复存在，人们在附近重建了一个叫卡尔古利的新城市，在这里汉南仍受人纪念。

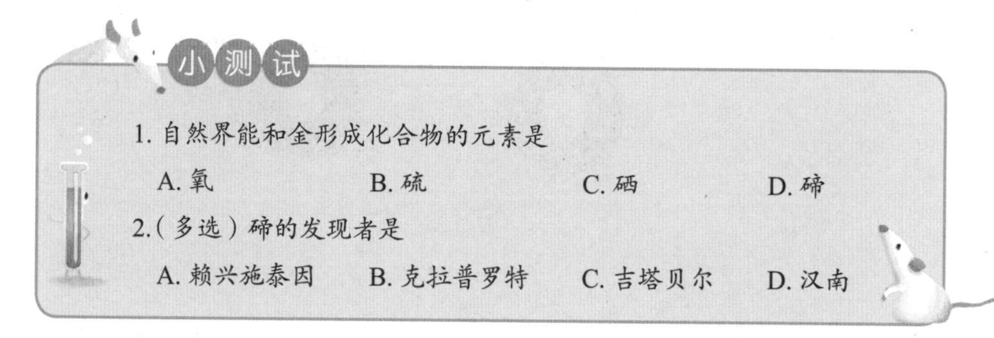

小测试

1. 自然界能和金形成化合物的元素是

A. 氧　B. 硫　C. 硒　D. 碲

2.（多选）碲的发现者是

A. 赖兴施泰因　B. 克拉普罗特　C. 吉塔贝尔　D. 汉南

【参考答案】1. D　2. AC

第五十 五十一章

元素特写

碘：紫色的我，让你想到了碘盐还是消毒剂？

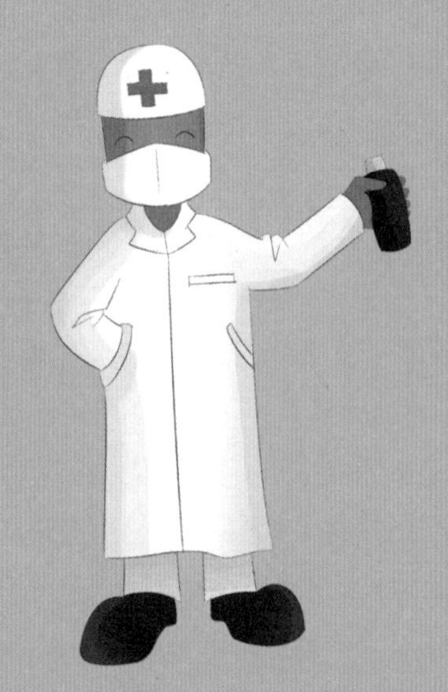

元素特写

氙：最傲娇的稀有气体，虽因昂贵而不受青睐，但老司机会告诉你氙气灯有多棒！

第五十章　碘（I）

碘（I）：位于元素周期表中第53位，单质在室温下是紫黑色晶体，具有金属光泽，质软且脆，易升华。有一定的毒性和腐蚀性。缺乏碘会导致甲状腺肿大等病症，因而在超市售卖的食盐中大多添加有碘酸钾、碘化钾等含碘化合物。

1. 猫发现的碘元素

1789 年，法国大革命爆发，欧洲列强好奇而贪婪地注视着这个崭新的共和国，没少落井下石。

1799 年，拿破仑通过雾月政变上位，法兰西终于结束了十年的混乱共和。拿破仑很快建立了稳定的经济体制、强有力的政府以及一支训练有素的军队，然后将他自信而傲慢的目光投向了那些过去十年欺负过法国的列强们："出来混，迟早要还的！"拿破仑这个战争天才一系列的表演开始了！

历史的转折点：拿破仑通过雾月政变上位。

既然打仗，就需要火药，在"氮"那一章里，我们已经提到硝石是火药重要的组成部分。当时欧洲主要从印度进口硝酸钾，但产量有限，地理大发现之后，在南美洲智利也发现了很大的硝石矿，只是那里的

拿破仑军事的终点：滑铁卢战役。拿破仑擅长使用炮兵，用硝石制成的火药必不可少。

硝石成分是硝酸钠。相比于硝酸钾，硝酸钠的吸湿性很强，不适宜制造火药。

1809年，一个西班牙人发明了用海藻灰处理智利硝石的方法，利用溶解度不同的原理，将硝酸钠变成硝酸钾，还记得“钾钠兄弟与高血压”那一节吗？海生生物体内含钾量更多，所以为了避免高血压，要多吃海藻、海带哦。

法国商人古多瓦得知这个工艺后，立刻开办工厂，发了军火财。有一天他发现装着海藻灰溶液的铜制容器腐蚀得很厉害，于是他前往自己的实验室，对此加以研究。

一天中午，结束了一个上午的实验，古多瓦蹲在一边吃饭，突然，不知道从哪里跑过来一只猫，窜上了古多瓦的实验台。古多瓦紧张得站了起来，那只猫慌不择路，先打翻了一个瓶子，又打碎了一个烧瓶，一溜烟逃走了。

古多瓦还没来得及生气，就发现两个瓶子里流出的液体混在一起，似乎发生了什么神奇的反应，一缕蓝紫色的“仙气”缓缓升起，这可是从来没见过的异象。

古多瓦查看了碎瓶子的标签，一个瓶子是海藻灰的酒精溶液，另一个瓶子是铁的硫酸溶液。他又重复了“猫的实验”，确实每次都会得到蓝紫色“仙气”，这种“仙气”冷凝之后竟然不会变成液体，而是直接凝固成一种暗黑色带有金属光泽的固体。

古多瓦毕竟是一个商人，他没有能力判定“猫的实验”给他带来的究竟是什么新玩意。他把得到的这些样品邮寄给了法国当时最牛的科学家盖－吕萨克和安培。

盖－吕萨克分析之后认为，这要么是一种新元素，要么是一种氧化物。但他建议，因为它的蒸气是紫色的，如果最后判定这是一种新元素的话，就用希腊语中的紫罗兰来命名，即“iode”。安培毕竟主要精力在物理学上，他拿不定主意，然后将样品又邮寄到大洋对岸的英国，给了大帅哥戴维，戴维立马判定这是一种新元素，并指出它跟氯的性质很相似。

当时的英法关系势如水火，戴维和盖－吕萨克打了民族主义的鸡血，一场谁先鉴定出这是一种新元素的论战立马展开了。不过他们俩都承认，是古多瓦发现了新元素，他们也都同意盖－吕萨克的命名方案，将新元素命名为“Iodine”（加上卤素的后缀），翻译成中文是“碘”。

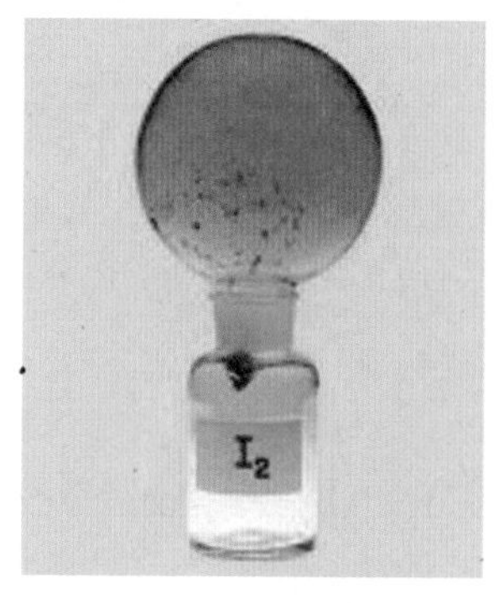

碘蒸气是这种特殊的紫色。

暗黑色、带有金属光泽的碘单质

相对于它的三位大哥：氟、氯、溴，碘的脾气要安静很多，它的反应活性远没有那么强。通过前面章节的描述，氟气是牺牲了众多化学家之后才被分离，氯气是一种毒气，溴也曾被尝试用于化学武器，而温和的碘是被我们用来做家里常备的消毒药——碘酒。规律性非常明显，这正是元素周期表的伟大之处！

碘酒也叫碘酊，是碘和碘化钾的酒精溶液，它可以发挥碘的氧化性，杀灭各种真菌、病毒，因而常用于外伤伤口消毒。

只是要注意，不能将碘酒跟红药水一起用哦，红药水又叫汞溴红，成分是有机汞，跟碘发生反应生成碘化汞，会伤害皮肤。

另外，碘酒应该尽快使用，长期存放的碘酒里，碘会逐渐将乙醇氧化成乙醛，活性物质碘的含量下降，而具有刺激性的乙醛增多，会增强对皮肤的刺激性。

碘酒中毕竟有酒精，对皮肤有一定的刺激，所以人们改进了一下，发明了碘伏，用表面活性剂聚乙烯吡咯烷酮将碘分散在水里，效果更好，引起的刺激疼痛较轻微，易于被病人接受，现在医院里已经广泛使用。

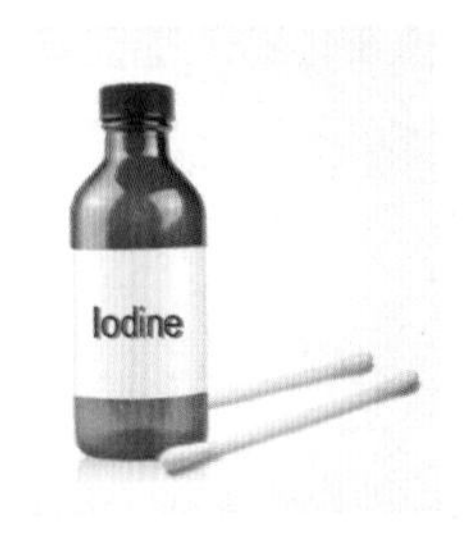

▲碘酒是家庭常备药。

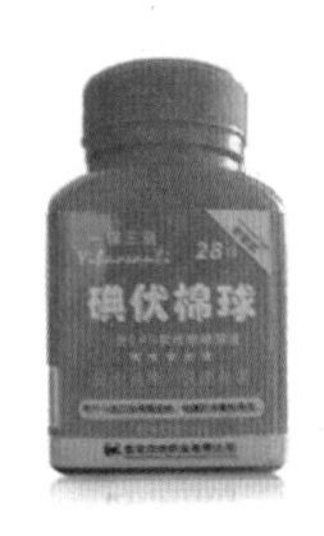

▲碘酒已经过时，建议家中常备这种碘伏棉球。

▼一定要记住：碘酒和红药水不能同时使用。

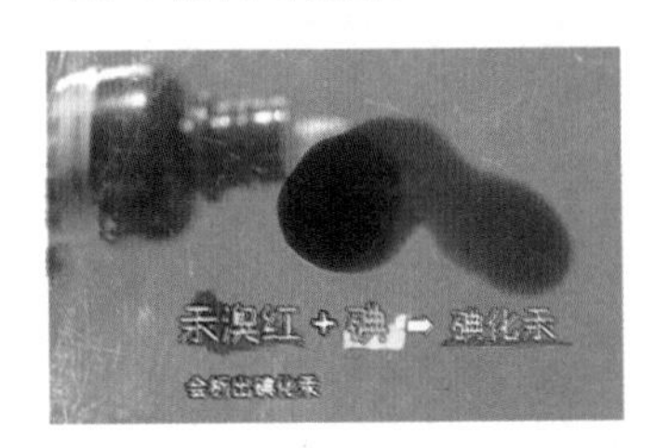

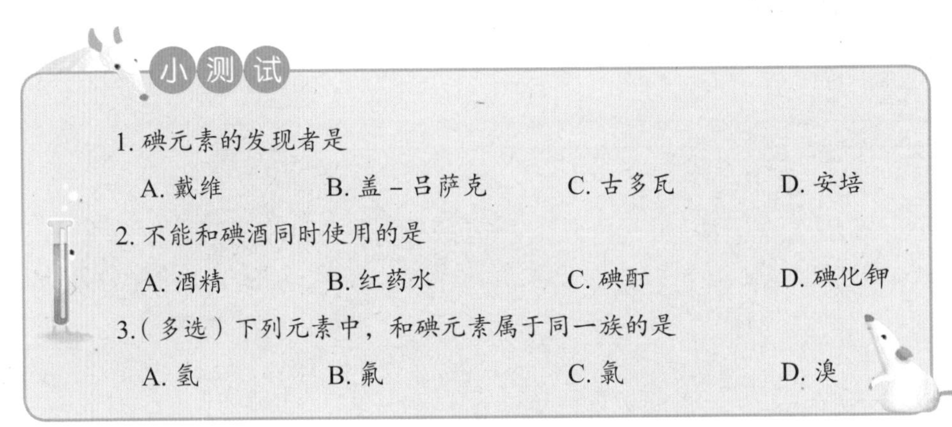

小测试

1. 碘元素的发现者是

A. 戴维　　B. 盖－吕萨克　　C. 古多瓦　　D. 安培

2. 不能和碘酒同时使用的是

A. 酒精　　B. 红药水　　C. 碘酊　　D. 碘化钾

3.（多选）下列元素中，和碘元素属于同一族的是

A. 氢　　B. 氟　　C. 氯　　D. 溴

2. 碘盐到底还能不能吃

2009 年 7 月，南方一家媒体发表专题《碘盐致病疑云》，怀疑国人“补碘过量”“因碘致病”，并质疑全民补碘的“一刀切”政策，造成了公众的恐慌，甚至有人在论坛上大声呼吁“还我不吃加碘盐的权利”。

很多非海产品也是很好的补碘食物。

关于盐业的制度问题我们在之前的章节里讨论过，不再赘述，这里主要从技术角度科普一下这则新闻究竟是良心之作还是危言耸听。

碘是第 53 号元素，在地壳里的丰度仅有

【参考答案】1. C　2. B　3. BCD

0.14 g/t，而它的大哥氟、氯、溴的丰度分别是 950 g/t、130 g/t 和 0.37 g/t。

另一方面，大多数碘的化合物都可溶于水，所以碘主要分布在海洋里。还记得上一节里，猫是从哪里发现的碘吗？

是海藻灰溶液，其实，海带、海鱼、贝类等海洋性生物中的碘含量都较高，是理想的补碘食物。

反过来，在内陆地区碘元素的分布却极不均匀，我国除了沿海地区以外，大部分都是内陆地区，也就是说我国大多数地区都是缺碘地区。

甲状腺对人体的重要性：促进人体的生长发育。

如果说碘对人体无足轻重的话，那倒也罢了，偏偏碘是一种特别重要的微量元素。人体中的甲状腺就像一个碘的“吸尘器”，“如饥似渴”地将大部分碘元素收入囊中。碘元素进入人体后，三小时左右就被完全吸收，成年人的甲状腺每天需要 60~80 μg 的碘，甲状腺中碘的浓度是血液中浓度的 20~50 倍。

一代宗师罗素为碘盐站台，你爱信不信。

甲状腺之所以对碘如此“饥渴”，是因为碘主要参与甲状腺激素的合成。甲状腺激素是人体内很重要的一种激素，它主要起增强新陈代谢，促进生长发育（尤其是脑发育）的作用，我们体检时常听到的 T3、T4，就是甲状腺激素的两种形态。

人体如果缺碘，最直接的后果就是甲状腺功能紊乱，其有各种表现形式，最常见的就是甲状腺肿大，也叫“大脖子病”。

如果儿童的成长发育过程中缺碘，控制代谢的甲状腺发育不良，会影响儿童正常的生长发育，导致儿童矮小，智力减退等症状。这就是传说中的“呆小症”，学名叫“地方性克汀病”。

缺碘导致的病症在全球都存在。20 世纪初，西方国家发现，在食物中加入碘是最有效而且最廉价的全民健康措施。1922 年，瑞士最早推行在食盐中强制加碘的政策，其他国家也紧随其后，将碘元素轻松廉价地送到人们的饭桌上。

这一政策起到了很显著的效果，伟大的哲学家伯特兰·罗素观察到了这一现象，他提出："思考所用的能量似乎有其化学根源，比如，缺碘会把一个聪明人变成傻子，智力现象似乎是建立在物质基础上的。"

从现在的角度来看，罗素的这种说法不甚严谨，但最起码说明早在 20 世纪前半叶，碘盐提高人民素质就得到了公认。

1990 年，联合国提出"全球消除碘缺乏病"，目标是到 2000 年，25% 的家庭食用碘盐，到 2006 年，这个数字要增长到 66%。我国政府也于 1991 年郑重承诺，将在 10 年内减少碘缺乏病，并自 1995 年正式实施食盐加碘政策。如今，我国 90% 的在售食盐都是碘盐，在全国范围内基本消除了各种碘缺乏病。

这是碘盐的全球标志，食盐加碘，这是全球的共识。

我们再来看一个反面例子，那就是喜马拉雅山脉另一边的印度，这也是一个土壤严重缺碘的古老国度。早在 1930 年左右，圣雄甘地带领印度人民进行了一场"食盐长征"运动，抗议英国人沉重的盐税。后来西方给印度推行碘盐的时候，印度人民的心目中，已经把它作为"殖民主义"的象征，一些民族主义者和甘地主义者就此强烈批评西方科技的入侵，甚至有人毫无依据地提出碘盐会传播癌症、糖尿病甚至肺结核。

20 世纪末，印度政府被迫撤回了针对三个州无碘盐的禁令，全国碘盐的消费量骤降 13%，一些先天性缺陷又重新开始出现。

好在 2005 年，印度政府强势打压了这些声音，恢复了对无碘盐的禁令。

看看吧，不懂科学的怀疑论者世界到处都有，根本不是我国的专利，但是后果呢？

最后，让我们逐条辟谣一些细节吧。

问 1：碘盐会增加制造工序，因而会增加生产成本，并转移到消费者头上。

答 1：确实如此，每年每人大约需要多付 0.3 元。如果你觉得这和你的智商相比是很大的负担，我觉得你确实可以弃疗了。

什么？你吃的盐比别人多？重口味者请自便！

问 2：服用过量碘盐会导致甲状腺疾病，比如甲亢，甚至肿瘤。

答 2：先说甲亢，国外发现过这种情况，在碘缺乏地区推行碘盐时，甲状腺功能亢进的发病率会增加。这实际上是人体的一种“自然反应”。在缺碘的环境中，人体为了合成足够量的甲状腺激素，不得不增大甲状腺的体积，那么一旦摄碘量变充足了，甲状腺一时还调节不过来，甲状腺激素的分泌量反而过多，就会出现甲亢。这是暂时的现象，过一段时间甲状腺的大小和甲状腺激素的分泌量都会变得正常。

再说肿瘤，瑞士的一项研究发现，食盐加碘后甲状腺肿瘤的发病率反而逐渐下降，世界卫生组织（WHO）也认为，碘摄入充足的地区的甲状腺癌发病率低于碘缺乏的地区。所以，“食盐加碘造成甲状腺疾病高发”的说法目前还缺乏科学依据。

问 3：对不同地区不应该“一刀切”，我们有服用无碘盐的权力。

答 3：WHO 推荐食盐中的碘添加量为 20~40 mg/kg，德国为 15~25 mg/kg，澳大利亚为 20 mg/kg，瑞士为 25 mg/kg。我国食盐的碘添加量最早为 20~60 mg/kg，2000 年下调为 35 ± 15 mg/kg，2007 年继续下调为 20~30 mg/kg。这是根据实施过程中的监测数据，对加碘量进行的适当调整，目的是尽可能避免补碘过量。现在更是明确各地可根据当地居民的碘营养状况，在标准范围内灵活控制加碘量，例如，2006 年已经停止在高水碘地区供应碘盐。

问 4：究竟摄入多少碘是安全的？

答 4：WHO 给出的是每日碘摄入量 <1 000 μg；

美国、加拿大是 <1 100 μg；

欧洲食品科学委员会是 <600 μg；

中国营养学会是 <800 μg。

这是个什么概念呢？按我国碘添加上限 30 mg/kg 计算，要吃到 600 μg 就需要吃 20 g 盐。如果你的口味果真重到这个地步，你真的需要考虑一下心血管疾病的风险，而不是你的甲状腺。

如果你还担心，可以去医院体检，有一个指标：尿碘（MUI）。只要这个指标不超标，你就是安全的。

问 5：好吧，我开始相信你了，但是有一句话叫作“药补不如食补”，我生活在沿海地区，每天吃很多海鲜，是不是就可以不需要碘盐了？

答 5：首先我们要承认，海产品确实是含碘量最高的食物。

但是很遗憾，根据多年的数据，在大部分地区，海带、海贝、海鱼等海产品对人体补碘的贡献微乎其微。有些时候，沿海居民的碘营养状况还不如同省的内陆农村，比如浙江、上海、辽宁、福建的沿海地区孕妇碘营养不足的比例甚至高达 46%。

所以，不能因为自己是沿海地区就可以不食用碘盐。

问 6：听说碘盐可以防辐射，是吗？

答 6：我伸出五个手指，负责任地告诉你“一派胡言”！

1.（多选）根据本文可知，缺碘会导致

A. 呆小症　　B. 大脖子病　　C. 甲亢　　D. 艾滋病

2. 看了本文，你觉得碘盐

A. 必须吃啊　　B. 不敢吃

C. 少吃，多吃海鲜就可以了　　D. 我是来打酱油的

【参考答案】1. AB　2. 略

第五十一章　氙（Xe）

氙（Xe）：原子序数54，一种稀有气体，无色无臭无味，不易与其他元素化合，在空气中有微量存在。氙有极高的发光强度，可用于制作充气光电管和闪光灯，也可作深度麻醉剂。

1. 看，有“氙气”（上）：打破稀有气体的铁律

在“氪”的篇章里，我们提到拉姆塞和助手特拉弗斯发现了氩和氦之后，大胆预言了三个相对原子质量分别为 20、82 和 129 的未知元素。前两个很快被发现了，分别是氖和氪。他们没有满足，他们相信相对原子质量为 129 的元素一定存在，之前的胜利更加坚定了他们的信念。所以他们信心满满投入工作，将获得的氖和氪继续液化、挥发，一个月以后，新元素终于被找到了，拉姆塞用希腊文中的“奇异的”（xenos）命名它为“Xenon”，翻译为中文是“氙”（xiān，真的是仙气哦）。

氙在空气里比氪还少得多（8.7×10^{-8}，体积分数），因此它是最昂贵的稀有气体，价格是氪的10倍、氖的50倍、氩的1 000倍。能联想到，它出现的地方，绝对是高精尖！

氙离子发动机，它的故事我们下节好好说。

我们知道氖是霓虹元素，将它充入灯管，通电以后会显示红光，氙也有这本事，只是它释放出来的是强烈的蓝白色光。这种蓝白色光和太阳光非常接近，因而广受人们青睐。

20 世纪 30 年代，美国工程师哈罗德·艾格顿在开发高速摄影技术，需要配套特制

的闪光灯。在开发过程中，他将氙气装入一根玻璃管，两头通上频率很高、时间间隔极短的电流，发出强烈的蓝白色光的高频闪光灯被发明出来了。艾格顿依靠这根“氙闪光灯”，成功地将曝光时间缩短到一微秒，高速摄影技术迎来了新的里程碑。

二战结束之后，氙灯得到了更广泛的用途，1954 年，德国科隆世界照明和电影博览会上，蔡司－依康公司展出了第一只作为电影放映光源的氙灯，这一发明立刻传遍全球。在以前的电影院里，放映机投射出的蓝白色光就来自氙灯，现在氙灯已经逐渐被激光技术所取代。

以前的汽车灯也用的氙灯，现在也逐渐被更廉价的卤素碱金属化合物所取代。

索尼和诺基亚的一些手机闪光灯也用过氙灯，超薄手机成为时尚之后，略显笨重的氙灯力有不逮，逐渐被 LED 取代。

1939 年，美国医师贝恩克受命对深海潜水员一种奇怪的病展开调查，潜水员在极限深度下，会头晕目眩，好像“醉酒”一样。他研究后发现，这种怪病竟然来自空气里极低含量的氙气，潜水越深，氙气的麻醉效果越明显。

1941 年，苏联毒理学家拉扎列夫也发现了这一现象。1946 年，美国药物研究员劳伦斯用小老鼠做实验，并发表了论文，指出了氙气的麻醉特性。

1951 年，美国首次用 1/5 氙气和 4/5 氧气混合，作为麻醉剂成功地在两个病人身上实验，效果非常好，不仅对神经系统没有伤害，还对大脑有保护作用。但是氙气还是太贵，这种麻醉剂没有推广开。

▲氙灯，可用来模拟日光。

▲沐浴着氙灯辉光的“亚特兰蒂斯”号航天飞机

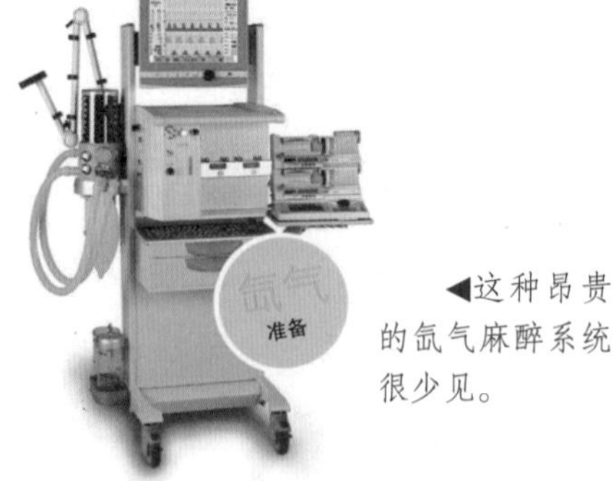

◀这种昂贵的氙气麻醉系统很少见。

拉姆塞发现稀有气体之后的很长一段时间里，稀有气体被认为是高冷的冰美人，根本看不上其他元素，死活也不会跟它们结合。但这一“铁律”在1962年被打破了，在化学家“媒婆”的撮合下，终于有稀有气体“春心荡漾”了。

巴特莱特是加拿大英属哥伦比亚大学的一位讲师，他的研究方向是氟元素的化合物。他发现六氟化铂的氧化性能特别强，甚至能氧化氧气，得到六氟合铂酸氧。他看到氧气和氙气的电离电位非常接近，于是突发奇想，是不是可以用六氟化铂去检验一下氙这种传说中的冰美人呢？

第一个得到稀有气体化合物的化学家——巴特莱特

他果然获得成功，第一种稀有气体的化合物——六氟合铂酸氙诞生了。

在这之后，化学家这些“媒婆”们发现原来稀有气体这些冰美人也并非无懈可击，于是都来撮合其他元素和稀有气体“谈婚论嫁”。氡、氪、氩的防线轮番被破，截至1971年，化学家已经发现了80种氙的化合物，原来，在冰美人的外表下，氙元素其实也很“活泼可爱”。

氙的氟化物就有二氟化氙、四氟化氙和六氟化氙三种，后来甚至还发现了二氯化氙，但也有质疑宣称这其实是氯原子和氙原子依靠范德华力结合在一起，并不是依靠共价键结合的二氯化氙分子。

将六氟化氙和水反应，就可以得到氙的氧化物三氧化氙。除此之外，氙的氧化物还有二氧化氙、四氧化氙。

用二氟化氧和氙反应，可以得到各种各样的氟氧化氙：$XeOF_2$，$XeOF_4$，XeO_2F_2，XeO_3F_2。

氙甚至可以生成有机物，例如$(C_6F_5)_2Xe$，其中“$—C_6F_5$”是氟代苯基。

还有一种奇异的化合物氟锑酸氙——$Xe_2Sb_2F_{11}$，其中竟然有Xe—Xe键，这是最长的同元素化学键。

四氟化氙晶体

氙是稀有气体，金是不活泼的金属，但

氙的冰冷竟然让金也动了凡心，金和氙竟然可以形成四氙合金离子。

35 个氙原子排列成“IBM”。

氙元素还有一件“小逸事”，1989 年，IBM 公司的科学家们展示了一种移动原子的技术，用扫描隧道显微镜将 35 个氙原子在镍晶体表面排布成 IBM 的名称。“氙”元素见证了纳米技术的诞生！

其实，“奇异”的氙元素魅力之处远不止这些，下一节我们继续看看它如何帮助我们走向太空。

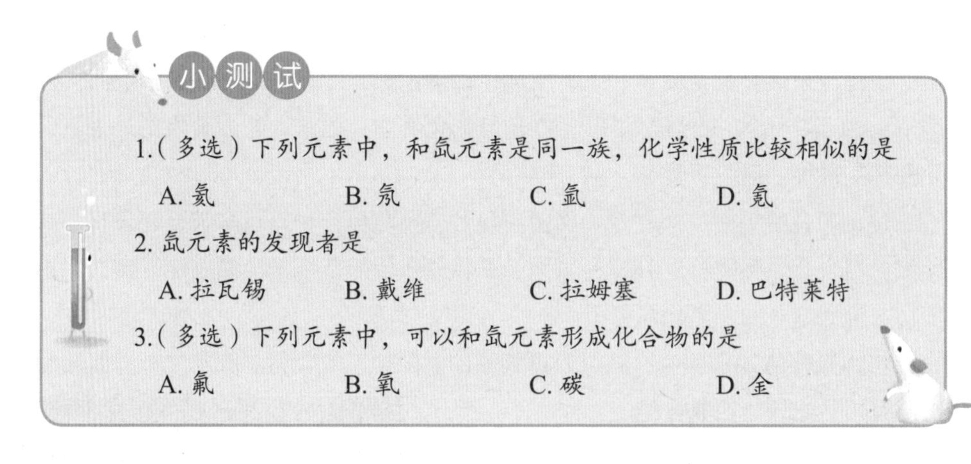

小测试

1.（多选）下列元素中，和氙元素是同一族，化学性质比较相似的是

A. 氦　　B. 氖　　C. 氩　　D. 氪

2. 氙元素的发现者是

A. 拉瓦锡　　B. 戴维　　C. 拉姆塞　　D. 巴特莱特

3.（多选）下列元素中，可以和氙元素形成化合物的是

A. 氟　　B. 氧　　C. 碳　　D. 金

2. 看，有“氙气”（下）：氙气带我飞

在“液氧”的篇章里，我们介绍了火箭技术的成长史，目前大多数火箭依靠液氧煤油、液氧液氢或者四氧化二氮－偏二甲肼。但这种技术如果应用到未来漫长的太空航行，则相当于背着一个巨大的水袋去跑马拉松。

【参考答案】1. ABCD　2. C　3. ABCD

有一个衡量发动机效率的重要参数——比冲，它指的是发动机单位重量推进剂产生的冲量，又称比推力，单位是秒。化学火箭推进剂的比冲为200~500秒，对于需要长期在太空工作的航行器来说，这个数字太小了。然而，从化学能角度来说，目前的化学燃料已接近极限了，需要有新的思路。

纪念现代航天之父奥伯特的邮票

1911年，俄国科学家齐奥尔科夫斯基提出了离子推进器的概念，原理是将工作介质（简称“工质”）气体进行离子化，在静电场的作用下加速喷出，产生推力。

1923年，现代航天学的奠基人奥伯特在他那影响冯·布劳恩和钱学森的巨著——《通向航天之路》中也提到了这种离子推进器，他大胆预言，由于离子推进器可以有效节省重量，必将成为未来航天器推进、变轨的利器。

1965年，第一个离子推进器在美国的SERT-Ⅰ空间飞行试验中崭露头角，它的工质是汞。

汞有毒，溅射到卫星的热控材料和太阳电池表面会使它们的性能变差；后来也有用铯作工质，但铯的化学活性太强，不宜存放。最终，人们选择了氙。

氙的化学性质很稳定，储存方便，也很容易被离子化。在氙离子推进器里，用电子枪射出的电子碰撞氙原子核周围的部分电子，使得氙原子被电离，带正电的氙离子在静电场的加速下从尾部喷射而出，形成一道神秘而柔和的蓝白色离子火焰。众多科幻作品中，我们常常看到宇宙飞船喷射出蓝白色火焰，可以想象这些很可能是氙离子推进器。

其实，现在的氙离子推进器已经开始建功立业了。

1998年发射升空的美国深空-1号飞行器第一次使用了NSTAR氙离子推进器作为主推进器，它携带82 kg氙气燃料，比冲达到1 000~3 000秒，较之前传统的化学火箭推进剂高了一个数量级。虽然它在启动4.5分钟后就遇到了故障，在重启之后却表现优异。可惜的是，2001年12月其关闭之后，2002年3月重启未能成功。

深空-1号这三年的持续工作还告诉我们一个宝贵经验，氙离子推进器对宇宙飞船里的其他设备没有任何干扰和影响，从此以后，氙离子推进器更受航天工作者的青睐。

1964 年 1 月，美国展示的第一代离子推进器

深空 -1 号飞行器，目标是一颗小行星和彗星，已经完成使命。尾部的蓝色火焰来自氙离子推进器。

这里需要提到，氙离子推进器的比冲很大，但这并不意味着它会像一些科幻电影里表现的那样，会产生超级推力，让飞船一下子以很大的加速度开始运动。相反，它却是很温和的，难以想象的温和。深空 -1 号里的氙离子推进器的推力只有 92 mN，比地球上一张纸的压力还要轻，几乎令人感觉不到。但它会一直工作，经过足够长的时间，飞行器就可以获得足够的速度进入轨道。

所以，比冲和推力是两个概念，在漫长的太空航行中，我们需要的不是“其疾如风”，而是“其徐如林”！

2007 年美国发射升空的黎明号航天探测器也使用了这一技术。它的目标是位于木星与火星之间的小行星带，重点考察两颗小行星：灶神星和谷神星。为了完成任务，它携带了 3 台氙离子推进器和 425 kg 氙，比冲达到 3 100 秒。

经过 4 年的漫长航行，2011 年 7 月 16 日，黎明号抵达灶神星的引力范围，开始使用马力强劲的氙离子推进器进行变轨，成为灶神星的一颗卫星。一年以后，2012 年 9 月 5 日，黎明号再次变轨，离开灶神星前往下一站。

又是两年半的漫长旅行，2015 年 3 月 6 日，经过一系列的精准调控，黎明号终于到达谷神星，成为第一个环绕两颗不同天体运行的探测器。可以想象，没有轻巧的氙离子推进器，使用传统的化学燃料不可能完成这样的壮举。

2017 年 2 月，黎明号在谷神星上发现有机分子，看来，宇宙还有太多未解之谜等待我们去发掘。

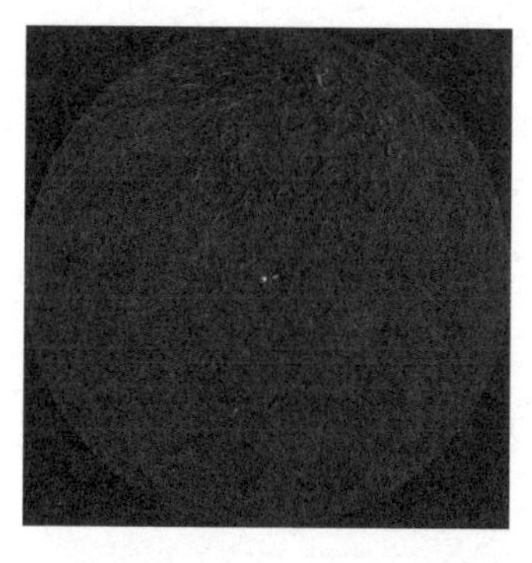

▲黎明号航天探测器

▲2017 年 9 月 20 日，黎明号拍摄到谷神星的高清全貌。连同早先发现的有机分子，正中发亮的白点也引起广泛猜测。谷神星这颗普通的小行星就有如此多的奥秘，我们还有什么理由不对广袤无垠的宇宙产生兴趣？

在不远的将来，最有希望成为更远外太空旅行飞船推进器的是 VASIMR 等离子火箭（可变比冲磁等离子体火箭），它最早由华裔航天员张福林于 20 世纪 70 年代提出，它不依靠静电场加速离子，而是先将推进剂（氩或氙）加热到 100 万摄氏度，将它们变成离子，再将它们压缩进一个回旋加速器中，这些离子受磁场的洛伦兹力影响而转圈，调整磁场的方向和频率，给离子不断加速，最终以极大的速度从尾部喷出。

根据这样的设计，VASIMR 的比冲将达到 3 000~50 000 秒，又提升了一个档次，而且它的比冲可任意调节。它也不会像之前的氙离子推进器那样比冲大推力小，存在短板，而是可以兼顾比冲和推力。这不再是温和的无人飞行器变轨发动机，而是强大的太空飞船推进器，载人星际旅行不再是梦想。

▲第一个提出 VASIMR 设计思路的华裔航天员张福林

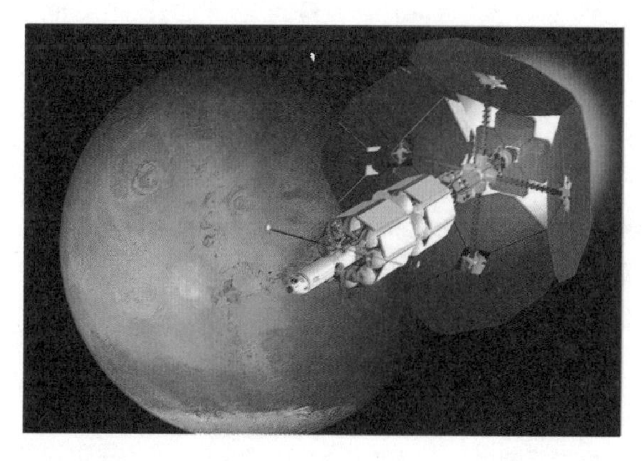

▲用 VASIMR 火箭，39 天到达火星！为了见证未来的神奇科技，我们都要好好活！

张福林目前已经是 Ad Astra 公司的总裁兼 CEO，专注于等离子体火箭事业的发展，经过十余年的研究开发，他认为 VASIMR 推进器已日臻完善。Ad Astra 公司更是提出了一项“39 天到达火星”的计划，火星度假，真的不是梦想！

1. 深空 -1 号和黎明号的离子推进器使用的工质是

A. 汞　　B. 铯　　C. 氙　　D. 氩

2.（多选）黎明号的探索目标是

A. 火星　　B. 谷神星　　C. 灶神星　　D. 木星

【参考答案】1. C　2. BC

第五十二　五十三章

元素特写

铯：放 1 g 在水中就能爆炸，若非脾气太过“出众”，金黄色的我也许和金一样被争相收藏呢。

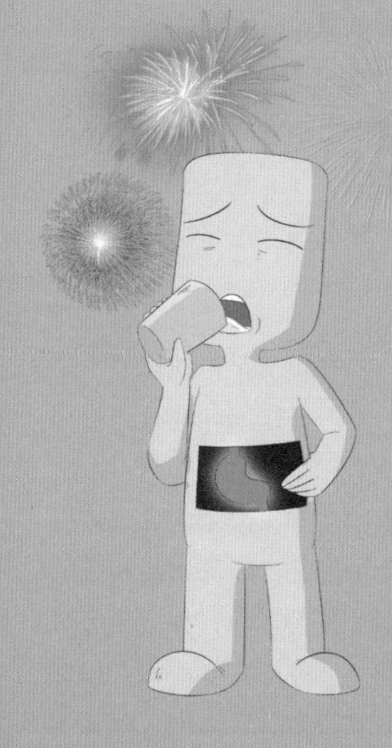

元素特写

钡：我是绽放在夜空中的绿色焰火，也是透视检查喝下去的特殊“牛奶”。

第五十二章　铯（Cs）

铯（Cs）：原子序数为55，是一种碱金属元素，单质铯带有金黄色金属光泽，质软，熔点低，化学性质极活泼，在空气中能自燃。铯在自然界没有单质形态，铯元素在地壳中的含量比较低，通常以盐的形式分布于陆地和海洋中。铯及其化合物是制造光电管的重要材料，化学上可用作催化剂。用铯元素制成的铯原子钟精密度非常高。

时间，寻常而又神秘！我们看不见，听不到，更无法称重它。它似乎是一种主观感受，所以有人说：欢乐的时光总是短暂，而痛苦的时间总是漫长。

在“氪”的篇章里，我们提到法国人最早用地球来度量长度，因而制定了单位“米”。时间也类似，最早人类从一系列天文现象中理解时间，比如：日出而作、日落而息，斗转星移，等等。这些都体现了时间的变化。因此，人们制定了时间的基本单位“秒”，即地球绕太阳转动一周所用时间的 1/31 556 925。（一个太阳年约为 365.242 5 天。）

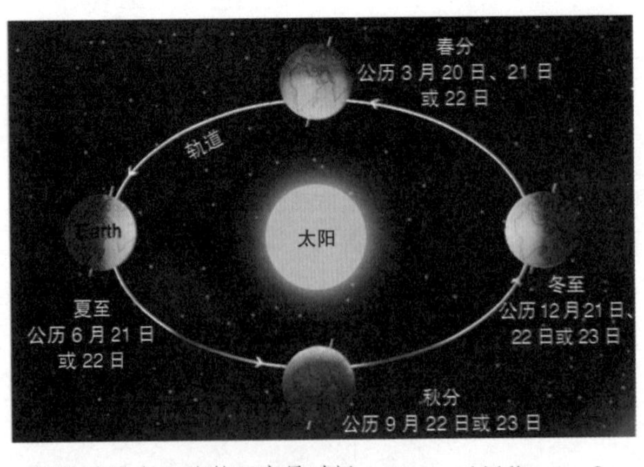

用地球绕太阳旋转而度量时间，Are you kidding me？

可惜的是，地球并不是一个严格按照匀速直线运动绕太阳运转的大家伙。由于潮汐力和太阳系内各天体引力的存在，地球的运转是忽快忽慢的，而且根本没有规律。严谨的科学家们开始嫌弃这种定义，时间应该在全宇宙都是普遍适用的，竟然用一个行星围绕着一颗恒星的旋转来度量，这实在太别扭了。

科学家们想，物理现象是最稳定的，能不能用物理现象代替天文观测来定义时间呢？

根据量子力学，原子中的电子绕原子核运动，不像我们宏观里常见的地球绕太阳等旋转运动，电子的运动看起来毫无规律，你只能知道它出现在某处的概率。我们唯一能知道的是，它只能在不同的能级上运动，这些能级就好比一级级台阶，电子只能在这些台阶之间来回跃迁，同时吸收或者发射出电磁波。根据这些电磁波的频率来计算时间，那一定是最准确的，而且宇宙各地都普遍适用。

然而，有那么多种元素，若再考虑同位素就更多了，究竟选哪一种元素呢？碱金属最适合，最外层只有一个电子，受到其他电子的干扰较少。从锂到铯，其电子云在核外空间扩展程度逐渐变大，最外层电子的活动范围也越大。自然，铯是最佳选择。

这里千万不要跟我说碱金属中铯元素之后还有钫元素，放射性元素免谈。

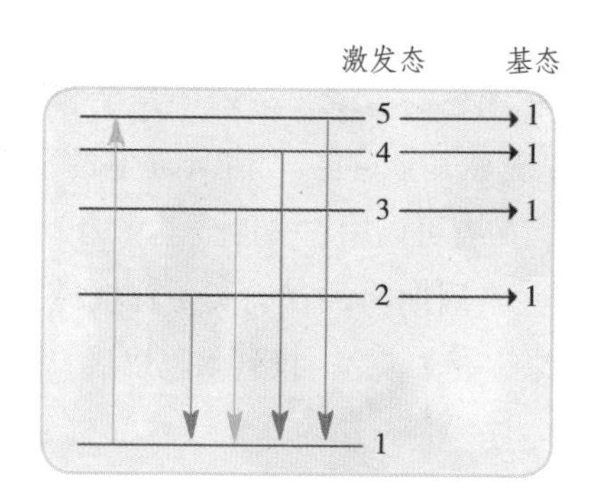

电子跃迁就像上台阶、下台阶。

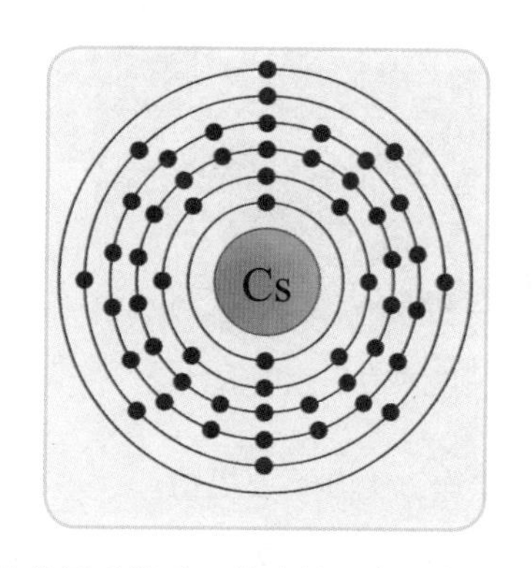

铯的原子模型，最外层只有一个电子。

铯元素有一种同位素铯 133，它的原子基态的两个超精细结构之间跃迁发射出电磁波的频率大约是 9 192 631 770 Hz。因此，1967 年，在第十三届国际计量大会上，“1 秒”被定义为铯 133 原子从基态变为激发态所需的微波场振动 9 192 631 770 次所需要的时间。

铯元素就是时间的度量元素！

根据这个定义，可以制造出世界上最精密的铯原子钟，走 2 000 万年才会误差 1 秒。它们促进了各个方面的现代高精尖技术的发展，跟我们生活最直接相关的就是 GPS 导航。每一颗导航卫星上都有 3~4 个铯原子钟，由于相对论效应，引力较弱的太空里铯原子钟的时间和地面时间会有微小的延迟，因此要不断矫正。

我国 2007 年成功研制“铯原子喷泉钟”，精度达到 600 万年误差一秒以内，达到世界先进水平，它可用于我国独立自主研制的北斗卫星。

▲美国海军气象台的铯原子钟

▼我国独立自主研制的北斗卫星，装备了铯原子钟，为军事国防、科技民用提供支持。

在“铷”的篇章里，我们提到过，本生和基尔霍夫这一对好朋友从40吨矿泉水中提取出了铷元素和铯元素。铯为碱金属家族中的一员，从原理上来说，它当然也可以像钠钾兄弟那样去做肥皂，但那样的肥皂价格估计和黄金差不多贵，毕竟它太稀有了。

储存在氩气中的金光闪闪的纯铯

也许你认为，作为一种金属，纯铯也是平淡无奇的银白色吧。其实不然哦，铯是仅有的三个有特殊颜色的金属（另两个是金和铜）之一，而且它竟然是金黄色，如果不是它的“脾气”过于暴烈，简直可以用它去镀金了。

按照元素周期律，它确实是脾气最暴烈的那位，如果你有1 g铯，投到水里以后，那将是一场大爆炸，千万不要模仿。

除了原子钟，铯元素还应用于传统领域，甲酸铯是一种比较先进的钻井液，它不会腐蚀管道，减少了清理成本，因此取代了溴化锌等传统油田化学品。

1.（多选）铯元素的发现者是

A. 戴维　　B. 本生　　C. 基尔霍夫　　D. 贝采里乌斯

2. 纯铯的颜色是

A. 银白色　　B. 古铜色　　C. 金黄色　　D. 银灰色

3. 现在最精密的原子钟的制作所采用的元素是

A. 氢　　B. 铷　　C. 铯　　D. 铀

【参考答案】 1. BC　2. C　3. C

第五十三章 钡（Ba）

钡（Ba）：原子序数为56，是活泼的碱土金属元素，单质是柔软的有银白色光泽的金属，在室温下与氧气反应生成氧化钡，点燃条件下则生成过氧化钡。钡的焰色反应为绿色，常用于制造烟火中的绿光成分，医疗行业中可用于制造钡餐即造影剂。

在火山附近，经常会出现一种粉灰色的重晶石，它一点都不显眼，没有磁性，没有毒性，跟大多数物质都不反应，在水里也不溶解。它的密度很大，达到 4.3 g/cm^3 左右，因此经常被用于钻井泥浆的加重剂。

泥浆和黏土的密度较低，在石油开采过程中，有时它们的重量不能与地下油、气压力平衡，容易造成井喷事故。在这种情况下，往泥浆中加入重晶石粉，可以增加泥浆的密度，是避免井喷的好办法。

1949 年，新中国成立，百废待兴。为了彻底摆脱屈辱的中国近代史，中国急需实现工业化，从一个农业国变成一个工业国。石油是工业的血液，自然尤为重要。所幸 1959 年在松嫩平原上发现了大庆油田，石油工人们撸起袖子加油干，力争早日将地下的黑色宝贝开采出来，助力新中国的工业化。这其中，最有名的石油工人就是“铁人”王进喜。

1960 年 3 月，王进喜率队来到大庆油田，打第二口井时就发生了井喷，当时没有重晶石粉，只能用水泥代替，但水泥效果毕竟有限，需要搅拌。当时的条件下哪里有搅拌机，王进喜带头跳进泥浆池里用身体搅拌，其他工人也跟着一个个跳进

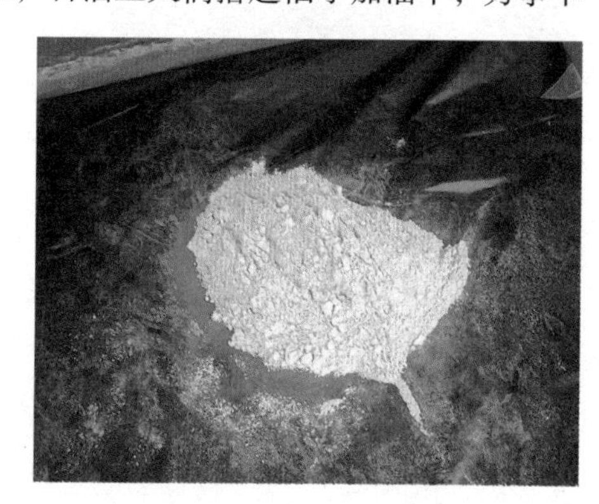

用于油田开采的重晶石粉

池里，经过一番奋战，终于制服井喷。

回顾历史，条件艰苦，需要不怕牺牲的“铁人精神”。如今我们已经进入了新的阶段，要学习科学，才能让先人的付出更有意义。

这不起眼的重晶石还有一个神奇之处，一些晶体结构较好的重晶石放在阳光下暴晒之后，拿到暗处竟然会发光，有些甚至长达数年。这种磷光效果最早由1603年意大利博洛尼亚的卡西奥劳罗斯发现，因此重晶石也被称为“博洛尼亚石”。

1774年，舍勒通过加热重晶石的方法得到了一种白色粉末，该白色粉末跟苦土（氧化镁）、石灰（主要成分为氧化钙）的性质类似。后来这种白色粉末被称为重土。

天然的重晶石和闪锌矿共生，蓝色的磷光来自重晶石。

大帅哥戴维用和发现镁、钙、锶同样的方法，将重土加热到熔融状态，然后用汞作阴极，电解得到了新元素的汞齐。加热蒸发出汞，就得到了新元素。他用希腊文里的重“barys”来命名新元素为“Barium”，翻译成中文是“钡”。

和镁、钙、锶一样，钡也是一种碱土金属，化学性质却比镁、钙、锶都要活泼。它可以被点燃，发出绿色的火焰，生成过氧化钡。钡的焰色反应也可以用于美丽的焰火。

美丽的绿色焰火，来自钡元素的焰色反应。

但今天我们故事的主人公是一个不知名的德国教授，他总是很谦虚，很低调。他的名字叫伦琴。

1895年末，他开始对当时最时髦的克鲁克斯管感兴趣。这是英国物理学家克鲁克斯发明的一种玻璃管，实际上就是将玻璃管抽真空，两端焊上金属电极，通上电流以后，电子束从阴极射出，当它碰击玻璃管壁时发出冷光。这种场景经常在电影中科学狂人的实验室里见到，在19世纪末，这确实是科学界最流行的玩意儿，下面我们会看到，这神秘的玩意儿会给我们带来哪些神奇的发现。

有一次，伦琴发现位于克鲁克斯管不远处的一包照相底片竟然神不知鬼不觉的曝光了。其实，当时“玩”克鲁克斯管的科学家有很多，包括克鲁克斯本人在内，都注意到了这种现象，但是所有人都没有重视。既然照片会曝光，那就放远一点呗，反正跟我的研究也没啥关系。但伦琴认为，此事必有蹊跷，他开始认真研究此事。

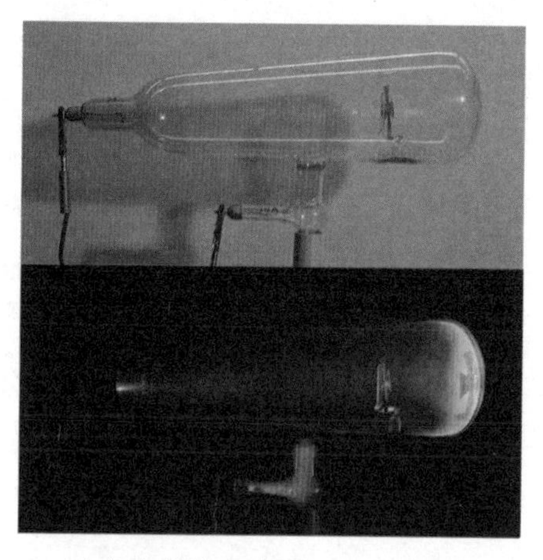

克鲁克斯管及其通电以后的情形

他尝试了几个实验，都没有头绪，有一天他突发奇想，会不会是外部的光线射入克鲁克斯管，引起了什么反应。如果将管子包裹起来，会是什么样的情形呢？照片还会曝光吗？

伦琴究竟发现了什么？

一天晚上，他将一张黑色的硬纸板卷在克鲁克斯管的外面，做了好几个实验，还是没有任何结果。写完实验报告，他打了一个哈欠，穿上大衣，关上电灯，正准备离开实验室，却想起来电路还没掐断呢，于是他来不及开灯，转过身摸回实验台。就在这时候，他猛然看到另一张桌子上面，有什么东西发着神秘的冷光，好似深夜中的萤火虫。

伦琴似乎发现了宝藏，到底是什么东西在放光？借着微弱的冷光，他发现原来是一张涂了铂氰酸钡的纸。和很多含钡的化合物一样，铂氰酸钡也是一种能放磷光的物质，只要有光向它照射，它就会放出冷光。

可是，现在实验室不是一片漆黑吗？通着电源的克鲁克斯管倒是可以发出冷光，但实在太微弱了，何况它还包裹着厚厚的黑纸板呢。

究竟是怎么回事？伦琴踌躇了半天，才想起他本来是要关掉电路。当他掐掉电路，却发现涂了铂氰酸钡的纸发出的冷光渐渐消失了。难道，铂氰酸钡纸发出的冷光竟然和被黑色硬纸板包裹的克鲁克斯管有关系？小小的克鲁克斯管里竟然有东西能穿越厚厚的黑纸板，跟纸上的化学物质发生神秘的反应？

经过反复实验，伦琴终于相信，克鲁克斯管里确实在发出一种未知的神秘射线，它的穿透性特别强，不仅能穿过黑纸板，还穿过厚厚的书、木板、铝板，使涂上钡盐的纸上出现冷光。

有一天，伦琴的妻子来到他的实验室，他让她把手放在用黑纸包严的照相底片前面，然后用神秘射线照射，显影后，底片上竟然清晰地呈现出他妻子的手骨。

他妻子惊呆了："我的天哪，这不会是我的手吧！"

"没错，就是你的手！"伦琴得意地笑道，"没看到你的结婚戒指吗？"

这真是太神奇了，在这之前，没人想到过，不用解剖，就能看到人体内部的骨骼。没过多久，已经有医生开始用这种射线来给患者检查身体了，我们现在还在用呢。

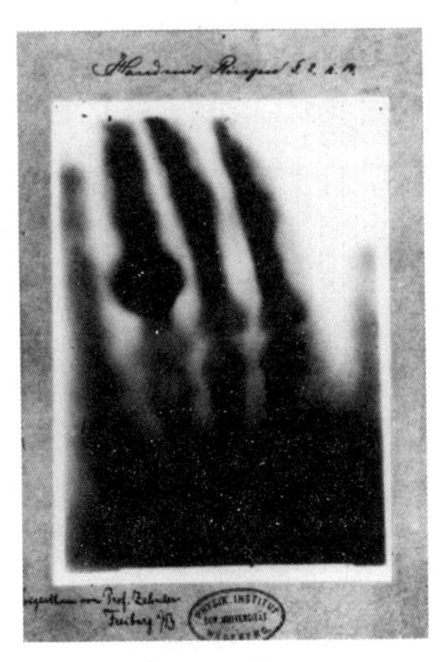

第一张 X 射线显影的照片，来自伦琴妻子的手。"没看到你的结婚戒指吗？"

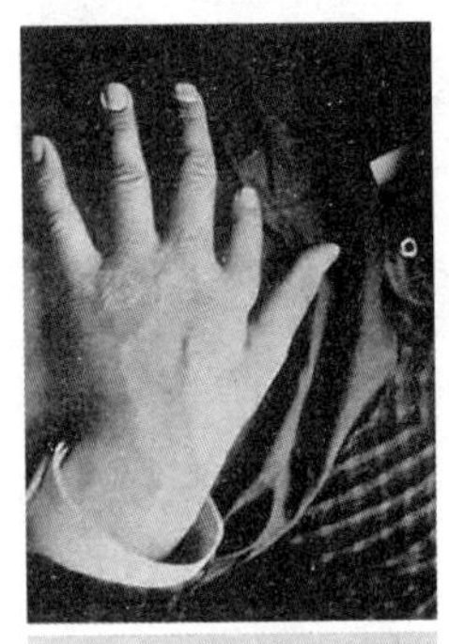

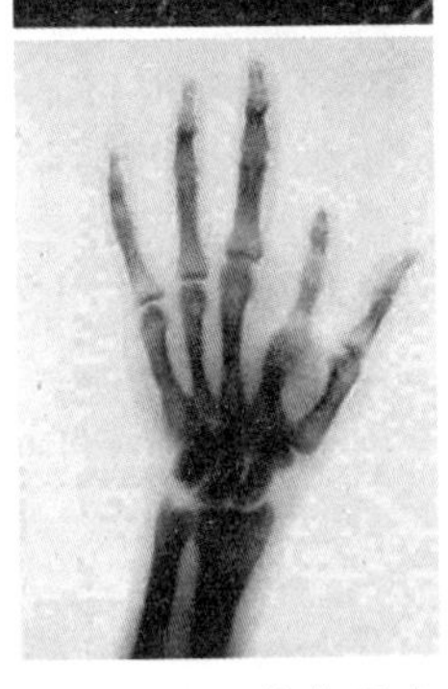

这可不是伦琴妻子的手，是 1896 年的照片，医生已经开始用 X 射线来给畸形患者进行诊断了。

1895 年 12 月 28 日，谦逊的伦琴发表了《一种新射线——初步报告》，其中提到他还不了解这种射线各方面的特性，还需要继续研究，因此给它起名"X 射线"。还有人叫这种射线为"伦琴射线"。

其他科学家已经按捺不住了，一时间，几十篇报告蜂拥而至，一些物理学家甚至提出自己也发现了神秘的新射线，更多的科学家开始对这些神秘射线的原理进行猜测，一个新的时代来临了，我们后面再慢慢讲这些故事。

不管伦琴如何谦虚，由于 X 射线的发现，1901 年他被授予第一届诺贝尔物理学奖。

平心而论，他不是最有才华的科学家。他虽然打开了放射性的大门，但获奖之后再无重大发明。看起来他发现 X 射线是偶然的，却又是必然的。必然性就在于他关注微小的异常现象并进行深入探索，这本身就是伟大科学精神的重要体现。

有记者采访他："您在碰到这类莫名其妙的现象时，心里是怎么想的呢？"

"我没什么想法，我只是做实验。"他简单地回答道。

不管怎样，是钡元素帮助伦琴发现了 X 射线，开启了“放射时代”。直到现在，我们还随处可见钡元素和 X 射线配合，帮助医生进行诊断，该过程中使用的含钡元素的物质就是“钡餐”。

前面提到，用 X 射线看骨骼很容易，但如果要诊断内脏，由于各器官、组织对 X 射线的透过能力差不多，很难看清楚究竟是哪里发生了病变。因此病人需要服用对人体无害的“造影剂”，最常用的就是硫酸钡，它的密度大，阻挡 X 射线的能力较强，可以提高显示对比度。

最后，“钡餐”安全无毒，请放心服用！

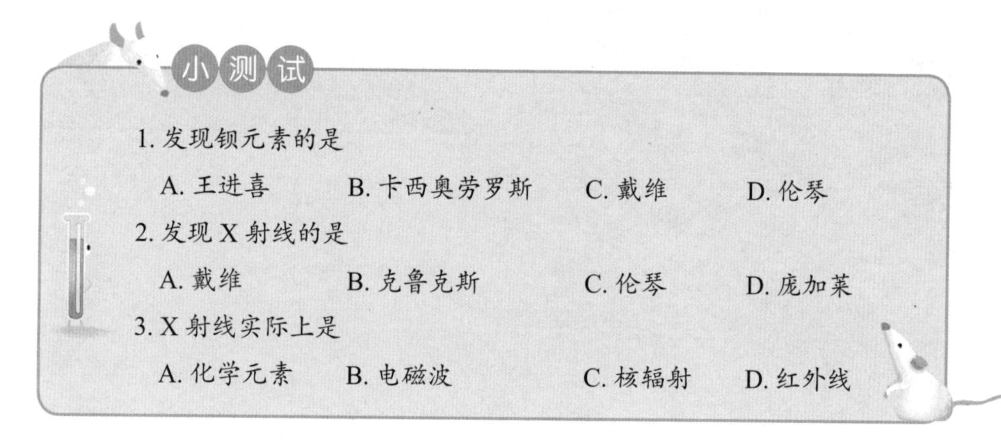

小测试

1. 发现钡元素的是

A. 王进喜　　B. 卡西奥劳罗斯　　C. 戴维　　D. 伦琴

2. 发现 X 射线的是

A. 戴维　　B. 克鲁克斯　　C. 伦琴　　D. 庞加莱

3. X 射线实际上是

A. 化学元素　　B. 电磁波　　C. 核辐射　　D. 红外线

【参考答案】1. C　2. C　3. B

第五十四章

镧系元素

元素特写

镧：镧系家族的“大哥”，常常以隐身状态上线，最初被发现时隐藏在二弟“铈土”中，现在……也许可以去打火机中找找看。

元素特写

钕：磁性材料界的“霸主”，最怕遇见自己的那一刻，彼此间的强烈碰撞能把自己撞碎啊！

第五十四章　镧系元素（La~Lu）

镧系元素（La~Lu）：是元素周期表中第57号元素镧（La）到71号元素镥（Lu）这15种元素的统称，与钇和钪并称稀土元素（均为金属元素）。它们经常共生在矿物里，因此将镧系元素相互分离出来很难。目前镧系元素广泛应用于电子、石油化工、冶金、机械、能源、轻工、环境保护、农业等领域，是重要的战略资源。

1. 打开稀土元素的四道门（上）

我们曾经提到“钇”元素开启了稀土元素的大门，殊不知，“钇”元素只打开了稀土元素的半扇门，后面还有好几扇门等着化学家们呢。之后的几十年，化学家们似乎在走迷宫，我们就一起来看看，他们是如何打开一扇又一扇大门，走出稀土元素的迷宫的？

钇是第一种被发现的稀土元素，在瑞典被发现，第二种被发现的铈元素也不例外。

早在 1752 年，瑞典化学家克隆斯泰德在巴斯纳斯发现了一种密度较大的矿石，但又比钨轻，所以他称之为“巴斯纳斯钨”。

1803 年，我们的老熟人克拉普罗特发现这种矿石在燃烧时呈现赭色，因此称它为“赭色土”,他认为这是一种未知金属元素的氧化物,将它命名为“ochra”（赭色）。

大约在同时期，当时的化学泰斗贝采里乌斯出场了，还记得他养了 20 多个学生住家里吗？贝采里乌斯家可不是福利院，他的工资可养不活这么多人，他的背后站着一位瑞典矿主——希辛格。1802 年贝采里乌斯大学毕业以后，希辛格就给他建立了一座实验室，给他提供各种矿石供他研究。一直到 6 年以后，贝采里乌斯加入瑞典皇家科学院，才算进入体制内。

贝采里乌斯和希辛格一起研究了一种矿石，并将它和钇土作对比。钇土溶于碳酸铵，焰色反应呈现红色，而这种矿石不溶于碳酸铵，也没有特别明显的焰色反应，这明显跟钇土不一样，一定含有一种新元素。当时恰逢发现小行星“谷神星”（Ceres），贝采里乌斯和希辛格也追赶时髦，用谷物女神克瑞斯将它命名为“Cerium”，翻译成中文是“铈”（shì）。铈是稀土元素中丰度最高的元素。

事后证明，贝采里乌斯和克拉普罗特发现的是同一种元素。但贝采里乌斯毕竟名气响亮得多，后来大多数化学家都选择了贝采里乌斯的命名，克拉普罗特一贯谦逊，没有继续坚持自己的命名，但化学史上公认克拉普罗特也是铈元素独立的发现者之一。

小结 1：钇元素和铈元素被发现，共同打开了稀土元素的第一道门。

众多稀土元素的发现者莫桑德尔

但包括贝采里乌斯在内的一些化学家立刻认识到，钇和铈之前得到的都不是纯净的单质，里面还有很多未知的杂质，但要将它们分离出来，还要等待贝采里乌斯的嫡系学生：莫桑德尔。

1832 年以后，贝采里乌斯集中精力著书写作，将研究开发的重任交给各位弟子，莫桑德尔在贝采里乌斯去世前都一直住在他家里，是贝采里乌斯的心腹弟子之一。贝采里乌斯看到莫桑德尔的认真踏实，建议他去研究铈元素，应该会有很多发现。

1839 年开始，莫桑德尔听从导师建议，开展研究。他先将铈土溶于硝酸，得到硝酸铈，再煅烧得到较纯净的氧化铈，再次用稀硝酸溶解，发现竟然有一部分不溶于稀硝酸。仔细分析以后，发现这部分不溶物是由于从铈土（三氧化二铈，铈元素为 +3 价）转化成了二氧化铈（铈元素为 +4 价），三氧化二铈溶于硝酸，但二氧化铈不溶。但对质量进行分析后，发现竟然还有另外一部分物质溶于硝酸，这来自一种新元素，莫桑德尔认为它隐藏在铈的后面，所以用希腊文中的“lanthano”（隐藏）来命名为“Lanthanum”，翻译成中文是“镧”。

二氧化铈是白色的，但是最后留下的不溶物有一些发黄，看来里面还有一种杂质。经过一番分析，他又从二氧化铈里找到另一种新元素，他用希腊文“didumos”（双生子）来命名“Didymium”，音译成“镨”。后来“镨”中又分离出另一些稀土元素，它的名称就被舍弃了。

老师的判断果然是对的，莫桑德尔从对铈的研究中尝到了甜头，这可不？转眼之间就发现了两种新元素，要知道，前辈们用毕生精力，费尽千辛万苦，能发现一种新元素就已经可以无憾了。这些稀土元素简直就是新元素的宝库啊！于是他又把目光转向另一种稀土元素钇。

他将钇土溶解在草酸和氨水里，利用不同元素的盐的溶解度不同的原理，分阶段沉淀，首先得到一种橙黄色的沉淀，然后得到一种白色沉淀，生成的其他类型的盐呈玫瑰色，最后得到的白色沉淀是熟悉的纯钇土。从前两种沉淀中分别可以提取出一种新的元素，由于钇的名字来自瑞典小镇于特比，他截取了于特比（ytterby）的后半部分，用“Terbium”（特比）和“Erbium”（额比）来命名这两种新元素，翻译成中文是铽（Tb）和铒（Er）。

小结 2：莫桑德尔打开了稀土元素的第二扇大门，发现的 4 种新的稀土元素是镧、镨、铽、铒。于特比真乃元素之城，有机会一定要去一趟！

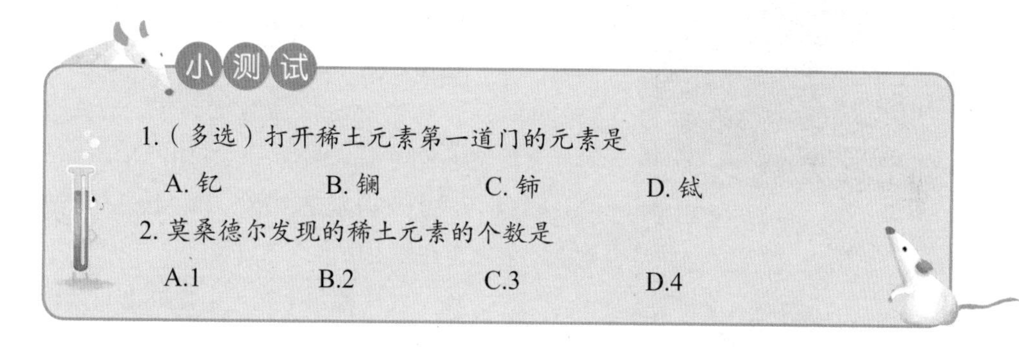

2. 打开稀土元素的四道门（下）

门捷列夫制出元素周期表之后，化学家们试图将这些新发现的稀土元素排到周期表里，但不管怎么排都有些疑惑，要么是空格太多，要么就要将很多元素放到同一个格子里。所以有化学家提出，可能还有更多的类似元素没有被发现。那个时代，本生和基尔霍夫发明的光谱分析已经深入人心了，得到分光镜这种仪器的化学家如

【参考答案】1. AC　2. D

虎添翼，将目光重新投向稀土元素宝库："稀土元素们，查身份证了！"

法国化学家布瓦博德朗，在漫长的稀土元素发现史上，他也是一员大将。

1879年，法国化学家布瓦博德朗研究了从褐钇铌矿中提取的镨元素，发现了几条新谱线，从中提取出一种新元素，他用褐钇铌矿的另一名称"萨尔马斯矿"来命名它为"Samarium"（Sm），翻译成中文是"钐"。

1880年，瑞士化学家马里尼亚克继续研究萨尔马斯矿，从中分离出两种新元素，分别命名为 γ_α 和 γ_β。经过光谱分析发现，γ_β 就是钐元素，γ_α 绝对是一种新元素。他用钇元素的发现者、打开稀土元素第一扇门的芬兰矿物学家加多林的名字来命名它为"Gadolinium"（Gd），翻译成中文是"钆"。

瑞士化学家马里尼亚克，另一位稀土达人。

1885年，奥地利化学家威尔斯巴赫继续研究氧化镨，从中除去氧化钐，发现剩下物质中含有两种新元素，他命名为"praseodidymium"（绿镨）和"neodidymium"（新镨），这名字太长了，后来这两种元素被简化成"Praseodymium"（Pr）和"Neodymium"（Nd），翻译成中文分别是"镨"和"钕"。而镨元素从此被遗忘在历史中。

另一方面，莫桑德尔从钇土中提取出的铽元素和铒元素也引起了化学家的强烈重视。1878年，马里尼亚克从铒土中分离出一种新元素的氧化物，他仍然用于特比来命名新元素为"Ytterbium"［千万不要和钇（Yttrium）搞混哦］，翻译成中文是"镱"。

1879年，瑞典化学家尼尔森从镱中分离出钪，我们在之前的篇章里已经提过了。

奥地利化学家威尔斯巴赫，他总共发现了3种稀土元素。

同样来自瑞典的化学家克莱夫认为剩下的镱中仍有问题，他继续分离，又得到两种新元素的氧化物，一种用瑞典首都斯德哥尔摩的古称来命名为"Holmium"（钬），另一种用斯堪的纳维亚半岛的古称来命名为“Thulium”（铥）。

1886 年，布瓦博德朗发现钬的问题也很大，又从中分离出一种新元素，他用希腊文中的“dysprositos”（难以取得）来命名为“Dysprosium”（镝）。

就这样，从铒中又分离出镱、钪、铥、钬 4 种稀土元素。

小结 3：光谱分析帮助化学家们打开了稀土元素的第三道门，这道门分为镨和铒这两扇门，每扇门给我们带来 4 种新元素，镨元素沦为记忆。

两种稀土元素的发现者：瑞典化学家克莱夫

看起来好像很顺利嘛，反正就是一扇一扇门开呗。现在把化学家的成功故事串在一起，好像很过瘾的样子，然而，一将功成万骨枯，在这些成功的背后，是更多化学家的辛勤劳动甚至毕生的心血。有记录的“发现”过稀土元素的化学家就有好几十位，但大多数都被证明是搞错了，他们发现的只是已有的老面孔。还有一些化学家，只是晚了一两年，甚至只晚了一两个月，就错失了将自己名字写在元素周期表上的机会。

虽然如此，还是有众多化学家前赴后继踏上寻找新元素的道路，只是因为真理就在那里，元素周期表上还有空白。

纯度 99.5% 的金属镝

1887 年，英国物理学家克鲁克斯从钇中发现一种新元素，他命名为“Sdelta”。

1892 年，布瓦博德朗继续研究钐元素，发现两种新元素，分别命名为“Zepsilon”和“Zzeta”，后来他证明“Zzeta”和克鲁克斯发现的“Sdelta”非常相似。

1896 年，法国化学家德玛尔赛证明“Sdelta”“Zepsilon”和“Zzeta”都是同一种元素，他用欧洲“Europe”来命名这种元素为“Europium”（Eu），译成中文是“铕”。现在较公认的说法是克鲁克斯和德玛尔赛是铕元素的发现者，不知道是否因为布瓦博德朗有其他功绩，所以被人选择性无视了。

1907 年，法国化学家于尔班从镱中发现了一种新元素，他用巴黎的古称来命名为“Lutetium”（Lu），译成中文是“镥”。虽然威尔斯巴赫几个月以后也发现了这个元素，并命名为鉡，但科学史只记录冠军，“镥”被留了下来。

发现铕元素的法国化学家德玛尔赛

小结 4：随着铕和镥的发现，稀土元素的第四道门被打开，自然界中存在的所有稀土元素终于都被攻克了。从钇元素到镥元素，化学家们花费了一百多年才将这帮兄弟彻底分开，搞清楚它们的真面目。

这里不得不插一句，为何稀土元素如此爱扎堆，总是形影不离，让化学家费尽千辛万苦？

元素周期表上的每一行代表一个周期，每个周期从左到右，原子半径逐渐减小。主族元素间，原子序数增加 1，原子半径平均减小 10 pm；过渡元素间，原子序数增加 1，原子半径平均减小 5 pm；而镧系元素（从 57 号元素镧到 71 号元素镥）里，原子序数增加 1，原子半径平均只减小 1 pm，从镧原子到镥原子半径共减小了 13.2 pm，这在化学上被称为“镧系收缩”。

镧系元素原子半径相差较小，造成这些镧系元素化学性质极其相似，成矿时经常出现在一起，也真难为了化学家们。钇离子和钬离子、铒离子的半径差不多，所以跟他们一起并称为稀土元素，钪元素也包括在内。

理论上，锕系元素也会有这样的现象，但锕系元素多为放射性元素，就不研究它的化学性质了。

另一方面，“镧系收缩”还造成第三过渡系的铪、钽、钨原子半径和分别与第二过渡系的锆、铌、钼差不多，造成这三组元素难以分离。甚至我们马上要提到的贵金属家族，黄金的化学性质如此不活泼也跟“镧系收缩”有关，这些故事我们就后面再说了。

回顾一下稀土元素的发现史，真是一场大片。

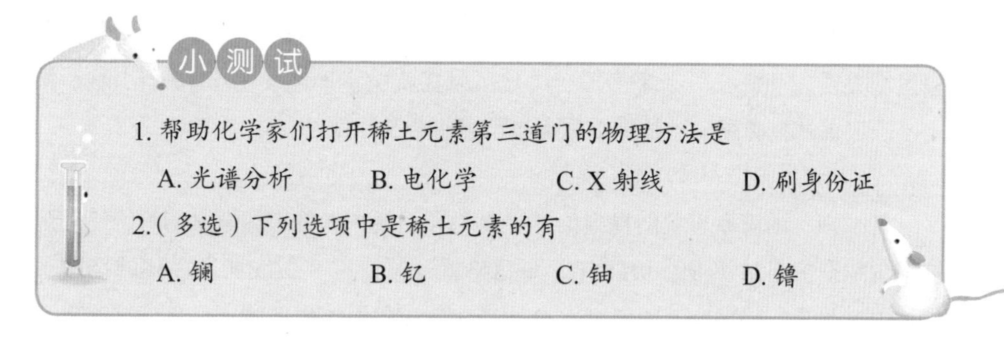

小测试

1. 帮助化学家们打开稀土元素第三道门的物理方法是

A. 光谱分析　　B. 电化学　　C. X射线　　D. 刷身份证

2.（多选）下列选项中是稀土元素的有

A. 镧　　B. 钇　　C. 铀　　D. 镥

【参考答案】1. A　2. ABD

3. 填补元素周期表最后的空白

20 世纪初是物理学发展最快的时代，随着伦琴发现 X 射线，物理学家们争相研究各种神秘的射线，走在最前面的是大名鼎鼎的卢瑟福。他第一个提出半衰期的概念，还将各种射线按照贯穿能力分成 α 射线和 β 射线，因此获得了 1908 年诺贝尔化学奖。1909 年卢瑟福做了名垂青史的金箔实验，提出了新一代的原子模型，说明原子绝非组成物质的最小单元，也有其内部结构。

年轻的玻尔，早年他留学英国，参与卢瑟福的科研团队。后来他因原子结构理论的贡献获得 1922 年诺贝尔物理学奖。

卢瑟福自身成就巨大，更为人所知的是他培养出了一帮是诺贝尔奖获得者的学生和助手。今天要讲的第一个卢瑟福的学生是著名的玻尔，他是后来哥本哈根学派的领袖，曾经跟爱因斯坦展开一场世纪论战，在当时，他简直可以和爱因斯坦分庭抗礼。而早在他留学英国，参加卢瑟福的科学团队的时候，他也接受了卢瑟福的原子模型，并提出了量子化的玻尔模型。虽然这些都已经被写入现在的教科书，可在当时很少有人能接受这些前卫的思想。玻尔后来回忆道："你看，当时卢瑟福的工作并没有被严肃对待，这在今天简直不可想象！当时几乎没有任何地方提到原子模型，伟大的改变来自莫塞莱！"

莫塞莱是卢瑟福的另一位弟子，甚至可以说是最被看重的学生。莫塞莱在实验室里简直能用"疯狂"二字来形容，他可以在实验室里连续工作 15 个小时，只吃一小点水果沙拉和奶酪，仿佛以后再也没有机会工作似的。

在"钡"的篇章里我们提到伦琴发现了 X 射线，然后物理学家们纷纷使用这种神秘射线研究各种事物，1911 年，布拉格就开始使用 X 射线测定晶体的结构，莫塞莱也对此非常感兴趣。1913 年，他跟玻尔就玻尔原子模型聊了一会，这次聊天让他脑洞大开，于是他开始改用电子束去轰击各种各样的元素。

现在我们知道，电子束击中原子后会将原子中的电子轰击出来，并释放出高能 X 射线。莫塞莱观察了各种元素被电子束击中后产生的 X 射线的波长，惊奇地发现

X 射线的波长随发射元素相对原子质量的增大而减小。仔细计算以后，发现 X 射线的频率和（发射元素的原子序数 -1）的平方成正比。

你也许要说："这不过是众多物理公式中很普通的一个吧，我都没学过哎！"

可是我必须告诉你，从历史的角度来说，这个公式的意义超乎你的想象！

门捷列夫建立了元素周期表以后，化学家们不断添砖加瓦，填补周期表中的空白。可是周期表仍然有些小漏洞，比如钴的相对原子质量比镍大，但按照化学性质，钴应该排在镍的前面，类似地还有碘和碲，当时没有人知道为什么。

19 世纪末 20 世纪初，元素周期表已经深入人心了，但没人知道元素周期表的原理。

莫塞莱

而莫塞莱则直接将化学问题变成了物理问题，基于卢瑟福的原子模型，所有正电荷集中在正中微小而致密的原子核上，原子序数对应的就是原子核所带正电荷数（当时还没有发现质子）。元素的排列绝非毫无规律，不是化学家玩纸牌玩出来的，而是按照原子核所带正电荷数大小依序排列的。

按照这个道理，钴和镍的排列不足为奇了。镍的相对原子质量虽然较小。但原子核带正电较多，所以必须排在钴的后面。所有元素的排列找到了一条最简单的规律，只需要按照原子核所带正电荷数的大小排列就好了。

既然如此，卢瑟福那无人问津的原子核模型也就自然成立了，因为再没有哪个理论能够将元素周期表解释得如此完美。

如果说本生和基尔霍夫发明的分光镜是可以识别元素的身份证，莫塞莱的原子枪就是元素的"验伪仪"，还记得我们在上两篇稀土元素发现史中提到过，化学家们发现了不下几十种"新元素"，后来都被证明是搞错了，莫塞莱的原子枪是最权威的。

经过莫塞莱原子枪的一番验证，就得到了后来的元素周期表，从 1 号元素（氢）到 92 号元素（铀），只剩下 7 个空白：43、61、72、75、85、87、91 号元素。

在当时，莫塞莱仍然遇到一些质疑的声音，比如之前我们提到的悉心研究稀土元素 20 年，发现镥元素的于尔班。他带着一份样品，是一套"于特比"元素的混合物，希望能难住莫塞莱。结果莫塞莱仅仅花了一个小时，就给了于尔班一份详细的元素名单，于尔班彻底服了！

令人扼腕的是，年轻的天才莫塞莱遇到了第一次世界大战，他应征入伍。卢瑟福千方百计试图将他留在实验室，未果。

1915 年，他奔赴土耳其，参加了一场无足轻重的战争。一天，土耳其军队突袭英军防线，深入英军方阵，战斗演变成一场贴身肉搏，27 岁的莫塞莱在这场野蛮的混战中陨落。

后来阿西莫夫写道："从他已取得的成就来看，在战争所杀害的无数人当中，要数他的死给人类造成的损失最大。"

阿西莫夫还推测，如果莫塞莱没有牺牲，1916 年空缺的诺贝尔物理学奖非常可能颁发给他。但假设的历史已经毫无意义了。

莫塞莱虽然英年早逝，但他对元素周期表的整理、解释和归纳让元素追寻者们找到了明灯。到了 1940 年,元素周期表上前 92 号元素中只剩下最后一个空白:61 号元素。

1942 年，意大利物理学家塞格雷宣布已经人工制造出 61 号元素，但是没有能够分离出来。

1947 年,美国田纳西州橡树岭国家实验室的三位研究人员:马林斯基、格伦丁宁、科里尔宣布他们两年前从铀的裂变产物中发现了 61 号元素，但由于他们忙于铀元素其他方向的研究，所以一直没有公布。他们三人建议，用希腊神话中盗取天火的普罗米修斯来给新元素命名为"Promethium"，翻译成中文是"钷"。

橡树岭国家实验室鸟瞰图

至此，元素周期表前 92 号元素中最后的空白也被填上，尽管钷元素到现在看起来也没什么大用，但它的发现代表着一个里程碑，从拉瓦锡的第一张元素列表，到门捷列夫的元素周期表，再到 1945 年钷元素的发现，这 150 多年的历史真是一部伟大的史诗，无数化学家花费了心血甚至生命投入到这场竞赛中。当他们的乐章暂时划上一个休止符时，却发现，人类文明的方方面面都完全被改变了。对元素的认知，实则是对世界认知的不断深化，这段历史就是“盗取天火”！

在这之后，虽然还有人造元素不断被创造出来，但这已经具有新的意义了！我们后面慢慢谈。

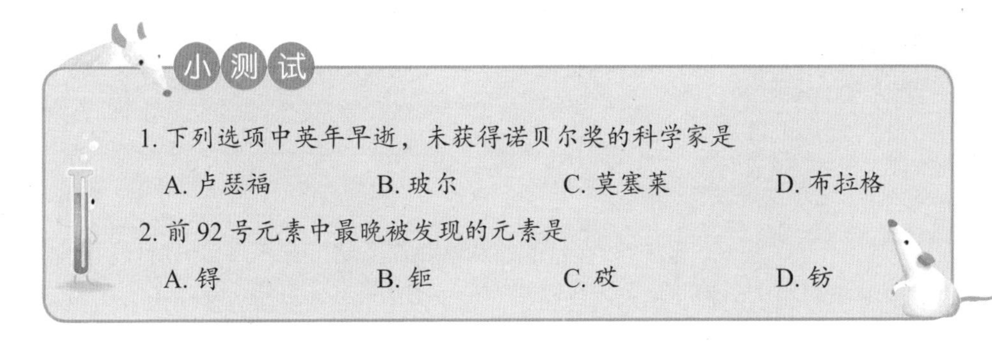

4. 谁是“磁王”

在《打开稀土元素的四道门》里我们提到了，由于“镧系收缩”效应，稀土家族的兄弟姐妹们性质都差不多，自然用途也很接近。

其实，之所以将它们叫“稀土”，是一个历史上的误会。后来人们发现，其实很多种稀土元素的蕴藏量也不少，比如镧、铈、钕，在地壳中的含量跟铜也差不了多少，比铅多得多。因此它们的用途就相对广泛一点。

有一种金属合金叫作打火石，是含有镧和铈的合金，由于它们的燃点很低，铈的燃点甚至只有165 ℃，因此只要轻微撞击，就会出现火花。

传统的打火机里都有这种打火石。

这种打火石最早被火枪兵和炮兵带在身上，开枪或开炮之前的打火都得靠它。后来烟民们手中的打火机里也有这玩意，每次用齿轮摩擦一下打火石，生成的火星就会点燃挥发出的汽油。

说到钕元素，这算是一个几乎家家都有的元素。有一种钕铁硼合金，是迄今

【参考答案】 1. C　2. B

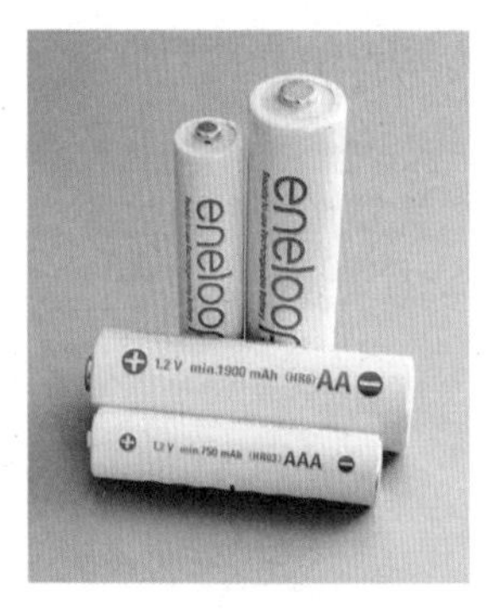

在可充放电的镍氢电池里，阳极材料是一种镧钕合金，成分大致为：$La_{0.8}Nd_{0.2}Ni_{2.5}Co_{2.4}Si_{0.1}$。

为止我们所能得到的最强的永磁体，号称“磁王”。如果你手上有一小块钕铁硼（家用电器里的），在几十厘米以外放置另一个，它俩之间形成的力会让你的手受到痛击。有人开玩笑说，如果有人相隔几小时吞下两块“磁王”，绝对可以导致肠穿孔。

“磁王”在我们身边可以说是到处都是，比如耳机、电吉他、硬盘、麦克风等，还有在墙上粘图纸、挂工具的那些小玩意里面也都有钕元素。甚至工地上回收废铁，也可以用“磁王”。

在钴的篇章里我们介绍宇称不守恒的时候提到 CPT 守恒，其中 C 代表电荷，如果 C 守恒，那么宇宙中的物质和反物质应该一样多。很明显，我们的宇宙看起来并不是电荷守恒的，我们生活在一个正物质的世界里，任何“侵入”这个世界的反物质都会湮灭成一道强光。

也有人提出，是不是我们观测到的宇宙只是一小部分，在宇宙的深空里可能存在很多反物质，只是我们还没观测到。

此外我们还多次提到神秘的暗物质，宇宙中的暗物质竟然比我们能观测到的物质多好几倍，它无处不在，又让我们浑然不觉，我们要怎样才能探究它的真面目呢？

宇宙大爆炸以后，反物质去哪儿了？

1995 年，著名的美籍华人物理学家丁肇中提出，用阿尔法磁谱仪去探测反物质和暗物质，检验现有物理理论。阿尔法磁谱仪的原理就是用一个强大的磁场对通过磁谱仪的带电粒子施加洛伦兹力，让其偏转，进而根据偏转的路径可以判断出不同的带电粒子，学过高中物理的小朋友们都懂。

原本科学家们希望用超导磁体，但在太空环境下，用于冷却的液氦容易散失，最后还是选择了永磁体，“磁王”钕铁硼当仁不让地扛下了这个艰巨的任务，这实际上是阿尔法磁谱仪的核心部件。它由我国的中科院电工所设计，使用了 1.2 吨钕铁硼材料，可以产生 0.15 T 的磁场强度。因此丁肇中说：“中国科学家为磁谱仪实验做出了决定性贡献。”

1998 年，一号阿尔法磁谱仪发射升空，经过了 10 天的试验性探测，论证了磁谱仪的可行性。之后由于各种原因，经历了漫长的等待，2011 年 5 月，二号阿尔法磁谱仪再次发射升空。

阿尔法磁谱仪的外观

观测到的数百亿条宇宙射线里存在极少量的反质子，但它们很可能是宇宙射线和星际介质碰撞产生的。由于反质子要聚合成一个反氦核是极其困难的，因此只要观测到哪怕一个反氦核，也是宇宙中存在大量反物质的强有力证据。这也是阿尔法磁谱仪最重要的一个任务。可惜，到目前为止似乎还没有一个反氦核被观测到。

但阿尔法磁谱仪发现了有较弱相互作用的大质量粒子存在的证据，这是一种暗物质的候选体，也许很快，神秘的暗物质的面纱就会被携带着钕铁硼永磁体的阿尔法磁谱仪掀开。

钕的兄弟们形成的磁体的磁性也都很强，比如钐钴磁体的居里温度比钕铁硼的还高，可以在更高的温度下工作。而钆的化合物具有更好的顺磁性，因此经常被用作核磁共振的造影剂。而所有元素中，钬的磁矩最大，氧化钬是顺磁性最强的物质。

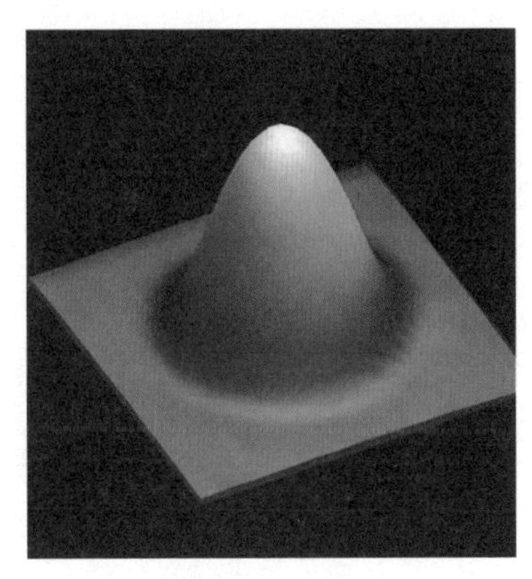

IBM 用钬原子存储信息，“未来硬盘”技术还有什么不可能？

2017 年 3 月，IBM 在《自然》杂志上发表论文，他们在氧化镁表层附着一粒一粒磁化的钬原子，可以使原子磁极保持稳定，不会受到其他磁场干扰。因此每一颗钬原子可以存储一个字节的信息。这种“未来硬盘”技术可以让硬盘缩小为原来的 1/1 000。研发团队表示，利用这一技术，他们可以在一个银行卡大小的硬盘上存储 3 500 万首音乐（整个 iTunes 音乐库）。

由于篇幅限制，我们无法对所有稀土元素的神奇应用一一列举，我们要相信，这些兄弟们真的都在我们身边发挥着各种各样的作用。甚至有人指出，21 世纪每 6

项新技术的发明，就有一项离不开稀土。

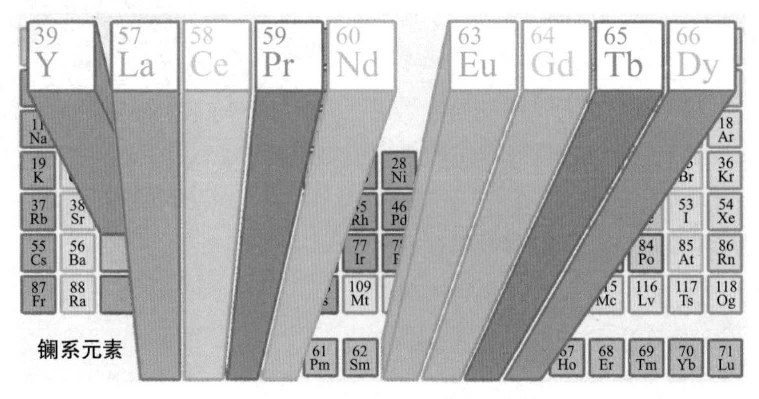

苹果手机里的稀土元素们

我国算是一个稀土大国，储量曾占全世界的71.1%。但国务院新闻办2012年发布的《中国的稀土状况与政策》白皮书显示，我国稀土储量约占世界总储量的23%（白云鄂博有世界上最大的稀土矿），却承担了世界90%以上的市场供应。过去的20多年里，我国由于工业化程度较低，对稀土的需求较低，却大量出口稀土资源，满足美国、日韩等国对稀土这种“金属维生素”的需求，自身的无序竞争又将稀土卖成了“白菜价”，还欠了一屁股“环境债”。

痛心疾首之后，我们需要反思，在缺乏科研能力、工业化程度低下的前提下，我们只有贱卖资源这一条道路，所以建设完备的工业体系才是一个大国的成熟之路。

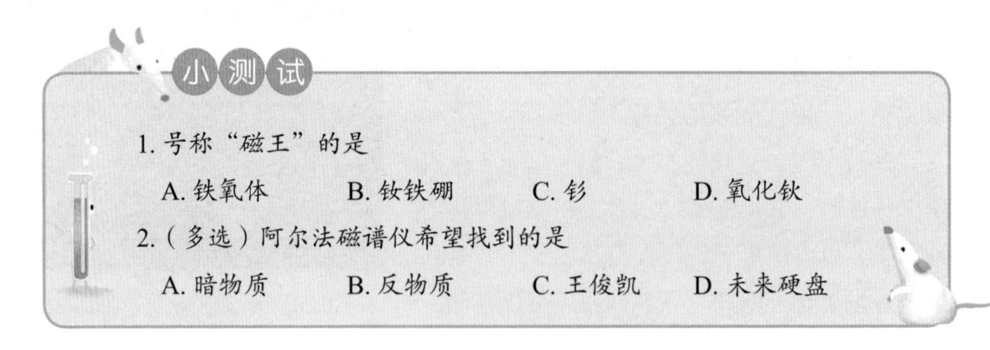
小测试

1. 号称“磁王”的是

A. 铁氧体　B. 钕铁硼　C. 钐　D. 氧化钛

2.（多选）阿尔法磁谱仪希望找到的是

A. 暗物质　B. 反物质　C. 王俊凯　D. 未来硬盘

【参考答案】1. B　2. AB

第五十五　五十六章

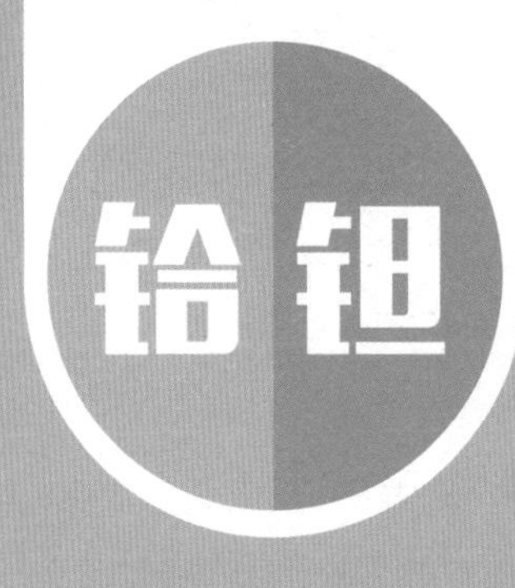

元素特写

铪：曾因类似于锆元素而迷失了自我，但小蝌蚪总会长大，我也因用于火箭推进器而华丽蜕变。

元素特写

钽：以“坦塔罗斯式”苦难命名的我，真的为人类带来了灾难吗？

第五十五章　铪（Hf）

铪（Hf）：原子序数为72的过渡金属元素，单质是一种带光泽的银灰色金属，在自然界中常与锆共生。铪合金为火箭、宇航飞行器等的特殊结构材料。

莫塞莱发现了元素排列顺序的规律之后，元素周期表被整理得清清楚楚，只剩下为数不多的几个空格。化学家可以按图索骥一个个将它们找出来，没想到却被物理学家捷足先登。

20 世纪 20 年代是玻尔如日中天的时候，1920 年他建立了哥本哈根理论物理研究所并任所长，本人成为日后哥本哈根学派的领袖。1922 年，他因为对原子结构理论的贡献获得诺贝尔物理学奖，名声直逼爱因斯坦。

但最早的玻尔原子模型只能解释单电子体系，遇到多电子的元素，玻尔原子模型就无能为力了。他继续探索，1922 年更新了他的原子模型，多电子的元素将按照 2、8、18……逐步排成多层。泡利在此基础上提出了泡利不相容原理，每个电子轨道上最多只能有两个自旋方向相反的电子存在。

借助泡利不相容原理，玻尔开始探究元素周期表上的空白，按照这样的排布，第 72 号元素恰好位于第 40 号锆元素的下方，正好不属于镧系元素，而属于过渡元素。他大胆推论：第 72 号元素的性质跟锆应该极为相似，很可能它就混合在我们提取出的锆元素里，跟锆元素混杂在一起。他将这个想法告诉了哥本哈根理论物理研究所的两位同事：赫维西和科斯托，这两位拿到来自挪威的锆

铪元素的发现者：赫维西（左）和科斯托（右）

石，用 X 射线光谱仪探究了一次，仅仅一次，就印证了玻尔的想法。他们用哥本哈根的古称“Hafnia”来命名 72 号元素为“Hafnium”，译成中文是“铪”。

这真是量子力学的巨大成功，玻尔足不出户就预言了新元素在哪，简直就是新一代的门捷列夫。物理学家同行们立刻把玻尔包装成一代宗师，扣上“先知”“天人”等大帽子，甚至有人宣称，之前陈腐守旧的化学已经成为物理学的一个分支，以门捷列夫为代表的化学已经落伍，玻尔引领的现代物理已经统治了科学。而赫维西和科斯托则获得 1924 年诺贝尔化学奖提名。

这个时候，镥元素的发现者、稀土元素专家于尔班跳出来，提出他早在 1911 年就发现了 72 号元素，当时他命名为“Celtium”。尽管科学家用 X 射线光谱仪检验了一次，发现于尔班所说的“Celtium”只是一些稀土元素的混合物，根本不是什么 72 号元素。但这起事件已经上升到了化学和物理学权力之争的高度，由于赫维西跨界物理和化学，“脚踩两只船”，一大群化学家强烈抵制赫维西获得诺贝尔化学奖。这起事件后来甚至上升到了民族主义，法国人把玻尔和赫维西戴上“德国鬼子”的帽子，尽管他们俩一个是丹麦人一个是匈牙利人。甚至还有一家法国期刊发表文章嘲笑赫维西被提名为诺奖候选人这件事情“散发着匈奴人的恶臭”。

这些历史事实已经明显偏移了科学的轨道，但它们毕竟影响了诺奖评委会将化学奖颁发给赫维西的决心，最终，1924 年诺贝尔化学奖空缺。

1924 年的这起事件只能算科学史上的一段小插曲吧，之后的几十年里，物理学的领域愈加扩大，从 137 亿光年的宇宙尺度到 10^{-35} 米的普朗克长度，都成了物理学的领土。而化学仍在自己的领域里精耕细作，并直接改变人们的生活。

这起事件的当事人赫维西也并没有因此消沉下去，之后他用自己的身体做了同位素示踪剂方面最重要的一个实验，每天服用重水，称重尿液，测出水分子在人体内循环一周要花费 9 天时间，1934 年他又用磷的放射性同位素研究植物的新陈代谢。这些研究让他终于获得了 1943 年诺贝尔化学奖，也算是对他心灵的慰藉了。

回到铪元素，它之所以如此晚被发现，不过是因为它的化学性质跟锆元素实在太相似了，自然界中的铪元素常与锆元素伴生，但它的丰度又远远小于锆，所以没有单独的铪元素矿物。也因此，铪元素能干的活基本被锆元素包了，好在铪原子毕竟相对原子质量更大，电子也更多，因此它是熔点和沸点很高的几种元素之一，碳化铪甚至是已知熔点最高的化合物，高达 3 890 ℃。因此铪元素特别适宜于高温作业，比如火箭推进器的喷嘴。阿波罗登月中，月球模组的推进器材料，用的是一种

“阿波罗”号宇航员爬下梯子。右下角的推进器（红圈）材料是一种铪合金。

C103合金，含有89%铌、10%铪和1%钛。

生活中，铪元素也有它的用武之地。过去切割钢材主要使用氧炔焰，它需要笨重且危险的钢瓶，现在发明出了轻巧的空气等离子切割机，它不需要钢瓶，只需要普通的交流电和空气。这种切割机内含一个铜电极，顶部镶嵌了一小块纯铪。当切割机开始工作时，空气压缩机将产生强烈的气流，铪电极产生高温电弧，电离压缩空气。这样，一股高能的等离子气流冲向被切割的钢材，钢材熔化并被气流吹开，钢筋铁骨就这样被切开了。

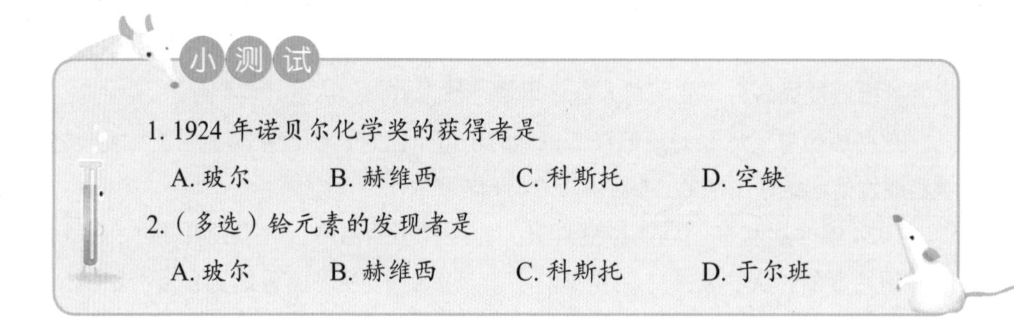

小测试

1. 1924年诺贝尔化学奖的获得者是

A. 玻尔　B. 赫维西　C. 科斯托　D. 空缺

2.（多选）铪元素的发现者是

A. 玻尔　B. 赫维西　C. 科斯托　D. 于尔班

【参考答案】1. D　2. BC

第五十六章 钽（Ta）

钽（Ta）：原子序数为73，单质柔软，富有延展性，可以拉成细丝或制薄箔。钽在室温下不受盐酸、硝酸和硫酸侵蚀，易溶于氢氟酸，受热时能与大多数非金属反应。目前是电子元器件里的关键元素。

在铌的篇章里，我们讲述了如何发现铌元素和钽元素、以及“铌”和“钶”争夺正统的故事。铌元素用了古希腊神话中的尼俄柏来命名，而钽元素则是用她的父亲坦塔罗斯来命名。

受难的坦塔罗斯

坦塔罗斯是宙斯的儿子，吕底亚的国王。他得罪天神，竟然将自己的儿子珀罗普斯杀死，做成菜肴，考验众神的智慧。因为这样的大罪，他被诸神打入地狱，让他站在一池深水里，尽管凉水在他的嘴边，却一滴水也喝不到；又有一颗苹果吊挂在他面前，让他望眼欲穿，只要他想够到苹果，就有一阵风将果子吹走；更有一块巨大的石头悬吊在他头顶上，仿佛随时会落下来，让他时时恐惧。这三重折磨就是“坦塔罗斯式”的苦难，它将无休止，无穷尽。

钽尤其宜于制作钽电容器，它寿命长、耐高温、准确度高，而且过滤高频谐波的性能极好。数字电路会产生大量的高频电子噪波，这些噪波会通过电流和信号接头从一条电路到另一条电路，钽电容器在这些噪波造成麻烦之前就可将它们吸收或减弱。因此，我们的手机、计算机等电子设备里都有钽元素，真是我们离不开的好

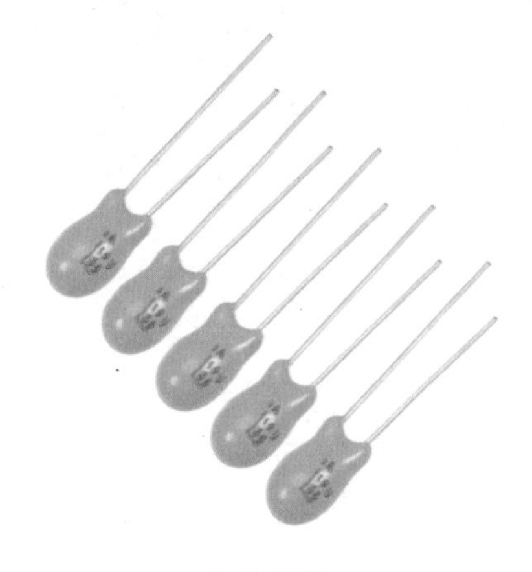

钽电容器

伙伴。

就在我们手握手机，翻阅平板电脑，享受现代生活的时候，又何曾想过钽这种现代元素会“引发”一场恐怖的战争？

1994 年，卢旺达胡图族对图西族进行有组织的种族灭绝式大屠杀，约 100 万人死亡。这是国际上自二战以来最大的丑闻，没有之一。这一事件激化了非洲中部局势，各种势力互相猜忌，摩擦不断。最终，第二次刚果战争在 1998 年爆发了，共有 9 个国家、200 支武装力量被卷入，被称为“非洲的世界大战”。战争持续了 5 年，共有 540 万人死亡，是二战之后死亡人数最多的一场战争！

说了这么多，这次恐怖的战争跟钽元素有啥关系呢？

原来，20 世纪最后 10 年，手机开始普及，销量一下子增长到 10 亿部，更不用说其他类型的电子消费品了，对钽元素的需求量激增。钽元素主要分布在澳大利亚、巴西、加拿大、中国和非洲中部，在现代化国家，这些矿藏的开采比较有序。而非洲中部民族众多，纷争不断，工业发展严重落后，对钽元素的开采非常混乱。在刚果，平民们发现不用辛辛苦苦种田，每天带上铲子弄点矿石就能赚到邻居收入的 20 倍，整个国家的人都疯狂了！

类似铪和锆，钽多和铌共生在一起，这就是钶钽矿（铌钽矿）。

再也无人去生产粮食，整个国家的食品供应混乱不堪，能吃的都吃光了，连大猩猩都险些绝种，引起动物保护主义的强烈谴责。更为严重的是，潮水般的资本涌入这样一个无政府状态的国家，使得人的尊严、贞操甚至生命在突如其来的资本面前，都变得一文不值。到处是荷枪实弹的武装，到处是被圈禁着的失足妇女，到处是野蛮的杀戮。

2001 年，迫于舆论的谴责，手机生产商们开始改从澳大利亚采购钶钽矿（铌钽矿），尽管价格更贵。这个国家的人终于冷静了一点，2003 年交战各方达成和解并共同组建刚果民主共和国过渡政府，这场恐怖的战争算是正式结束了，但是整个国家仍然会时有激烈的武装冲突发生。整个2004年，每天还至少有1 000人死于军事冲突、社会保障不足或食物的短缺。直到现在，这个国家还非常“不正常”。

刚果的孩子在采矿。

看看吧，现代文明对钽元素的欲望和坦塔罗斯对“流水”“苹果”的需求一样强烈，但他们享受着“流水”和“苹果”，却把代表死亡和恐惧的那块“巨石”留给了人类中发展较落后的一部分，让他们去承受苦难。近乎席卷整个非洲大陆的第二次刚果战争，离我们真的不远。惊叹之余，不禁还要警醒，同样的事情以后是否还会发生？

1. 坦塔罗斯是尼俄柏的

A. 爸爸　　B. 妈妈　　C. 儿子　　D. 女儿

2.（多选）你认为第二次刚果战争爆发的主要原因是

A. 钽元素　　B. 现代文明的过度消费

C. 全球化不够彻底　　D. 刚果人民的贪欲

【参考答案】1. A　2. 略

第五十七 五十八章

元素特写

钨：来自沉重的石头，耐磨是我的标签，不只能化作坚硬无比的武器，还能带来眼前一亮的光明。

元素特写

铼：万米高空，云端之上，飞机的翱翔可离不开“高端”的我。

第五十七章 钨（W）

钨（W）：原子序数为74，单质是一种常用的高熔点白色金属，化学性质很稳定。钨主要用于制造硬质钢、钨丝灯泡和航空航天工业上的耐热材料，是一种重要的战略金属。

1781年，舍勒对瑞典当地的一种“重石”（tungsten）展开研究，他把碳酸钾和重石共熔，然后添加硝酸，得到一种白色沉淀，他认为这是一种新金属的氧化物和石灰的混合物。后来为了纪念舍勒，就把这种“重石”称为“scheelite”（舍勒矿），但我国基本翻译成“白钨矿”。

宝石级白钨矿

两年以后，西班牙矿物学家埃尔乌耶两兄弟研究了一种叫作“狼泡”（wolframite）的矿石，这种矿石经常和锡矿伴生，矿工们将有用的锡提炼出以后，它就变成了矿渣，好像被狼吞噬了一样。他们从中得到一种酸（钨酸），并用焦炭还原这种酸，得到了种银白色的金属。他们用“狼泡”矿石来命名这种新元素“Wolfram”（W），翻译成中文是“钨”。

现在我们知道白钨矿（scheelite）的主要成分是钨酸钙，而“狼泡”矿石我们称为黑钨矿，主要成分是钨酸铁锰。

直到20世纪，还有人在争论究竟是舍勒还是埃尔乌耶兄弟发现了钨元素，让大部分人接受的说法是舍勒发现了钨元素的踪迹并预言了钨元素，真正将钨元素提取出来的是埃尔乌耶兄弟。

舍勒的名气毕竟更大，化学界虽然接受了“W”作为钨元素的符号，但还是习惯用“重石”的英文名“tungsten”来命名新元素。一直到现在，钨的英文名“Tungsten”

很多人不明白，为什么“Tungsten”的元素符号是“W”，现在你明白了吧？

和元素符号“W”还是这么不协调。

我们都知道是发明大王爱迪生在1879年发明了第一只电灯，用的是碳丝。碳熔点很高，达到3 550 ℃，但它的升华温度却很低，使用过程中，碳丝不断挥发殆尽，第一只碳丝灯泡的寿命只有13.5个小时。一直到19世纪末，爱迪生使出浑身解数，也只将碳丝灯泡的寿命延长到800小时，根本不能满足人们的生活需要。

到了19世纪末，发明家们开始用锇丝和钽丝取代碳丝，但一方面锇和钽太贵，另一方面它们的熔点比碳的低，所以工作温度较低，发光能力有限，这些尝试也都失败了。

1904年，匈牙利人汉纳门和杰斯特发明了第一只钨丝灯泡，钨的熔点也很高，达到3 422 ℃，虽然比碳的低一点，但也够用了。更为关键的是它的升华速度较低，这就极大延长了灯丝的寿命。

钨丝灯一经推出，立马得到了全世界的青睐。从1879年爱迪生发明碳丝灯到1885年，全世界总共才卖出30万只碳丝灯。而到了1914年，全世界已经有8 850万只灯在使用，碳丝灯只占15%。二战后的1945年，当年电灯的销售量是7.95亿只，钨丝灯已经一统天下，一直到20世纪末被节能灯取代。

重建于密歇根州的爱迪生门罗公园实验室

除了熔点高，钨还是一种硬度很强的元素，它和碳的化合物碳化钨的硬度达到9.8，仅次于金刚石和碳化硼。用碳化钨做的硬质合金来切割钢铁真可谓是削铁如泥，用它做的刀具的切削速度是最好的。

正因为钨的耐磨性能好，近年来，首饰市场上出现了一种“钨金”戒指，钨的密度达到 19.35 g/cm³，跟黄金的 19.26 g/cm³ 相差较小，表面镀上黄金以后，用手掂量掂量完全发现不了这跟黄金有什么两样。但钨比黄金更加耐磨，也容易被抛光处理，所以深得年轻人的喜爱。只是需要注意，钨金略脆，不是非常耐摔。

天井钻头上，突出的小颗粒就是碳化钨。

正因为钨的密度如此之大，因此军事上被用来制作穿甲弹。

二战时期，德国对钨几乎达到狂热，到了 1941 年，德国已经用完了钨储备，甚至惊动了希特勒。纳粹找到了中立国葡萄牙，花费了 44 吨黄金，才换得了一大批钨。当时葡萄牙独裁者萨拉查曾经是一个经济学家，他绝不会错失这个发财的机会，迅速将钨的价格从 1940 年的每吨 1 100 美元炒到每吨 2 万美元，真是“大炮一响，黄金万两”。直到诺曼底登陆，二战大势已定，萨拉查政府才停止卖钨给纳粹。原来，整个二战，欧洲大陆最发财的国家竟然是葡萄牙。

钨金戒指，可以镀上黄金或白金。

科幻电影《特种部队 2》里设想了一种太空武器，先将一根重达几吨的“钨棒”运至太空里的人造卫星，让它自由落体，伦敦就这样被毁灭了。之所以使用钨，一方面因为钨密度比较大，本身钨就是“重石”啊，另一方面还因为它的熔点高，经过大气层时可以耐受摩擦产生的高温。

我们还是希望人类利用智慧更多地用元素的性质为人类造福，而不是制造出各种各样的变态杀人武器。

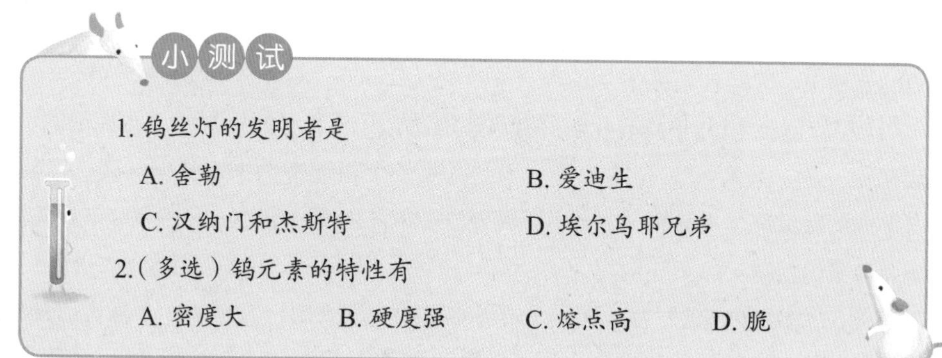

【参考答案】1. C　2. ABCD

第五十八章 铼（Re）

铼（Re）：原子序数为75，单质是一种高熔点金属。地壳中的铼主要存在于辉钼矿中，较难提取。铼的耐蠕变性能很强，因此是制造飞机发动机的理想材料。

诺达克夫妇

1925年，德国的三位科学家诺达克夫妇、奥托·博格发现了两种元素：一种用莱茵河的名字命名为“铼”，排在元素周期表中第75位，另一种用马祖里湖的名字命名为“钨”。莱茵河跟马祖里湖都是一战中德国人打过胜仗的地方。但一战时德国是战败国，因此有人认为这两个名字太具有挑衅意味了，并列出种种理由将“钨”否定，而“铼”经受住了考验，一直保留至今。

铼元素被发现的时间这么晚，这实在是因为铼元素在地球表面太稀少，地壳里铼的含量只有 4×10^{-4} g/t。为什么这么少呢？有人提出，铼易于富集在铁镍金属构成的地核中，因此在地表很少见到。

确实，地壳里几乎没有找到过游离态的铼，几乎所有的铼都伴生在辉钼矿（二硫化钼）里，最高可以达到1.8%。智利真是一个很神奇的国度，铜、碘、锂等稀有矿藏的数量都是世界第一，铼也不例外，多年来一直是世界上第一大铼矿供应国，主要被美国控制。

到了1994年，俄罗斯人在千岛群岛地区的一座火山口发现了一个神奇的铼矿，铼元素并没有以很小的比例跟辉钼矿伴生，而是高纯度的二硫化铼。这座铼矿目前每年产出20~60 kg的铼金属。

如果说铼元素只是一个默默无闻的"龙套元素"，那我们的故事也就可以戛然而止了。偏偏铼元素不甘平凡，成了飞机心脏的核心部件，堪称航空发动机里的"盖中盖"。

航空发动机在高速运转时，其涡轮和风扇除了要承受极大的压力外，还要忍受高温的考验。以美国目前最牛战斗机 F-22 的发动机 F-119 为例，其直径仅 1.168 m，但却需要提供 15.6 吨的推力；高速飞行时，F-119 的发动机的涡轮前温度约 1 977 K（约 1 704 ℃），这就对发动机涡轮和风扇的材料提出了巨大的考验。如果承受不了这样的高温高压，材料就容易变形，影响发动机效率不说，还可能会危及飞机的安全。

工程师们试验了各种材料，发现铼元素的熔点较高，仅次于钨，高温下升华概率小，更重要的是发现镍铼合金可以有效地提升合金的蠕变强度，在高温高压下不变形。被用于 F-15 和 F-16 战斗机中的第二代镍铼合金中含有 3% 的铼；而已经被成功用于 F-22 和 F-35 的发动机中的第三代镍铼单晶合金中含有 6% 的铼。

世界上第一种进入服役的第五代战机F-22。

F-22 战斗机的发动机 F-119 正在进行试验。

因此，铼元素成了重要的战略物资。比如前面我们提到，当今世界的超级霸主美国之所以控制智利的铼矿，开采回来作为自己的战略储备，就是因为铼元素对现代航空发动机的重要性。

目前，航空发动机产业消耗了世界上超过 70% 的铼。铼长期处于供不应求的状态，这也使得国际市场上铼的价格节节高升。

相比于美国，我国的航空发动机多年来落后于世界先进水平。不仅战斗机的发动机没有自主研发，严重依赖俄罗斯，就连民航大飞机也得依赖进口。从战略角度来看，如果没有俄罗斯的航空发动机，我们一半以上的飞机会"趴窝"，空军会被"吊打"。从民用角度来看，每年我们卖数以亿计的裤子、鞋才能换回一架大飞机，就连我们自主设计的大飞机 C919，用的也是进口发动机，这样的状况我们还想延续多久？

好在天佑中华！2010年，华山南麓矿山上的工作人员意外勘探到了稀有金属铼，储量高达176吨，从此，铼资源不用发愁。

但是，从天然的铼矿到第三代镍铼单晶合金还有漫长的道路，更何况欧美将此技术视为核心机密，对我国进行封锁。难道我们又要重复稀土的老路，只能将稀缺资源卖成白菜价，供应给西方发达国家让他们做成高精尖技术，再卖给我们赚取高利润吗？

我国最新的第五代战斗机歼20在珠海航展上霸气亮相！

2017年9月，我国研究人员宣布已经攻破这一难题，掌握了铼单晶叶片生产技术。相信在不远的将来，我们自产的战斗机和民航大飞机将会用上我们自己的“铼”心脏！帮助我们大国崛起，王者归“铼”！

1. 铼元素的名称来自

   A. 德国　　B. 莱茵河　　C. 马祖里湖　　D. 李比希

2. 铼元素用于航空发动机是因为

   A. 软　　B. 贵　　C. 耐蠕变性能强　　D. 储量丰富

3. 我国最新的第五代战斗机是

   A. F-16　　B. F-22　　C. 歼10　　D. 歼20

【参考答案】 1. B　2. C　3. D

第五十九 六十章

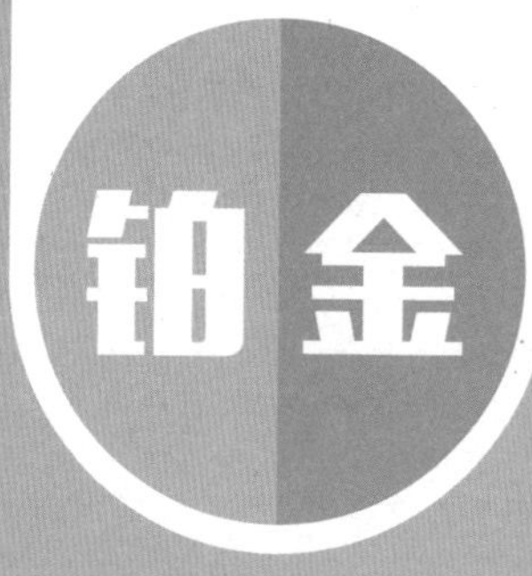

元素特写

铂：财富中的“贵族”，一度比金更稀有，大受欢迎也让人头疼呢。

元素特写

金：在任何时代都散发着光辉的元素，会有人不喜欢我吗？

锇
铱 铂

第五十九章 重铂系金属——锇（Os）、铱（Ir）、铂（Pt）

重铂系金属——锇（Os）、铱（Ir）、铂（Pt）：原子序数分别为76、77、78，锇呈蓝灰色，铱和铂均为银白色，化学性质稳定。单质锇与单质铱很坚硬，且锇是密度最大的金属。单质铂具有一定的延展性，在生活中主要用于制造耐腐蚀的化学仪器、首饰，在工业上其是最常用的催化剂之一。

1. 黄金和铂金到底哪个贵

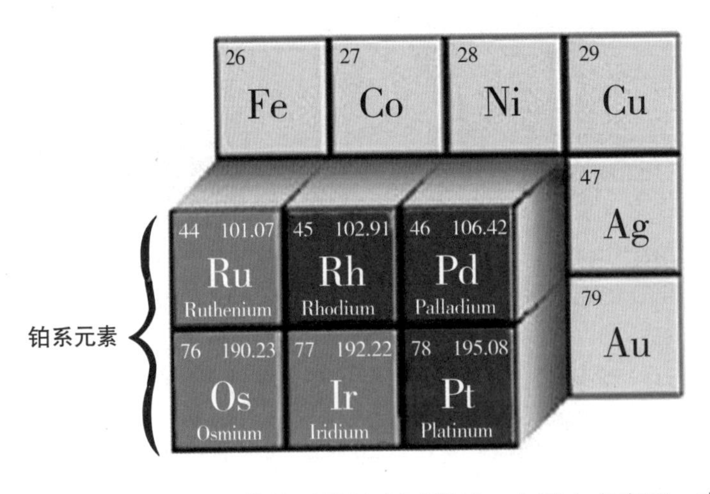

我们参加各种商家的活动时，经常会享受到VIP金卡的待遇，并得到一张金黄色的card。当我们消费更多，聪明的商家就会通知我们："已将您升级至铂金卡级别！"

很多人搞不清楚，究竟是黄金更值钱还是铂金更值钱？去网上查查吧，当我们打开上海黄金交易所的网站，发现2017年下半年黄金的价格为260~280元/克，而铂金的价格为205~230元/克，明显黄金的价格更高啊，难道我多消费，还给我降级吗？我们是不是都被忽悠了？

说起这个，又是一段漫长的历史。

从化学的角度来说，铂是类似金元素性质的一系列元素中最常见的一种。铂和它的同系金属性质稳定，不易与其他元素化合，总是露出亮闪闪的外表，化学上把它们称为“铂系元素”。之前我们提过的铑、钯、钌都属于此类，今天我们主要讲铂。

西方公认的铂元素发现者德·乌略亚，是一名军官，兼职发现新元素。

在古埃及出土的文物里，发现了一些金和铂的合金，但在关于古埃及的任何资料里，都找不到古埃及人对铂元素的记录，所以大多数人相信，这是古埃及人没有把金和铂分开，而不是主动向黄金中掺铂。

事实上，一直到16世纪，亚欧非大陆上的人们都没能发现铂元素。根据现在的数据，铂和金在地壳中的含量相近，而且两者同为不活泼金属元素，这没道理啊。原来，含铂的矿物极其分散，让人们很难发现它们；而且铂的熔点高达1 772 ℃，比金的熔点（1 064 ℃）要高很多，使得人们很难把它提炼出来。

俄罗斯哈巴罗夫斯克地区出土的天然铂金属

1557年，意大利科学家斯卡里吉在他的一本著作里写道：所有的金属都能熔化，除了一种来自墨西哥和巴拿马的金属。大多数人认为斯卡里吉提到的就是铂。

1735年，一个法国和西班牙的联合考察团去西班牙殖民地秘鲁和厄瓜多尔考察，主要目的是测量赤道的子午线。1748年，团里的一位军官德·乌略亚回到欧洲，写了一本《关于南美洲旅行的历程报告》，其中提到在秘鲁见到一种银白色的金属，当地人把它称为“platina del pinto”，其中“platina”在西班牙文中是“银”的意思，而“pinto”是秘鲁当地的一条河，现在铂元素的英文名“Platinum”就从这里而来。

德·乌略亚的文章吸引了很多人的眼球，一批又一批的铂金属从新大陆被运到欧洲大陆，包括马格拉夫、伯格曼、贝采里乌斯在内的一批大牛都对铂的性质开展了研究。瑞典化学家谢菲尔发明了一种用砷从粗铂矿里提纯铂的方法，这样对铂元素的研究就更加方便了。化学家们发现，铂除了和金一样不易腐蚀，还超级耐高温。这就厉害了，所以化学家们纷纷开始用铂作加热片和坩埚，还记得吗？

戴维发现钾、钠兄弟的时候用的是不是铂片？莫瓦桑在分离氟元素的道路上烧毁了多少铂坩埚？

事实上，早在 1802 年，大帅哥戴维就做了一个这样的实验，他用强大的电池组给一个很薄的铂金片通电，让铂金片达到了炽热的程度，发出强光。这算是最早的白炽灯了，他在皇家学院的报告会上给观众做了演示，吸引了不少眼球。可惜这最早的“铂金灯”既不够亮，也非常不持久，无法得到商业化生产。

现代人复制的戴维实验

十几年后，戴维又发现了一个神奇的现象，当时他想试验气体在不同温度下的可燃性，于是将煤气和空气鼓入一个装有铂金丝网的气缸里，让它们按照不同比例在不同温度下燃烧。在一次试验快结束的时候，戴维鼓入更多的煤气，希望将火焰熄灭。奇怪的事情发生了，火焰两三秒后确实熄灭了，但那个铂金丝网却一直闪耀着，好几分钟也不暗淡下去。难道是戴维老眼昏花了吗？戴维将气缸带入暗室，眼睛瞪圆了朝气缸里窥探，没错啊，这里确实没有火焰，但铂金丝网却一直闪耀着，仿佛有看不见的“三昧真火”在烘烤着它们。

戴维被这一奇怪现象惊呆了，他换了不同材质的丝网，发现只有铂和钯会产生这种现象，而铁、铜、银、金、锌等金属都做不到这一点。他又尝试将铂金丝网冷却到 0 ℃左右，发现在如此低温下氢气也能和氧气化合。原来，不需要明火，也不需要高温，一些反应就可以发生，这真是千百化学工作者梦寐以求的！

可惜的是，没多久戴维就病倒了，他没来得及对这个现象进行进一步研究。现在我们知道，他发现的就是非均相催化反应！戴维堪称化学世界的宠儿，随随便便的一个实验就是一个跨越时代的大发现。

这种铂金丝网在实验室很常用。

戴维的发现给后来的化学家们留下了很好的课题，80 年后的奥斯特瓦尔德研究了用铂催化氨接触氧化制取硝酸的机理。听起来似乎没什么了不起的，但如果没有奥斯特瓦尔德的研究，哈伯的合成氨就只能老老实实作化肥，而不是按照他原本的目的作火药。奥斯特瓦尔德凭借这个研究获得了 1909 年诺贝尔化学奖。

经过化学家们的不懈研究，到了今天铂催化剂还在石油炼制、植物油加氢、燃料电池、硅橡胶混炼等方面被广泛使用，是常见的催化剂之一，也是铂元素主要的用途之一。你看，铂这种“白金”可不是只能做戒指的花瓶，也能在工业上真枪实干！

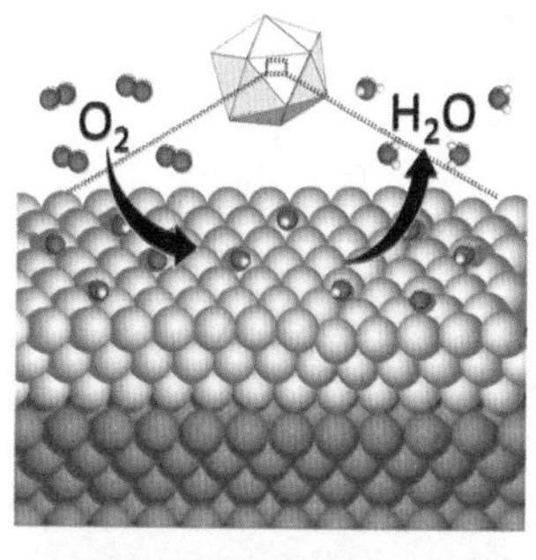

◀铂的表面很容易吸附氢气（灰色小球），吸附的氢气可以和氧气在常温下反应。

▶1909年诺贝尔化学奖得主奥斯特瓦尔德

◀各种各样的铂催化剂，在工业上广泛使用。

19世纪以前，铂主要来自新大陆，1819年，俄罗斯乌拉尔山脉上发现了一个超级大的铂矿。1822年俄罗斯《矿业杂志》中这样写道，在淘洗乌拉尔金矿砂的时候，在砂金中发现掺杂有一种特殊金属，和金一样成颗粒状，不过却是灿烂的白色！

于是，大量的“白金”被开采出来，对外出口到西欧，对内则铸造了铂制钱币。可以想象，沙俄帝国的崛起，少不了这些硬通货的支撑！要知道，这座铂矿一直到现在还没有开采完。

回到开头的问题，铂金和黄金到底谁更昂贵？经过本文，我们可以懂得，铂的分布更为分散，熔点更高，当然更加难以提取。从物以稀为贵的角度来说，铂当然更加稀有。但另一方面，黄金在历史上曾作为本位货币，更具有经济价值，带有的投资属性更多，而铂更多地被用于化学工业，作催化剂，具备更多工业属性。在科学技术发达的今天，铂的开采和提炼已经没有那么难了，因此两者的价格没有太多可比性。我们只需要知道铂的历史，就会知道在历史上很长的一个阶段里，铂都更加稀有。

铂金级别高于黄金级别，只是一个历史的观念而已。

1. 公认的最早发现铂元素的是

A. 中国人　　B. 古埃及人　　C. 美洲人　　D. 欧洲人

2.（多选）铂催化剂可以用在

A. 氨接触氧化制取硝酸　　B. 合成氨

C. 石油炼制　　D. 燃料电池

3. 你认为黄金和铂金中更值钱的是

A. 黄金　　B. 铂金　　C. 钻石　　D. 酱油党一名

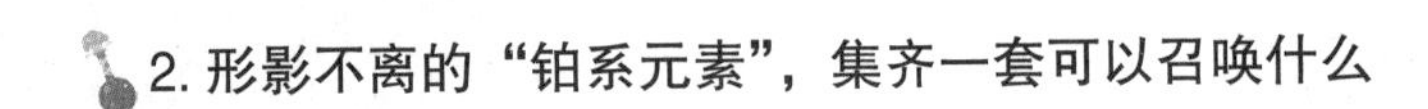

2. 形影不离的“铂系元素”，集齐一套可以召唤什么

在上一节中我们提到欧洲化学家们在南美洲发现了铂元素以后，对这种“白金”元素做了仔细的分析，发现了它的各种优点，唯一的缺点在于它的柔韧性很差，因此在锻造的时候很难加工。迫使当时的化学家们只能先将“白金”和金一起溶解于王水，提炼出合金，因为这样才易于加工。

这真是一个天大的误会，其实纯铂的柔韧性也很好，在那个时代，化学家手上的“铂”之所以那么脆，是因为里面还有几种未知元素呢。

由于铂的化学稳定性超强，一般只有王水才能将它溶解。之前我们提到英国化学家沃拉斯顿发现元素钯和铑，就是从铂溶于王水的溶液里找到的。在沃拉斯顿之前，就有科学家发现，天然的铂不能完全溶于王水，总有一些黑色的残渣沉积下来，有人提出这可能是石墨，但没有人继续研究分析。

图片为美国 2006 年发行的纯度为 99.95% 的铂金纪念币。在 21 世纪的今天，铂金的铸造工艺非常成熟！

科学的漫长道路上，总是需要有人去研究冷门的，英国化学家坦南特就是其中一个，他非得把这些不溶于王水的铂渣研究清楚。在 1803 年的一次实

【参考答案】1. D　2. ACD　3. 略

英国化学家坦南特——铱和锇的发现者

验时，他加热这些黑色粉末，竟然出现一种浅黄色物质，其很容易挥发，且发出一股让人难以接受的臭味。他一时半会没有头绪，准备过段时间继续研究。

可是时间不等人啊，法国化学家们已经开始对铂渣研究并发表了两篇论文。第一篇论文来自大科学家德斯科蒂，他发现铂渣在王水中放较长时间会有部分溶解，向这种溶液中添加氯化铵后会得到红色沉淀。另一篇论文来自沃克兰，他也发现了铂渣中易挥发的臭气味物质。可惜的是两位法国科学家没有足够的铂矿，无法继续进一步实验。

坦南特这才紧张起来，他吸取了法国人的经验，搜集了较多的铂渣，经过反复实验，积累了十足的证据，于 1804 年春天向英国皇家学会写了一份报告，提出黑色铂渣中存在两种元素。第一种元素的氧化物的水合物从溶液中析出的时候呈现出不同的颜色，有青色、紫色、深蓝色、黑色等。因此将它命名为“Irdium”，来自古希腊神话中的彩虹女神伊尼斯（Iris），译为中文是“铱”。

另一种元素来自那种带臭味的物质，起初他用希腊文中“易挥发，有翅膀能飞的”（ptenos）来命名它为“Ptenium”。后来可能是因为它的臭味更加明显，所以改成“Osmium”，来自希腊文“臭味”（osme），译为中文是“锇”。那种易挥发的黄色物质是四氧化锇，熔点只有 41 ℃，极易挥发，带着让人不舒服的臭味。四氧化锇的蒸气对人眼伤害极大，一定要小心！

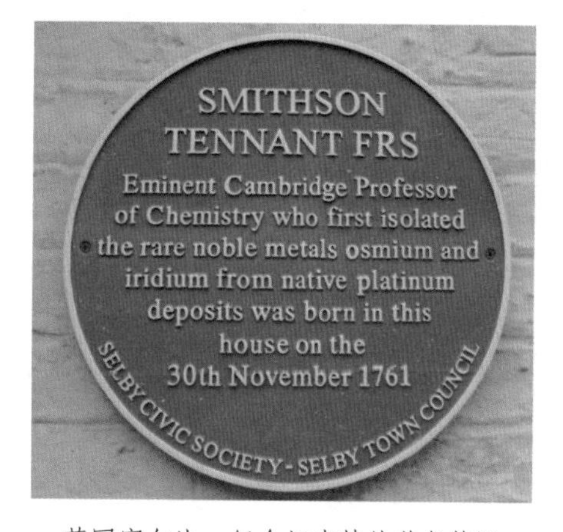

英国塞尔比，纪念坦南特的蓝色牌匾

坦南特一下子就发现了两种新元素，仅仅是因为他手上的铂渣足够多吗？

就这样，原本大家以为是元素的“白金”——铂里面竟然含有这么多元素，除了之前发现的铑和钯，现在又找出了铱和锇。原来纯铂的韧性也很好，只是因为其中含有铱和锇等其他元素才让它变脆。

稍晚点又找到了“俄罗斯元素”——钌，到此为止，亮闪闪的“白金”里的 6

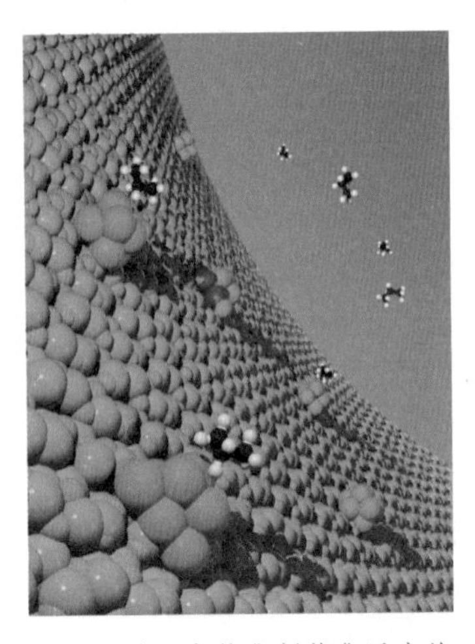

铂系元素催化剂催化反应的机理比较类似，主要是吸附气体的能力较强。

种元素都被发现了，它们性质极为相似，组成了一个大家庭——“铂系元素”，也叫作“贵金属元素”。

它们都极其耐腐蚀，很难被氧化，化学性质非常稳定，再加上它们出厂自带的高颜值——白色闪亮的外表（锇除外），因此奢侈品里少不了它们的身影。另一方面，它们都和铂类似，吸附气体的能力特别强，都是催化剂的理想材料。但是它们大多数时候都抱团在一起，几乎形影不离，还经常和金、铅等元素混在一起，因此将它们逐一分离出来是一个令人头疼的问题。可是不要小看化学家们的智慧，现在铂系元素的提取工艺已经相当成熟：

第一步，用王水溶解，得到含钯、金和铂的溶液，剩下 4 种铂系元素，其中夹杂着铅和银。

第二步，向含钯、金和铂的溶液中加硫酸亚铁溶液沉淀出金。

第三步，向溶液中加入氯化铵，铂元素以氯铂酸铵的形式析出，煅烧氯铂酸铵可得含铂 99.5% 以上的海绵铂。向含钯的滤液中加入过量氨水，然后用盐酸酸化，沉淀出二氯二氨络亚钯，再在氢气中加热煅烧可得纯度达 99.7% 以上的海绵钯。

第四步，将含另 4 种铂系元素的滤渣与碳酸钠、硼砂、密陀僧（PbO）和焦炭共熔，得“贵铅”——铅和贵金属的混合物。再用硝酸溶解掉银，这样得到含较纯的 4 种铂系元素（铑、钌、锇、铱）的残渣。

第五步，将残渣与硫酸氢钠共熔后用水浸提，铑转化为可溶性的硫酸盐，被提取出来。

第六步，剩余的残渣与过氧化钠共熔后用水浸提，得到钌酸钠和锇酸钠。通入 Cl_2 并加热得到挥发性的四氧化锇和四氧化钌。四氧化钌收集在 HCl 中然后加热得到氯酸钌溶液。加入氯化铵，氯钌酸铵沉淀下来。用还原剂分别将四氧化锇和氯钌酸铵还原可以得到钌和锇。

第七步，再将残渣与过氧化钠一起共热到 750~800 ℃，铱这种最难啃的骨头终于变成了可溶物，将这种可溶物溶于盐酸，再加入氯化铵，得到粗氯铱酸铵沉淀，在氢气中煅烧后可得铱粉。

化学家们只有仔细分析研究化学元素的方方面面，才能利用它们极其微小的性能差别，将它们分离出来。可以想象，这里又沉淀了多少化学工作者的心血！

对我们现代人来说，与其将他们的心血戴在手上来满足我们的虚荣心，将铂系元素价格炒高，不如让这些“贵金属”的价格更加亲民，使其作为化学工业的催化剂，加快社会的发展！

1. 发现铱和锇元素的是

A. 沃克兰　　B. 坦南特　　C. 德斯科蒂　　D. 拉瓦锡

2. （多选）铂系元素的特性有

A. 耐腐蚀　　B. 金属光泽

C. 吸附气体　　D. 化学性质活泼

3. 铱星计划

锇是一种蓝灰色的金属，它堪称最重的金属，没有之一，密度达到 22.59 g/cm^3。常温下，块状金属锇在空气中十分稳定，但粉末状的锇极易被氧化成二氧化锇，二氧化锇受热后会生成易挥发且有毒的四氧化锇。四氧化锇的毒性极大地限制了锇的应用，所以，虽然它属于贵金属，却很少被做成奢侈品。正因如此，锇要么用于制作合金，要么用作催化剂，这都是贵金属的老本行。

较纯净的锇金属

前面的篇章里已经提到，许多分子式相同的有机物由于空间构型的不同而具有两种形态，互为镜像，化学家将这两种形态形象地比喻成人的左手和右手，这就是“手性分子”的来历。

手性分子所具有的两种形态，在毒性等方面往往存在很大差别，比如我们提到的反式脂肪酸，它和顺式脂肪酸相比更难被人体消化。这毕竟只是人体的累赘，对人体无毒害，可是要知道，许多药物中常常含有手性分子，它们的两种镜像形态之间的差别则会关系到人的生与死！比如某化学成分的“左手”是良药，“右手”则

【参考答案】1. B　2. ABC

是致命毒剂，然而它们却是同时被合成出来的，化学性质极其相似，很难分离，这让药物学家非常头疼！

美国化学家夏普莱斯使用了四氧化锇作催化剂，尽管前面我们提到四氧化锇有很强的毒性，但在这里却非常有效，它可以促使烯烃的不对称环氧化反应得以实现。后来他又将类似的原理拓展到不对称双羟基化反应，目前这两种反应是世界上药物合成中应用最为广泛的化学反应。夏普莱斯的发现为一大批药物的合成提供了强大的理论支持！

夏普莱斯后来发现，使用高锰酸钾也有不错的催化效果，但毕竟产率有限，对于一些要求特别高的药物，还得使用四氧化锇。

2001 年 10 月 10 日，瑞典皇家科学院宣布，将 2001 年诺贝尔化学奖奖金的一半授予美国化学家夏普莱斯，以表彰他在手性催化氧化反应领域所取得的成就。

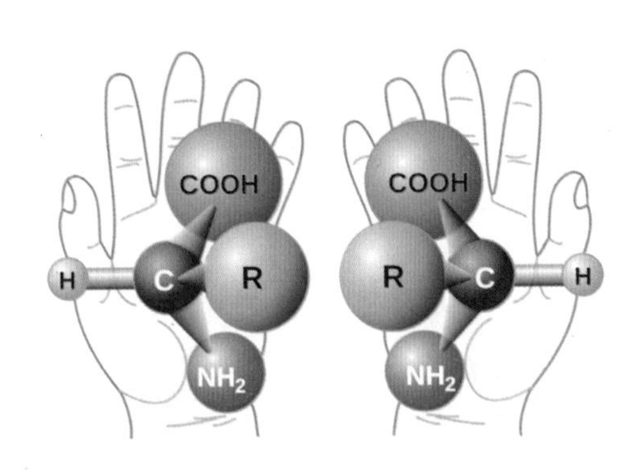

一种氨基酸，由于围绕中心碳原子的四个基团在空间排布的不同，表现出两种不同的性质，这就是“手性”。

夏普莱斯在接受诺贝尔化学奖颁奖。

铱是一种银白色的金属，微微带了一点亮黄色，它的密度只比锇低一点，达到 22.56 g/cm^3，是密度第二大的金属。

我们知道即使是金、铂，也抵御不了王水的侵蚀，而铱可是在铂矿石溶于王水的残渣中发现的，自带金刚不坏之光环，因此堪称最耐腐蚀的金属之一。

前面我们提到，曾经标定长度单位的元素是氪，而比氪更早为长度单位服务的元素则是铱和铂，从 1889 年开始，一根用 90% 铂和 10% 铱的合金制造的“国际米原器”被用作长度单位——米的标准，一直到 1960 年，

希腊女神伊里斯，人们以她的名字来命名元素铱。

它才被氪 86 的橙色光波长所取代。

而另一个用 90% 铂和 10% 铱的合金制造的圆柱一直到现在还担任着“国际千克原器”的重任，它存放在法国巴黎国际度量衡局，这是仅存的用来标定国际单位制的人工制品。近年来，一些科学家认为，是时候引入新的质量单位标准了，2018 年 11 月的一次国际计量大会上，确定了用基于普朗克常数的数值来取代铂铱合金作为质量单位“千克”的标准。从 2019 年开始，铂铱合金就将完成它的历史使命，将交接棒传递给宇宙普适的物理常数。

铱和锇都极其耐磨，因此铱和锇做成的合金是非常好的耐磨材料。远的不说，就说我们手头的钢笔，如果你仔细看它的笔尖，会看到有一个非常小的银白色颗粒，当你用钢笔在纸上画一下，笔尖弯曲，中间那条缝裂开，墨水就沿着这条“小溪”流到纸上。钢笔笔尖上的铱锇合金就像一道河堤，天天忍受着墨水的冲刷，却一点都不被它们腐蚀。

一般的钢笔笔头使用不锈钢材质，笔尖的材质是铱锇合金。而所谓金笔是用含金、银的合金做成的笔头，笔尖镶嵌着铱锇合金。这样看来，金笔更重要的功能是“虚荣”，因为铱锇合金的耐腐蚀能力太强大了，怎么着也用不着笔头上的材质。

用铂铱合金做的“国际千克原器”

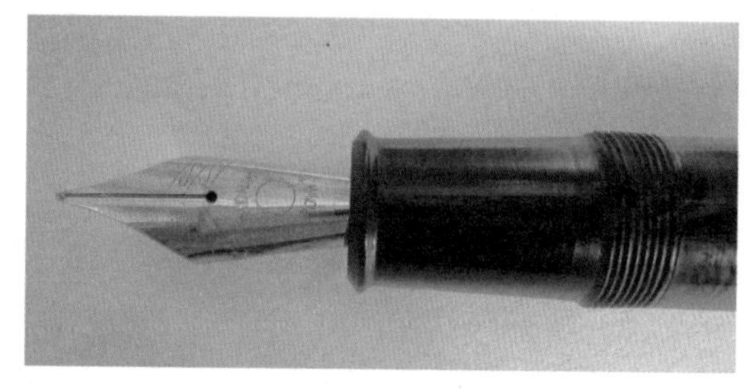

著名钢笔品牌 Fountain，笔头上写了“Iridium Point”，意为铱笔尖。

1987 年，美国摩托罗拉公司设计了一个卫星通信系统，它由 7 条卫星运行轨道组成，每条轨道上均匀分布 11 颗卫星。这样，在地球上的任何时间、任何地点的人都可以通过卫星联络在地球的任何地方的其他人。由于这 77 颗卫星就像铱原子核外的 77 个电子围绕铱原子核运转一样，这个计划被称为“铱星计划”！

后来经过计算，设置 6 条轨道就能够满足要求，因此，“铱星计划”的卫星总数被减少到 66 颗，但仍习惯称为“铱星移动通信系统”。所以，铱星计划跟铱元素半点关系都没有，千万不要以为发射上去的卫星都是用昂贵的铱金属做成的。

1997—1998 年，新成立的铱星公司开始发射一枚又一枚“铱星”，似乎等待我们的是一个星光灿烂的时代！没想到，仅仅两年之后，铱星公司就因背上了 40 多亿美元的债务而正式破产，66 颗“铱星”原来只是一颗颗“流星”。

铱星事件带给人们很多思考，铱星计划堪称人类历史上的一次伟大工程，但高技术带来的高风险即使在摩托罗拉这种跨国巨人面前也显得如此残酷无情，脱离了市场的高科技竟然沦为华而不实的废铜烂铁。

所幸，2001 年以后，铱星公司得到注资，加上“9 · 11”事件后，美国军方开始高度重视此项目并大力支持，铱星公司又复活了。到了 2008 年，铱星公司用户总数达到了 32.5 万人，而到了 2016 年底，用户总数更是达到了 85 万人。

高科技总是如同走钢丝，2009 年 2 月，一颗“铱星”撞上了俄罗斯报废的间谍卫星，产生了很多危险的太空垃圾，这让人们又开始怀疑起“铱星”的前景。人类的发展就是这样，有进步和突破也有反复和曲折，但如果认清了目标，我们就要坚持下去！

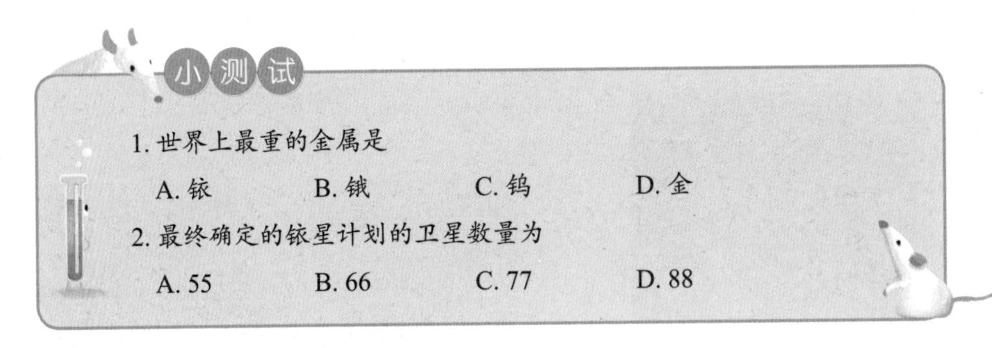
小测试

1. 世界上最重的金属是

A. 铱　　B. 锇　　C. 钨　　D. 金

2. 最终确定的铱星计划的卫星数量为

A. 55　　B. 66　　C. 77　　D. 88

【参考答案】1. B　2. B

第六十章 金（Au）

金（Au）：原子序数为79，是一种广受欢迎的贵金属，一直都被用作货币、保值物及饰品。金延展性极佳，是热和电的良导体，其化学性质也十分稳定。金在电子技术、通信技术、宇航技术、化工技术、医疗技术等方面均有应用。

1. 宇宙中的黄金制造工厂

2017 年 10 月 16 日，包括南京紫金山天文台在内的全球多家天文观测机构同时预告，当晚将有重大新闻透露。一时间引起全球科学爱好者的大猜想："宜居星球？发现外星人？"

等到当天晚上科学家们宣布，人类第一次直接探测到来自双中子星合并的引力波，并同时"看到"这一壮观宇宙事件发出的电磁信号时，少数资深科学迷沸腾了！但更多的科学爱好者还是不明就里，引力波不是 2016 年初就被激光干涉仪引力波天文台（LIGO）发现了吗？这次双中子星合并有什么特别可称道的呢？

爱因斯坦的广义相对论颠覆了人类的认知，从提出之日起就一直争议不断。但随着科学家们发现光谱线的引力红移，以及爱丁顿那次著名的日食观测发现的引力场使光线偏转，终于让广义相对论的思想深入人心。可是仍有人心存一点质疑，广义相对论预言的引力波在哪里呢？怎么一直没有被发现呢？

广义相对论告诉我们，物质的引力会造成周围空间的弯曲，好比在一张平面的膜上放一个苹果，如果这个"苹果"在时空中做加速运动，引力场变化造成的空间波动就是引力波。但是，在四种基本作用力中，引力是最弱的。即使是宇宙深处质量最大的黑洞荡起的引力波的涟漪，其传播到地球上对物体的影响也是微乎其微的。

2016 年 2 月 11 日，LIGO 科学合作组织宣布，他们首次直接探测到引力波和首次观测到双黑洞碰撞与合并。1916 年爱因斯坦提出广义相对论整整 100 年后，伟大理论的最后一块拼图终于被填补！

正因如此，2017年诺贝尔物理学奖被授予3名美国科学家雷纳·韦斯、巴里·巴里什和基普·索恩，以表彰他们“在LIGO探测器和引力波观测方面做出的决定性贡献”。

雷纳·韦斯　　巴里·巴里什　　基普·索恩

2017年诺贝尔物理学奖的3位获得者

激光干涉仪引力波天文台（LIGO）

在那之后，LIGO总共发现了三起双黑洞合并事件，可惜的是，黑洞不会发光，是“黑”的，没有电磁波辐射。我们虽然可以用LIGO“听”到黑洞的“鸣叫”，却无法用光学望远镜或射电望远镜“看”到它们的真身，这实在是个遗憾。

而这次，由于中子星毕竟不是黑洞，还会发出电磁波。所以，全球的天文学家不仅用LIGO“听”到了它们合并时的“巨响”，还能“看”到这起事件的“余晖”。引力波源的位置有了光学对应体，新发现的引力波和传统的天文学第一次成功并肩作战，人类在宇宙中终于“耳聪目明”，一个崭新的“多信使天文学时代”终于来临！

有人可能还要问：好吧，双中子星也好，“耳聪目明”也好，跟地球上的我们有什么关系吗？

嗯，还真的是有点关系的！之前我们提到，恒星内的聚变只能产生比铁原子序数（26）小的元素，比铁“重”的元素一般来自超大恒星的“超新星爆发”。如果宇宙是空荡荡的，每颗恒星相对独立，“重”元素似乎只有这么一条“生”路。但观测的结果表明，宇宙中的“重”元素远远比这种理论预测的要多，看来“重”元素的产生还有其他的机制。

原来，宇宙空间远比我们想象的要拥挤，尤其是星系中心，那里就像各种恒星的“赛车场”，各种各样的恒星在那里演化、运动、高速旋转，经常会发生“交通事故”，双中子星合并就是其中的一种。

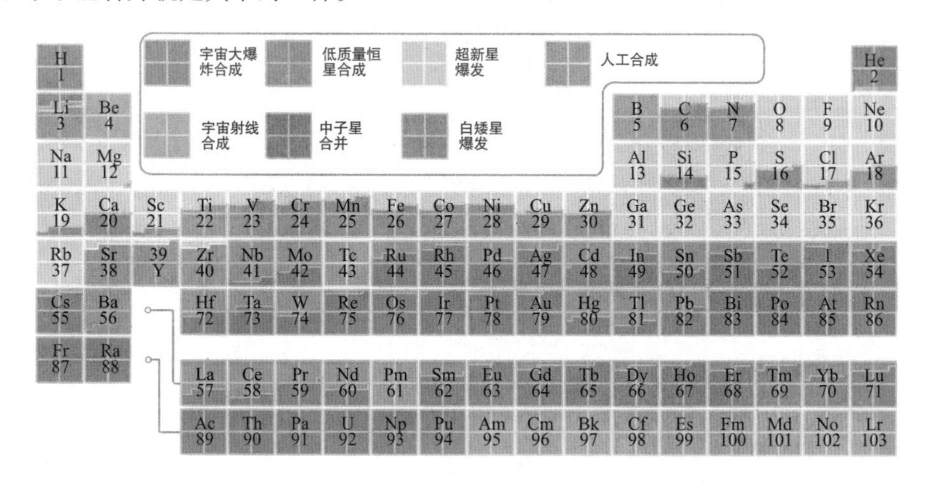

现在修正后的理论认为的元素产生机制，紫色区域的元素为双中子星合并产生的。

超大恒星发展到最后，巨大的压力让原子中的电子简并压力也承受不住，电子被压入原子核，和质子结合变成中子。整个星体仅仅由中子组成，这就是中子星。可以说，中子星就是一枚巨大的原子核，奇怪的是这个原子核里没有质子，只有中子，所以它跟任何化学元素都不相关，也许可以称它为“零号元素”。

当两颗中子星发生合并时，两者彼此围绕互相旋转，距离越来越近，速度越来越快，两者在对方引力作用下发生了明显的变形。相接触的瞬间，两颗中子星整体瓦解，大部分物质融合在一起成了新的天体，要么是大质量中子星，要么是黑洞，还有不少物质在解体过程中抛向空间。这些小的“中子颗粒”就好像从石榴里掉落的石榴籽，在石榴“肚子”里的时候，它们非常安稳、保持稳定，而一旦破肚而出，则变得十分“活跃”，它们立刻发生 β 衰变，变成质子，并释放出大量的 γ 射线和中微子辐射。这就是双中子星合并时发出的“γ 射线爆”！这一过程的光度可达一般新星事件的千倍，所以这个现象被命名为“千新星”。

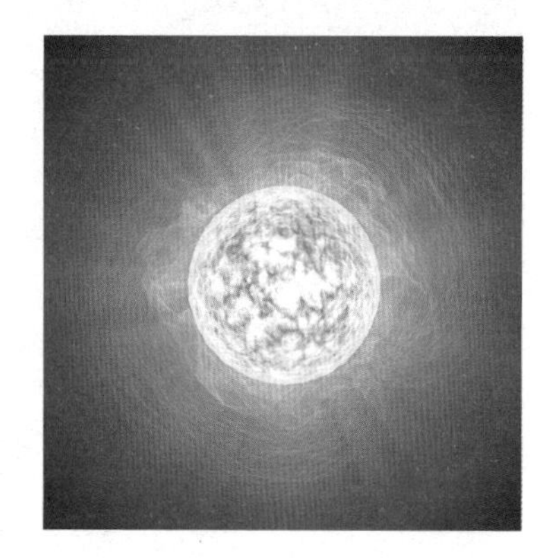

中子星的想象图，一些中子星往往带有很强的磁场，也称“磁星”！

“千新星”已经不是第一次被看到了，这次事件结合了引力波和电磁波的观测，让科学界确认了“千新星”的发生机理，就是双中子星合并。

而“千新星”的产物就是那些“石榴籽”衰变后的原子核，不同大小的“中子颗粒”不断衰变、解体，经过漫长的时间，等到它们“冷却”下来，最终就形成了各种较稳定的“重”元素同位素。科学家们统计，元素原子序数超过 75 号元素（铼）的大部分“重”元素都来自双中子星合并，人类最推崇的 79 号元素（金）也不例外。

在这之前，主流理论认为金光闪闪的黄金来自超新星爆炸，现在我们终于认识到，宇宙中真正的黄金制造厂其实是双中子星合并。据估计，2017 年 10 月 16 日观测到的这起事件中，总共产生了相当于 300 个地球质量的金，在宇宙尺度上，黄金价格该下跌啦！

1. 目前的理论认为，宇宙中最主要的黄金制造厂是

A. 纽约商品交易所　　B. 超新星爆炸

C. 双中子星合并　　D. 黑洞

2.（多选）下列发现中，支持了广义相对论的是

A. 引力红移　　B. 迈克尔逊－莫雷实验

C. 引力场使光线偏转　　D. 引力波

2. 黄金背后的科学（一）

数学之神阿基米德

公元前 3 世纪，在地中海西西里岛的叙拉古城邦，生活着一位古怪的智者，有人这样描述他：“他总是忘记了吃饭，甚至忘记了他自己的存在。有时，人们会强制他洗浴或敷油，他都浑然不知，他会在火烧过的灰烬中，甚至在身上涂的油膏里寻找几何图形，完全进入了一种忘我的境界，更确切地说，他已经如痴如醉地沉浸在对科学的热爱之中。”他还曾经发出“给我一个支点，我可以撬起地球”的豪言壮语。

【参考答案】1. C　2. ACD

你一定猜到了，他就是数学之神、全能科学家——阿基米德！

话说当时，叙拉古城邦的国王是耶罗二世，随着政权的巩固，他命工匠用黄金给自己打造了一顶王冠。工匠呈上之后，却有人举报工匠掺假。国王重新称量了王冠，重量虽和原来的金块一样，但国王总觉得有点不对劲，因为之前确实有一些黑心工匠往黄金里掺银子，于是他叫来御用工程师阿基米德，让阿基米德帮助解决这一难题。

阿基米德回家以后，冥思苦想。银子比黄金要轻，如果工匠真掺了银子，体积应该比之前要大。但这个王冠形状复杂，这可如何测量体积啊？如果把王冠熔掉重新铸造成一块形状规则的黄金，那倒是容易测量，可是这样的话国王非杀了阿基米德不可。

好几天过去了，阿基米德仍然百思不得其解，郁闷之余，他来到浴室，想泡个澡舒坦一下。当他一屁股坐进浴缸，看到水往外溢，脑袋像是被电击了一下：将王冠放到水里，溢出的水的体积不就是王冠的体积吗？

困扰多日的问题就这么解决了！他兴奋地跳出浴缸，连衣服都没来得及穿就跑到大街上狂奔，大声叫着："找到了！找到了！"

他来到王宫，称取了和王冠同样质量的金块，将它们分别放进装满水的容器中，比较两者溢出来的水，发现放王冠的容器中溢出来的水比另一容器中溢出来的水多。证据确凿，这就说明王冠里掺了其他低密度的金属，国王大怒，下令将工匠推出去砍头。

看吧，大科学家洗了个澡，工匠就人头落地了。其实，这使阿基米德发现了浮力定律，也称阿基米德定律，是流体静力学最基础的定律。

以上当然只是一个神奇的故事，后来人们研究了阿基米德的著作《论流体》，发现他更可能是这样做的：先称取和王冠同样质量的黄金，再将两者分别浸入同样盛满水的容器中称量，两者密度的不同使溢出水的质量不同，从而会让天平倾斜。

从这个故事我们还可以看出，在发现钨和铂系元素之前，金一直是最重的金属，那金光闪闪而又沉甸甸的金子落在手心，当作货币用起来就是放心。

在历史上，由于对财富的贪婪，用来冒充黄金的物质不少，最常见的是黄铜（铜锌合金）和黄铁矿，两者的密度都比黄金的密度小不少。黄铁矿还很脆，一锤下去就成粉末，被称为"愚人金"，应该相当容易鉴别。但历史上还真的有这样愚蠢的人上当受骗，最有名的莫过于17世纪初的英国船长约翰·史密斯，他远渡重洋探索新大陆弗吉尼亚的奇克哈默尼河，整了一船黄澄澄的战利品运回伦敦，最后伦敦方面经过化验，告诉船长："恭喜你，运回了一船的黄铁矿！"

约翰·史密斯船长和他绘制的弗吉尼亚地图

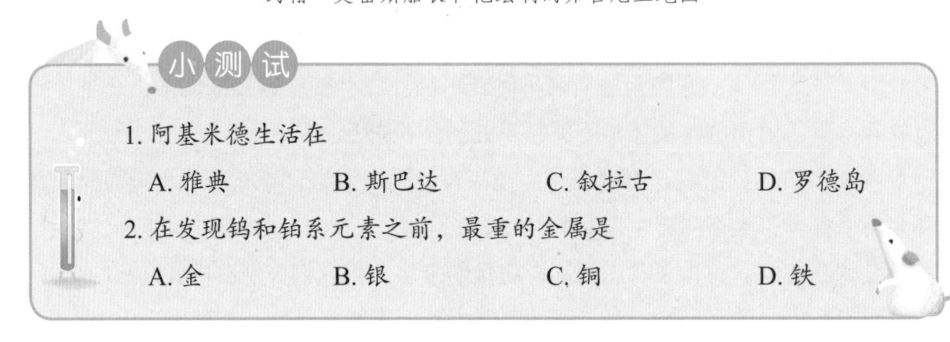

小测试

1. 阿基米德生活在

A. 雅典　　B. 斯巴达　　C. 叙拉古　　D. 罗德岛

2. 在发现钨和铂系元素之前，最重的金属是

A. 金　　B. 银　　C. 铜　　D. 铁

3. 黄金背后的科学（二）

卢瑟福的雕像，位于卢瑟福老家——新西兰。

1871 年，一个叫卢瑟福的小男孩出生在新西兰的一个农场主家庭，他一边帮助家里耕作，一边努力学习，终于在 24 岁那年拿到英国剑桥大学的 offer。当他接到通知书，他扔掉手中挖土豆的锄头，大喊道："这是我挖的最后一个土豆！"

他来到剑桥，进入卡文迪许实验室，跟从约瑟夫·汤姆逊研究无线电。第二年他就成功实现了距离约 1 千米的电磁波信息传送，当他将自己粗略的报告带到 1896 年英国科学协会年会时，却发现已经有人做了很详细的报告，那个人名叫马可尼。

【参考答案】1. C　2. A

后来卢瑟福来到加拿大麦吉尔大学，在那里他发现了有放射性的氡元素。当时恰逢19、20世纪之交，一大批神奇的新发现让当时的科学界难以消化。他和索迪（1921年诺贝尔化学奖得主，同位素那篇我们提到过）一起率先提出了“原子蜕变理论”：所谓放射性就是一种原子自发地变成另一种原子。这一下子引起了轩然大波，根据道尔顿的现代原子理论，原子是组成世界的最小单元，是不可以分割的。偌大的元素周期表里，每一种元素都老老实实待在自己的格子里，现在你要告诉我们，元素并没有那么老实，竟然会经常“跳格子”，很多人一下子接受不了。当然事后证明，卢瑟福是对的，他因此获得了1908年诺贝尔化学奖。后来他开玩笑说：“我一个搞物理的怎么就得了个化学奖呢？这是我一生中绝妙的一次玩笑！”

卢瑟福又将各种放射线根据通过电场偏转方向的不同分成三种：α、β 和 γ 射线，虽然后来又发现了很多种放射线，但这三种称谓一直沿用至今。

卢瑟福更为人称道的是他的“桃李满天下”，在他的助手和学生中，荣获诺贝尔奖的竟达12人之多。他后来接替约瑟夫·汤姆逊担任卡文迪许实验室主任，这座实验室被后人称为“诺贝尔奖得主的幼儿园”。著有《亚原子粒子发现史》的温伯格也在书中提到，大部分亚原子粒子都是在卡文迪许实验室被发现的。一大批物理学家在卢瑟福的率领下，帮助我们剥开原子的皮囊，深入原子内部！

卢瑟福的老师约瑟夫·汤姆逊（不是开尔文）在1897年发现了电子，几年后，汤姆逊提出了他的“梅子布丁模型”：带负电的电子好像梅子散布在带正电的原子“布丁”上。对此，科学界提不出更好的意见，没有太多异议，这里面也包括卢瑟福。

1909年，卢瑟福获诺贝尔奖一年之后，他带领两位年轻人盖革和马士登（当时还没毕业）做了一个著名的实验。他们用镭射出的 α 粒子轰击不同厚度的金箔，希望研究在不同厚度的金箔下，α 粒子的数量和偏转角的数学关系。

有人问为什么用金箔呢？因为金很软，延展性好，可锻造性特别强，容易被打造成超薄的箔片。

他们做了几次实验，得到了一些数据，都是在 α 射线方向一定角度范围内的偏转数据。正当两位年轻人准备将这些数据进行分析时，卢瑟福大boss黑着脸出现了：“No，No，No！”他认为没毕业的马士登还过于年轻，实验技能还需要被挑战和考验，因此他让马士登把每一个角度都做一下测量。马士登一边心里暗暗地骂着该死的老板，一边怒视着偷笑的盖革，只好转过身去重新布置实验仪器。

对这个实验没抱任何希望的马士登继续做着实验，几乎昏昏欲睡，突然一个数据闪过，让他睡意全无。在 α 射线的入射方向，硫化锌屏幕上竟然出现了一个亮点！

“金箔实验”仪器的复制品

这是啥情况？难道有少量 α 粒子被反射回来了？

马士登多次重复实验，这个现象确凿无疑。他叫来了盖革和卢瑟福，卢瑟福也震惊了。他事后回忆说：“这就好像你朝一张薄纸射出一枚炮弹，炮弹却弹回来打中你一样。”

他们三人一起仔细分析了所有数据，大部分的 α 粒子都穿过了金箔，几乎没有任何偏转，大约 1/8 000 的 α 粒子以超过 90° 的角度偏转。他们思考再三，决定摒弃约瑟夫·汤姆逊的“梅子布丁模型”，提出了“原子核式模型”。原子里的正电荷和几乎全部的质量分布在其中心的原子核里，带负电的电子占据了原子大部分体积，围绕着原子核高速旋转。

尽管“原子核式模型”还有缺陷，比如原子坍塌等，但那是玻尔等后来人的工作了。卢瑟福也因为这个实验得到“原子核物理学之父”的称谓，显然他当之无愧。“金箔实验”更因此而被评为“最美的物理学实验”之一。

从这个故事中我们可以看出，严谨的科学态度是科学发现的必要条件。只把科研当成一项工作的人只会如和尚撞钟一样，发明和发现会绕着他们走。而卢瑟福已经将科学精神融入自己的血液，“360° 无死角”已成为他的本能反应！不然，人类还不知道要走多少弯路，才能真正走进原子的世界。

我们还可以学到，黄金有极好的延展性能，能被加工成很薄的金箔，1 g 黄金可以被打造成约 0.5 m^2 大小的金箔。由于黄金这样的特性，各种寺院教堂里的神像都会用金箔。你想想，如果一座从里到外都是纯金的佛像该有多贵重，而使用金箔来装饰贴金，既美观又经济。现在越来越多的雕梁画栋、酒店装修、匾额楹联、工艺美术等都开始用到它。

约瑟夫·汤姆逊

卢瑟福

卢瑟福的“原子核式模型”（下）取代了汤姆逊的“梅子布丁模型”（上），因为它更符合实验。

◀日本土肥金山博物馆，用 0.5 mm 直径大小的金块打造出 0.5 m^2 大小的金箔。

▶罗马圣玛利亚大教堂的里面，顶部以金箔马赛克装饰。

随着人民生活水平的提高以及虚荣心作祟，金箔酒、金箔水、金箔糖果、金箔糕点甚至金箔大餐相继问世。

嗯嗯，金箔吃下去没有好处，也没什么坏处，但它真的是没味道。

有人可能要问："什么情况？书上不是说有吞金自杀的吗？"

其实，金的化学性质相当稳定，从化学的角度来说，纯金对人体没有任何伤害。但从物理的角度来说，金太重，会让器官坠胀难受。如果吞下的金器过于尖锐，会穿破食管、胃、肠道等器官。一时半会是死不了，如果不手术取出，会难受好几天，受尽折磨后痛苦死去。所以，吞金自杀实在是一种有钱任性而又死相难看的选择。

由于金箔食品价格不菲，却毫无营养价值，2022 年，市场监管总局等三部门联合发文，明确指出金箔银箔、金粉银粉类物质不能用于食品生产经营。

既然黄金可以被打制成金箔，当然也可以被拉拔成金线。在西汉时期，一些穷奢极欲的王公贵族相信"玉能寒尸"，死后要穿上"金缕玉衣"，方可下葬。刘备的老祖先——中山靖王刘胜的墓里，就出土了这么一件金缕玉衣，它全长 1.88 m，由 2 498 块玉片组成，用金线穿制连接在一起，这些金线总重 1 100 g。

刘胜的金缕玉衣

后来魏文帝曹丕下令禁用玉衣，这种奢侈的殡葬方式才得以杜绝。

1. 卢瑟福获得了

A. 诺贝尔物理学奖　　B. 诺贝尔化学奖

C. 诺贝尔生理学或医学奖　　D. 诺贝尔和平奖

2.（多选）你认为卢瑟福团队提出原子核式模型是因为

A. 严谨的科学态度　　B. 细致的工作习惯

C. 严酷的管理模式　　D. 有钱任性

4. 黄金背后的科学（三）

1918 年 11 月 11 日，德国宣布投降，历经 4 年多的第一次世界大战终于硝烟散尽。1919 年 6 月 28 日，德国新外长赫尔曼·穆勒受传唤到巴黎凡尔赛宫签字，他仔细端详这份《凡尔赛和约》，不禁喃喃自语："太苛刻了吧，似乎有违美国总统威尔逊先生早前提出的 14 点和平建议！"结果等到的却是法国总理克列孟梭冷冰冰的回答："这是最后通牒，不签字你们德国人就等着吃枪子吧！"年轻的德国外长只能用他那不停颤抖的右手在和约上签下了自己的名字，然后努力挺直胸膛，慢慢用通红的双眼巡视房间里的每一个人，并用那已不成调的语气说道："先生们，一个 7 000 万人的民族虽然灾难深重，但并没有灭亡。"

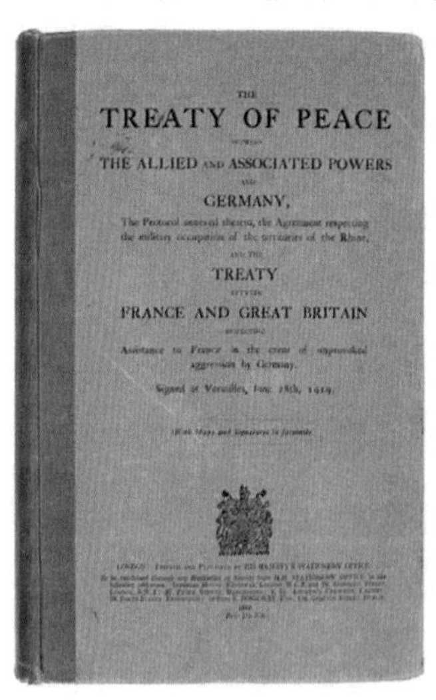

这是和约还是 20 年休战书？

根据《凡尔赛和约》，德国损失了 10% 的领土、12.5% 的人口、所有的海外殖民地，除此之外德国还要赔偿 2 260 亿马克。最绝的是战胜国们考虑到德国马克一定会贬值，因此要求这笔战争赔款必须以黄金的形式支付。根据当时的金价，这一赔款能折合 5 万吨黄金！也难怪法国的福煦元帅得知《凡尔赛和约》之后哀叹："这不是和平，这只是 20 年

【**参考答案**】1. B　2. 略

休战！”后来果然不幸被他言中。

“真的勇士，敢于直面惨淡的人生，敢于正视淋漓的鲜血。”面对压力他们不会消极逃避，更不会因此而消沉下去，他们只会更加奋然前行，不计较身败名裂。

德国首席化学家哈伯当仁不让地跳了出来，他想到十几年前瑞典大牛阿伦尼乌斯估计过，海水中有80亿吨黄金，于是萌发了一个大胆的、奇异的想法：从海水中提取黄金，以支付战争赔款。

他找来9份文献，其中提到的数字虽不同，但是每吨海水可以提取5~19 mg黄金，这个数字已经足够让哈伯欣喜了，因为这意味着海洋里的黄金数量在百亿吨级。1920年，他向德国政府写报告，制定了详细的提取方案，起名“M”计划。德国政府一方面本着对哈伯一贯的信任，另一方面估计也是病急乱投医，批准了“M”计划并给哈伯拨了不少经费，还派了一艘“流星号”海洋调查船供他使用。

“M”计划中，哈伯和同事们在一起。

1923年哈伯和4位科学家满怀希望地乘坐“流星号”，横跨北大西洋和南大西洋采集试样。回到实验室，分析的结果让他们大吃一惊，海水中黄金的含量只有文献资料上的千分之一左右，迷信文献害死人啊！

一心为国的哈伯还不死心，他想，黄金可能会富集在大海的某些区域，他的努力开创了海洋化学，海洋化学最早是研究海水中金的深度分布及其与浮游生物分布的关系。但是所有的结果都让他失望，最终，他只能依依不舍地放弃这个项目。

哈伯乘坐的“流星号”

哈伯虽然失败了，但人类从来没有放弃利用海水提金的理想。大海里有数百万吨的黄金，如果人类有能力将这些黄金全部提炼出来，每人可以分到将近 1 kg 的黄金，这是多么庞大的宝库啊！

科学家们一直在努力，世界上现在已有 50 多个利用海水提金的专利，遗憾的是，它们都安静地躺在专利局，还没有人购买。1934 年，美国陶氏化学曾经在卡罗来纳提溴工厂做过工业化实验，成功地在 12 吨海水里提取出 0.09 mg 的黄金，价值才 0.000 1 美元，这样的投入、产出严重不成正比，最终只能放弃。

可能有人早就提出疑问，金的化学性质不是相当稳定吗，怎么会溶于海水呢？

世界上没有完全不溶的东西，金微量溶于海水当然没错，而金的化学性质也确实稳定，很少有物质能攻破它的不败“金”身。“很少”并不意味着没有，比如最有名的“王水”！

王水是一种橙黄色的液体，由三份盐酸和一份硝酸组成（盐酸和硝酸的体积比是 3∶1）。这两种酸真可算得上是“天作之合”，其中硝酸利用其强氧化性将金氧化成正三价金离子，而盐酸提供的氯离子能和金离子形成四氯合金离子。如果将盐酸换成氢氟酸，氢氟酸无法完全电离，换成氢溴酸、氢碘酸会因其还原性太强而无法稳定存在；硝酸的氧化性恰好适中，如果换成氧化性更强的酸则有可能将氯离子也氧化掉。

由于王水的这种特性，很早之前它就被用于黄金制品的精炼、蚀刻。比如要得到 99.999% 以上的纯金，就得用王水。

金器保养时一般先用火烧除油，然后将烧热的黄金放入盐酸中清洗，但有些不法的商贩将盐酸偷换成王水，窃取顾客的黄金，所以如果你家里有一件祖传的金饰，保养前后一定要仔细称重，谨防被偷窃。

电影《黄金大劫案》里面，主角拉了一油罐车的王水去溶掉日本人的黄金，这实在是一个伪科学的情节，姑且不说油罐车会先被溶解，就是王水本身也很不稳定，会释放出大量氯气，不用等影片中那惊心动魄的枪战，周围的人早就会被氯气毒死。所以在现实中，极易变质的王水必须现配现用。

刚刚配制好的王水

二战期间，德国纳粹政府逮

捕了激进分子、1935 年诺贝尔和平奖得主奥西埃茨基，开始抵制诺贝尔奖，并宣布要没收劳厄（1914 年诺贝尔物理学奖）和弗兰克（1925 年诺贝尔物理学奖）的诺贝尔奖牌。两位科学家只好来到哥本哈根找到玻尔，请求玻尔大师帮忙保管他们的奖牌。1940 年，德国入侵丹麦，玻尔实验室里的奖牌眼看即将不保，玻尔紧张得不得了，唯恐失信于朋友。这时候，跟玻尔同在实验室的赫维西（铪元素的发现者）提出了一个好办法——将奖牌溶于王水。玻尔将溶有奖牌的王水溶液和一百多个瓶子放在实验室架子上，过来搜查的纳粹士兵果然没有发现。

两位得到王水“庇护”的诺贝尔奖获得者——劳厄（右）和弗兰克（左）

二战结束后，溶液里的黄金被还原出来，送到斯德哥尔摩重新铸造，于 1949 年完璧归赵。这个故事成为科学史上的一段佳话，在战火的对比下，凶猛的王水也可以这么温情。

1. 你认为哈伯失败的原因是

A. 迷信文献　　B.20 世纪初化学分析技术落后

C. 德国政府无力支持　　D. 爱国心切

2.（多选）二战中，王水保护了两位科学家的诺贝尔奖牌，这两位科学家是

A. 玻尔　　B. 劳厄　　C. 弗兰克　　D. 赫维西

【参考答案】 1. 略　2. BC

5. 黄金为什么是金黄色

说了很多黄金背后的科学，黄金表面的科学还没说呢，比如：黄金为什么是金黄色的？

你可能会想："这个问题应该不难吧，我读书少，也参加过高考，虽然它不考。但科学史上应该很早就能解释了吧？高中生也可以理解吧？"

你太幼稚了！黄金那美丽而吸引人的颜色一直到 20 世纪 70 年代才得到合理的解释。

一直以来，在大多数人的脑海里都有着这样的认知：量子力学的神秘存在于微观世界，而相对论的神奇效应需要在宇宙尺度或者亚光速的情形下才能得到体现。

在玻尔的氢原子模型里，氢核的核电荷数较小，根据公式计算，1s 轨道上的电子绕核旋转的速度大约为 2 000 km/s，远远低于光速，确实无须考虑相对论效应。

而在"重"元素的原子内，由于核电荷数很大，内层电子受到原子核强烈的电磁力吸引，必须加速到接近光速才能留在它的轨道上，例如：金原子里，1s 轨道上的电子的运动速度达到了光速的 65%。在如此高的速度下，电子的质量将由于非常明显的相对论效应而增大，因而引起电子轨道收缩，更加靠近原子核。这又导致较外层的 6s 轨道也发生收缩，就这样，金的 6s 轨道更加靠近内侧的 5d 轨道，两者之间的能带间隙仅有 1.9 eV。

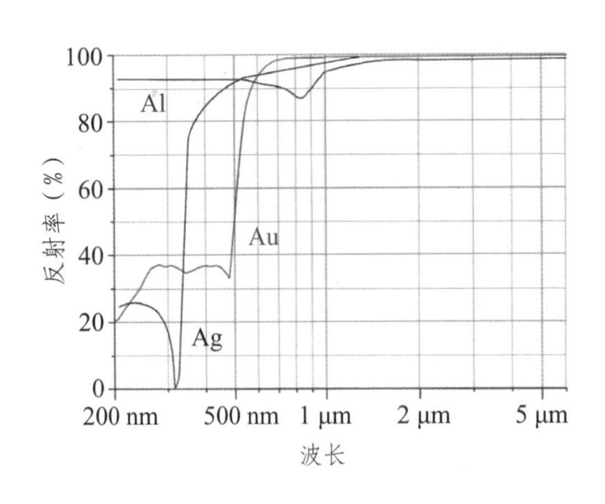

将金（Au）和银（Ag）、铝（Al）在一起做反射曲线的对比，可以看到，对于 500 nm 以下的蓝紫色光，金反射较少。而铝和银几乎反射所有的可见光，因而体现出银白色。

这个数字意味着什么呢？我们可以用金的"弟弟"——上一周期的银做对比，银的 4d 轨道和 5s 轨道之间的能带间隙高达 4.8 eV。

我们能看到的可见光仅仅是电磁波谱里的一小部分，波长分布在 380~780 nm。如果我们看到的物质吸收所有的可见光，那我们将看到它表现出黑色；如果它吸收掉一部分可见光，那我们将看到它的互补色；而如果一种金属不吸收可见光而是吸收红外线或者紫外线，由于金属中充满了自由电子，它将发射出金属的银白色。

好了，通过计算，银的 4d 和 5s 轨道之间的能带间隙——4.8 eV 对应于紫外区域的光线，而金的 5d 和 6s 轨道之间的能带间隙——1.9 eV 恰好对应于可见光中的蓝色区域，蓝色的互补色是黄色，所以金体现出亮闪闪的黄色。

经过了一系列相对论和量子力学的解说，学过高中物理的你终于懂了吧？

铜、银、金“三兄弟”的最外层都只有一个电子，这个电子非常容易成为金属晶体中的自由电子，这让它们都具有很强的导电性。在 1 cm^3 的金块里，竟然有 5.91×10^{22} 个自由电子。和它的两位“小弟”铜、银相比，金的最外层电子受相对论效应影响较大，没有那么活跃。因此它的导电性比两位“小弟”的导电性还要弱一点。

但铜和银毕竟不耐腐蚀，在一些高精尖的领域里，耐腐蚀的金担负起了导电的重任。比如，曼哈顿计划中，导电传输材料就用了很多黄金。在我们身边的电脑、手机里，也有金的身影。每台 iPhone 里大约含有 50 mg 金，每年全球有价值 5 亿美金的黄金用于手机的生产。

我说的可不是这土豪金表面的金有 50 mg，我说的是手机里的黄金导电传输材料有 50 mg。

也不要以为金只是金黄色的，金和其他元素的合金可以体现出五彩缤纷的颜色。比如，金和钯的合金是银白色，和银组成的 18K 金是黄绿色，跟铁的合金是蓝色，跟铝的合金是紫色，等等。

近年来，纳米概念深入人心，金元素也搭上了这个“时尚之车”，这就是红色的纳米金！

在现代科学意义上，纳米金的发现者是一个你想不到的名字：法拉第。没错！就是那个物理学家！

红宝石颜色的纳米金，甚是瑰丽。

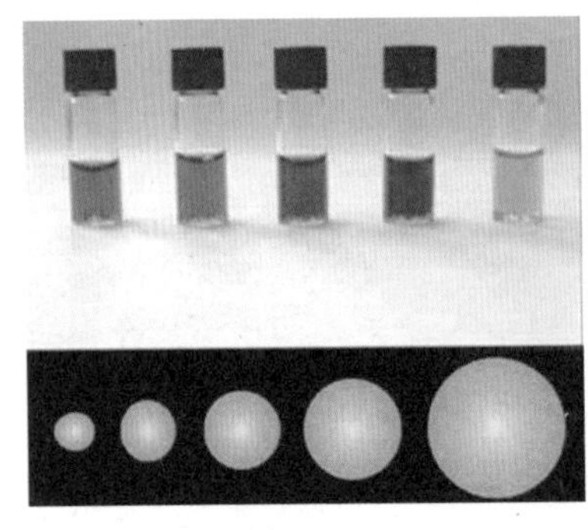

小颗粒的纳米金表现成红色，而大颗粒的纳米金则越发显蓝色。

一次偶然的机会，法拉第往显微镜载玻片上的溶液里放置极薄的金箔，突然发现液体变成了绚烂的红宝石颜色。身为一个做事认真仔细的物理学家，法拉第对各种颜色非常敏感，他绝不会放过这样的机会！他发现了一种方法，用磷还原氯化金溶液，就可以得到红宝石颜色的液体，他将其称为“活化金”。

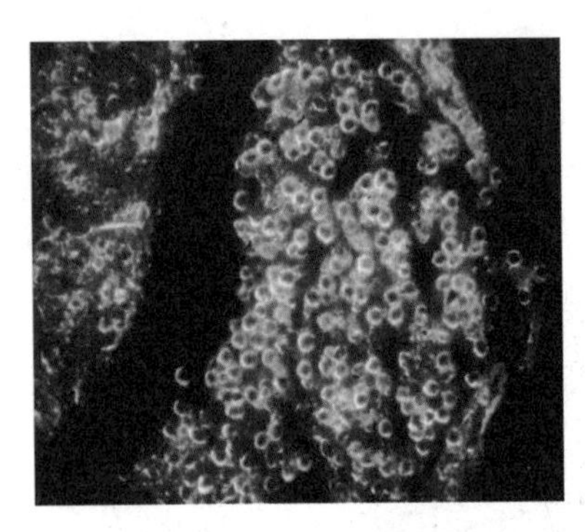

用纳米金检测肿瘤

一开始，化学家们对这种美丽的液体的成分不甚了解，甚至有人以为它是锡化金。于是法拉第做了一个著名的实验，他在暗室里，用一束光照射这种液体，如果是普通的溶液，光线会直接透射过去，而在这种液体中，一束光线清晰可见。法拉第因此指出，这种液体其实就是由金的微小粒子组成的悬浮液。现在我们知道这种液体被称为“胶体”，这种现象也被称为“丁达尔现象”，它是最直接的区分胶体和溶液的实验方法！

法拉第当年配制的“活化金”距今已经100多年了，依然颜色鲜艳，还能体现出极好的“丁达尔现象”！

现在我们知道，“活化金”就是纳米级的金胶体，因此叫它“纳米金”。目前，纳米金标记技术已经在基础研究和实验中成为非常有用的工具，成为现代四大标记技术之一，在生物医药、食品检测、仪器分析甚至肿瘤检测中都能见到它的身影！

1.（多选）文中，对黄金呈金黄色的解释是

A. 相对论　　B. 进化论　　C. 量子论　　D. 信息论

2. 文中认为，现代科学意义上，纳米金的发现者是

A. 牛顿　　B. 戴维　　C. 法拉第　　D. 丁达尔

【参考答案】1. AC　2. C

6. 财富的象征——黄金

图坦卡蒙的面具，不同部位的金成色不一，说明当时的埃及人冶炼金的技术了得。

金极有可能是人类认知的第一种元素，它那闪耀的金光让人类很容易就和其他东西分辨开来，人们用曙光女神奥罗拉给它命名“Aurum”，这就是金元素符号（Au）的来历。黄金的这种独特让它成为人类财富的象征。

在公元前16世纪之前，古埃及一直是一个中等文明古国。但在公元前16世纪，雄才大略的图特摩斯一世征服了尼罗河上游的努比亚，这里不仅有英武的壮士能为王国提供兵源，更是富产黄金。从此以后，古埃及如虎添翼，迅速扩张，将军队一直开到幼发拉底河。几十年后，他的孙子图特摩斯三世更是青出于蓝，打败了一个又一个对手，出征16次无一败绩。在他的统治下，古埃及帝国的荣耀达到顶峰，成为人类历史上第一个世界性帝国！

图特摩斯三世最强大的对手是中东的米坦尼王国，他们面对古埃及用黄金堆砌起来的军队无疑是“羡慕嫉妒恨”。几十年后米坦尼国王图沙塔在写给埃及国王阿蒙霍特普三世的信（这封书信现存于大英博物馆）中吃醋似的写道：“埃及的黄金和沙子一样多！”

正因为埃及肥沃的土地和富有的黄金，后世的欧洲霸主们才要屡次征服埃及这片土地，拉美西斯二世之后，埃及再无崛起。财富对文明来说，福兮祸兮？

公元前610年前后，吕底亚人（现土耳其西部）铸造了最早的金属货币，使用的是80%金和20%银的合金，也称琥珀金，来自天然的金银矿。

而我们中国人仅仅落后了一个世纪。目前已经在多处出土了公元前6世纪到公元前5世纪楚国的“郢爰”，“郢”（yǐng）是楚国的首都，“爰”（yuán）是楚国的重量单位，一爰大约为250 g。郢爰是一大块金饼，得益于金的韧性被刻成一个个小方格，在使用的时候，将一大块金饼切割成若干小块，用称称量后使用。可见，

楚国的郢爰，可以很容易被切割称量，是中国最早的金币。

在春秋时期，楚国郢爰很流行。

《韩非子》中记载了楚人对黄金的追逐："荆南之地，丽水之中生金。人多窃采金。采金之禁，得而辄辜磔于市。甚众，壅离其水也，而人窃金不止。"其中的丽水一说为云南丽江，古代中原地区缺金少银，现在比较公认的说法是楚国通过和云南地区的贸易得到了黄金资源，开始挑战周天子的权威，是为"问鼎中原"。我们再把视线回到西方，古希腊时代的货币得益于雅典附近的银矿，以银币为主。这段时间的黄金主要用来制作首饰，最有名的莫过于19世纪末发掘出的"阿伽门农的面具"。

之后的罗马帝国得到了伊比利亚半岛、罗马尼亚和英国的金矿，其中最大的金矿叫梅杜拉斯金矿，位于西班牙莱昂地区，公元前25年被屋大维占领，常年有60 000名工人在这座金矿上劳作，之后的250年里，总共开采出1 650吨黄金。如此大规模的开采工作，促使当时的工程师们研究出了新的开采工艺——水力采矿。为了确保这座金矿的用水，屋大维甚至修建了7条引水渠通往此地。这些都被普林尼的《自然历史百科全书》记录下来。

在如此丰富的黄金资源的支持之下，罗马帝国多次发行金币，比如屋大维就发行过好几次奥利斯金币。但囿于"劣币驱逐良币"的经济学原理，市面上更多使用的仍然是银币，金币大多被收藏于贵族的保险柜里。

据说是"阿伽门农的面具"，反对的声音也不少。

屋大维公元前30年发行的奥利斯金币，现被收藏于大英博物馆。

公元 13 世纪世界上最富有的地方在哪里？

不在中国！也不在欧洲！更不在新大陆！而是西非的马里帝国！

当时帝国的统治者名叫曼萨穆萨，他是一名虔诚的穆斯林。有一次他前往圣地麦加朝觐，带了一千多人用一百头骆驼运载黄金。这辆“骆驼列车”路过大都市开罗的时候，花费了一小部分盘缠作差旅费，结果让整个埃及通货膨胀整整 12 年。

金矿之王——曼萨穆萨

地理大发现以后，欧洲探险家到美洲大陆上的第一个任务就是寻找黄金。中美洲的阿兹特克文明认为黄金是神的“便便”，将它们做成各种装饰品戴在贵族的身上。当时的统治者蒙特祖玛二世面对西班牙征服者，天真地以为对方是传说中的羽蛇神归来，送给西班牙人首领科尔特斯一只金盘子，并邀请他们进城。这反而助长了科尔特斯的野心和欲望，西班牙人最终用枪炮和病菌征服了阿兹特克文明，并将他们的黄金运回欧洲。

而南美的印加帝国则更加悲催，西班牙人皮萨罗带领的 360 人远征军绑架了印加皇帝，要求印加人用能填满囚禁皇帝牢房的黄金以及两倍的白银来赎买。老实巴交的印加人照做了，但这无疑是与虎谋皮，皮萨罗欺骗了他们，他绞死了印加皇帝，并继续以皇帝的名义发号施令，扶持傀儡。西班牙人最终瓦解了这个庞大的帝国，他们占领了波托西银矿，并将印加帝国积累了几百年的黄金带走。

有一个传说，印加帝国的大部分宝藏被贵族们藏了起来，直到现在也没有被发现。一位印加帝国的大臣说，跟印加帝国埋藏起来的宝藏相比，西班牙人带走的仅仅是沧海一粟。与之类似的传说还有很多，比如所罗门王的“国家宝藏”，希特勒的“黄金列车”，泰坦尼克的“黄金宝藏”等，经常出没于各种科幻小说和电影中，可见人们对于黄金财富的狂想。

黄金在各种宗教里也扮演着重要的作用，各种顶级的雕像和建筑都离不开黄金。比如以色列耶路撒冷的圆顶清真寺，一直以来就是伊斯兰教的圣地之一。1993 年约旦国王侯赛因捐赠了 820 万美元购买了 80 kg 黄金为这个圆顶覆盖上纯金箔，从此，这座清真寺成为耶路撒冷最耀眼的建筑。

◀印加帝国的标志性建筑群——马丘比丘

▶据说1945年二战接近尾声的时候，纳粹将300吨黄金和其他各种财宝装在一辆列车上，从如今的波兰境内向西南方向驶去，然后不知所踪。

有人说，佛教是最“贪婪”的宗教，古话说："人靠衣装，佛靠金装。”各种各样的佛像都要做成金色，才足够威严，是为“诸佛身金色，百福相庄严”。

而佛教的建筑则更是离不开黄金，最有名的是缅甸仰光的瑞光大金塔。全塔上下通体贴金，共用黄金7吨多！在塔顶的金伞上，还挂有1 065个金铃、420个银铃，顶端镶有5 448颗钻石和2 000颗宝石，可谓奢华之至！

◀耶路撒冷最耀眼的建筑——圆顶清真寺

▶奢华之至的瑞光大金塔

历史上，对黄金的狂热还让一大批炼金术士们有机可乘。在西方，有一大批炼金术士们用毕生去寻找可以点石成金的“哲人石”，比如发现磷元素的布兰德。

我国也有“点石成金”的故事，传说某人极其虔诚地供奉吕洞宾，感动了吕祖。吕祖有一天来到他家，伸出手指对准一块磐石，大石头粲然化为黄金。结果某人说他不要黄金而只想要吕洞宾的手指头，郁闷而愤怒的吕洞宾倏然消失。

最后，让我们欣赏一下莎士比亚的著作《雅典的泰门》中一段精彩的文字：

> 金子！黄黄的发光的，宝贵的金子！这个东西，只这一点点儿，就可以使黑的变成白的，丑的变成美的，错的变成对的，卑贱变成尊贵，老人变成少年，懦夫变成勇士！
>
> 这黄色的奴隶可以使异教联盟，同宗分裂，它可以使受诅咒的人得福，它可以使黄脸寡妇重做新娘。啊！你是可爱的凶手，帝王逃不过你的掌握，亲生父子被你离间。啊！你是有形的神明，你会使冰炭化为胶漆，仇敌互相亲吻，使每一个人唯命是从。

是啊！人类对黄金的狂热竟然演化出各种邪恶，这难道就是我们追求财富的初衷吗？

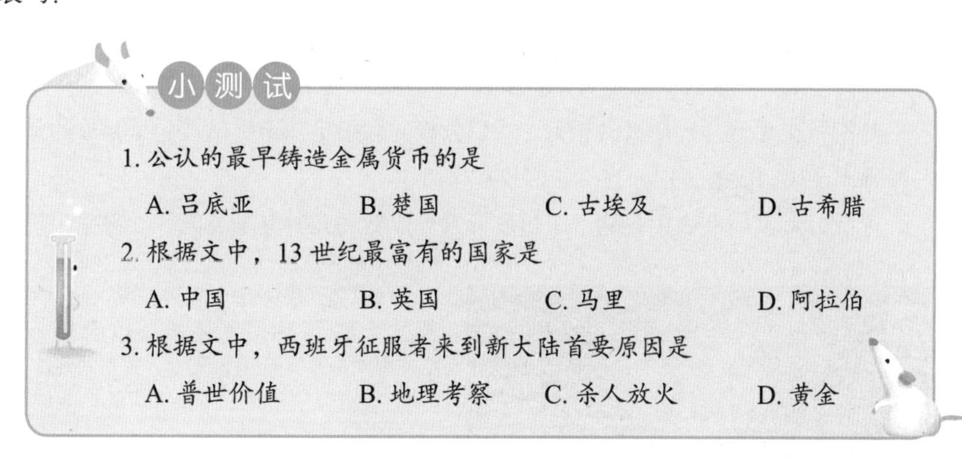

1. 公认的最早铸造金属货币的是

A. 吕底亚　B. 楚国　C. 古埃及　D. 古希腊

2. 根据文中，13 世纪最富有的国家是

A. 中国　B. 英国　C. 马里　D. 阿拉伯

3. 根据文中，西班牙征服者来到新大陆首要原因是

A. 普世价值　B. 地理考察　C. 杀人放火　D. 黄金

【参考答案】 1. A　2. C　3. D

7. 货币天然是金银

马克思在《政治经济学批判》一书中写道 ："金银天然不是货币，但货币天然是金银！"

通过前面几篇，我们能看到金虽然有些工业用途，但都远比不了铝、铁、铜等主流金属，那为什么它还这么值钱？

存在即合理，金银成为货币，成为一般等价物，绝非偶然，而是有其科学及人文上的必然性。让我们拿出一张元素周期表，看看每一种元素是否适合做货币呢？

首先，所有的气体元素都可以被排除了，难以想象人们如何使用气体做货币。带着一大把氢气管子去买菜，一定很有喜感。

两种液体元素溴和汞也可以被摈弃了，更何况它俩都有毒。

还有一些非金属，要么气味很臭，要么本身有毒，如硫、磷、砷、硒、碲等，当然也无法使用。

周期表最左边的两列——碱金属和碱土金属也可以被排除，它们在水里会爆炸，握在手里会灼伤手心。

周期表最下方的人造元素自然也被排除，我们的老祖先根本无法在自然界找到它们。类似地，放射性元素也可以被摈弃了，你总不想因为用钱得癌症吧。

还有稀土元素，它们极其相似，难以分离，你很难知道你的钱包里存放的是哪一种稀土金属制成的货币。自然它们也被排除了。

至此，元素周期表中只剩下了过渡元素和少数的几种其他元素，如果你一篇不

◀铝确实是一种优异的金属，但冶炼出来极为困难，科技树都攀到 19 世纪末了，它才登场，要是选它做货币，黄花菜都凉了。

▶历史上确实有用铜做货币的，但铜很容易就锈迹斑斑，不是上等货币。

落的看过《元素家族》系列文章，就会记得，很多过渡元素——如钛、钒、铬等——都不存在天然的游离态，要将它们提取出来需要超级高温，这对我们的祖先来说是“mission impossible”！硅、硼、铝也类似，被排除。

铁、锌、锡、铜和铅极容易生锈，铋太脆，都无法充当货币。至于碳，炭黑和石墨就算了，还有，你会考虑用一只放大镜就能烧掉的钻石做货币吗？

这样只剩下了 6 种铂系金属和金、银。铂系金属也有做货币的潜质，它们具有金属光泽，而且化学性质稳定，在自然界就能找到。但我们在前面讲关于铂系金属的时候曾经提到它们的缺点：熔点高，难以分离，难以冶炼，可锻造性差！这都给我们的老祖先出了大难题，更何况它们的分布极为广泛，难以搜集。

就这样，最后只剩下了两种“完美”的货币元素：金和银。它们符合货币的一切要求：

①稀有、价值足够高。

②在自然界稳定存在，容易获得。

③容易携带。

④容易铸造和切割。

⑤化学性质稳定、无毒、不易损毁。

相对于银，黄金更加稀有。不管是金首饰，还是工业上用的金线、镀金、金箔，将全世界所有开采出的黄金搜罗到一起，熔融后铸成一个立方体，你估计会有多大？

立方体的棱长只有 21 m！

更何况它具有迷人的外观——相对论效应赋予它的金色！它登上货币之王的宝座，还有什么异议吗？

1717 年，担任英国铸币局局长的牛顿（没错，就是那位大物理学家）将每盎司黄金的价格固定在 3 英镑 17 先令 10.5 便士。牛顿没想到，他的这一举措开启了“金本位”制度，英国的货币发行要以黄金储备作为基础，“金本位”制度的基础就是人类对于黄金天然的信任。英国开始发行金币，银币作为辅币，这就是“金本位”1.0 版本——“金币本位”。当时的英国号称“日不落帝国”，是全球的霸主，因此“金币本位”实际上是一个以

竟然是牛顿，在经济学史上也留下如此厚重的一笔。

英镑为中心，以黄金为基础的国际金本位制度。在这种体系之下，黄金可以自由铸造、自由兑换、在国际之间也可以自由地输入和输出，这就是“金币本位”的“三自由”。

列强们紧随英国，也纷纷建立起了金本位制度，到了一战之前的1913年底，英、法、美、德、俄五国占有世界黄金存量的2/3。要知道，人类对这些资本的欲望是没有止境的，他们永远不会停止扩张。一些国家为了准备战争，大量发行纸币和银行券，影响货币的信用和自由兑换的原则。经济危机时，黄金大量外流，各国纷纷限制黄金出逃，这又违反了自由输入、输出的原则。维持“金币本位”的必要条件逐一被破坏，国际货币体系形同虚设。

一战结束，各国都在闹金荒，自然也就没有“金本位”的基础了。但还能找到什么东西的信用比黄金还高呢？所以就搞出一个“金本位”2.0版本——“金块本位”：没有黄金的熔铸和流通，只有以金块为准备金的纸币在市场上流通。就这样，纸币、黄金不能完全自由地兑换，只有到达一定数额（这就是金块的意思，英国是1 700英镑）才能兑换。

“金本位”2.0版本——“金块本位”制度

当时，美国由于在一战中大赚一笔而仍然保持“金币本位”制度，欧洲两巨头英、法都实行了“金块本位”制度，而其他小国自身的黄金储备就很少，别说是“金本位”2.0了，连“金本位”1.0都没能力实行。1922年，在意大利的热那亚召开了一次经济金融会议，在会议上政客们和银行家们创造性地提出：无力实行“金本位”1.0和“金本位”2.0的国家，可以免费升级到“金本位”3.0版本——“金汇兑本位制”，即在实施金本位的强国存放外汇、黄金作为发行货币的基础，本国货币同强国的货币保持固定的比价。

“金本位”2.0和“金本位”3.0实行没几年，就遇到了史上最大的经济危机——1929—1939年的大萧条，最终在二战的炮火声中烟消云散。

二战结束前夕，世界需要建立新秩序，不管大家愿意不愿意承认，这个世界已经变成了美国一家独大！“星条旗”的军舰、航母已经遍布全球，美国的黄金储备占资本主义世界所有国家的3/4。除了美国，还有谁更值得小弟们傍大腿呢？

1944年，44个国家集聚美国新罕布什尔州的布雷顿森林，讨论战后的金融秩序，最终商定：

①美元和黄金直接挂钩（35美金/盎司黄金），各国货币按照一定的汇率和美

元挂钩。

②成立国际货币基金组织（IMF），帮助维持稳定的汇率。

新一代的“金本位”建立起来了，它被称为布雷顿森林体系，我们一眼就能看出来，它实质上是“金本位”3.0版本的延续。

布雷顿森林体系促进了战后的经济恢复，帮助资本国际化。掌握了铸币权的美国更是成为世界霸主，美元取代了英镑成为世界货币。

看起来一切都很美，20世纪50年代末，特里芬却指出布雷顿森林体系存在不可克服的内在矛盾，史称“特里芬难题”。

原来，在布雷顿森林体系下，黄金与美元的挂钩，是通过美国黄金储备的净流出来实现的。世界经济不断发展，国际贸易所需的美元不断增加，所以美国必须持续地净进口货物，从而将美元输出给全世界。如果美国一直放任这种逆差，几乎无成本的印钞机印出的美元就会贬值；而如果美国为了稳定美元价值，不增发美元，则世界贸易对美元的需求又成问题。这种两难的境地就源自布雷顿森林体系的根本缺陷，特里芬因此预言：布雷顿森林体系必将走向崩溃！

后来的事情果然被特里芬不幸言中，20世纪60年代到70年代，美国深陷越战泥潭，爆发了多次美元危机。猪队友们，比如戴高乐的法国政府，乘机要求将美元储备兑换成黄金。

众多压力之下，1971年7月第七次美元危机爆发，尼克松政府于8月15日宣布停止履行外国政府或中央银行可用美元向美国兑换黄金的义务，宣告了布雷顿森林体系的瓦解。苟延残喘的“金本位”制度从牛顿开始，到这里算是走到了尽头。

◀构建布雷顿森林体系架构的谈判桌上最耀眼的两位对手——英国的凯恩斯（右）和美国的怀特（左）

▶提出“特里芬难题”的经济学家特里芬

回过头来，人们开始反思“金本位”为什么会失败？

工业革命之后，人类的发展日新月异，尤其是20世纪全球化以后，科技文明遍布人类社会的每一个角落。性能更优异的材料，更有效率的组织方式，更先进的生

终结布雷顿森林体系的美国总统尼克松

产技术，每时每刻都在提升人类的生产力。对比 21 世纪的今天和 200 年前，我们的生产效率提升了几百倍？几千倍？甚至是几万倍？更何况我们还能制造出很多那个年代不存在的新玩意儿。恰逢最近几十年，地球上没有发生世界范围的战争，除了浪费、折旧、消耗和“折腾”重建，大部分财富都被积累了下来，搭建了我们的现代文明！

一切都很美，不是吗？

但从另一个方面来看，生产力发展，财富增长，对应的就是财富贬值。而黄金毕竟只是一件普通的物质，这几十年的开采、生产可没有那么快，如果硬要将不断增长的财富用稳定供应的黄金来计量，随着生产力的提升，所有的物品都将严重贬值。对比一下布雷顿森林体系下的黄金价格（35 美金 / 盎司黄金）和现在的黄金价格（1 320 美金 / 盎司黄金），就可以感叹一下人类生产力的极大提升！

特里芬难题实质上揭示了自“金本位制”以来人类商品经济史的矛盾，布雷顿森林体系的瓦解只是最后一朵涟漪罢了。

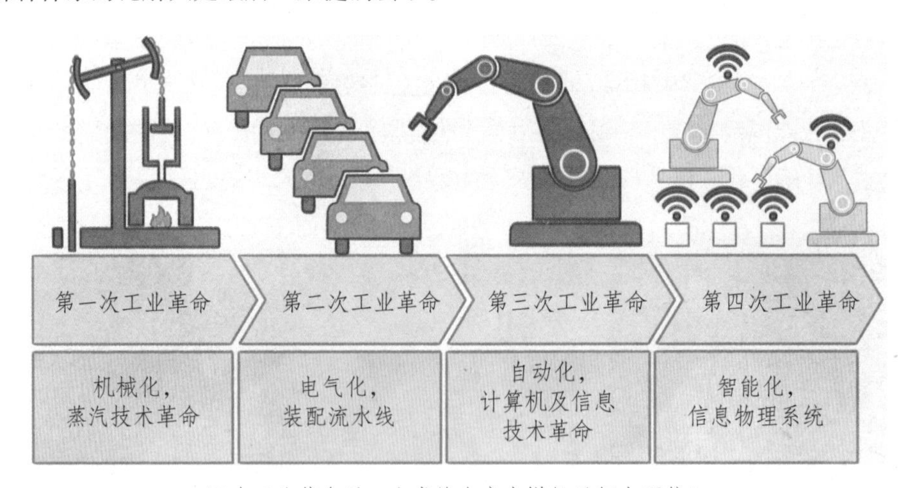

四次工业革命后，人类的生产力增长了何止百倍！

不管怎样，人类还将前行。21 世纪的今天，美元仍然是最牛的世界货币，欧元成为地区一极，人民币开始走向世界，新兴的电子货币、比特币甚至各种金融衍生品都开始崭露头角。未来的货币将是一种什么形态呢？黄金还会发挥什么样的作用呢？

货币的基础是信用，通过前面的描述，黄金凝聚了科学、人文、历史等各方面的价值，那是人类对黄金几千年甚至更久的信任，乃至信仰。借用丘吉尔的话说：黄金这种元素是能想到的最糟糕的货币。换句话说，我们当然期待着更先进的新一代货币制度出现，推动社会的发展，但在更先进的货币制度出现之前，货币的信用很大程度上还得依靠实物，到目前为止，黄金是最值得信赖的实物。

比特币也要用金黄色。

别的国家我们姑且不论，随着中国经济实力的增长，人民币国际化指日可待。而要让外国友人们心甘情愿地使用我们的“毛爷爷”，还得让他们对我们有充分的信心，这种信心包括国家的政治、军事、科技、工业等各方面的硬实力和软实力，而落脚到实物层面的就是坚实的黄金储备。君不见，虽然美国摈弃了布雷顿森林体系，仍然牢握8 000多吨的黄金储备，为世界第一，这是美元信用的直接实物证据！

而我国直到20世纪末，只有600吨黄金储备，和自己的国际地位极不相称。进入21世纪，我国开始重视黄金的勘探和开采。我国甚至有一支“黄金武警部队”，专门负责金矿的勘探，这是全球唯一一支以军事组织形式从事地质工作的武装力量，足见我国政府对作为货币体系的基础——黄金的重视。不管在戈壁荒漠，还是林海雪原，甚至高山峡谷，都有他们的战斗身影。在他们的努力之下，从2013年起，我国超越印度，成为世界上第一产金大国，年产金量超过1 000吨。据近期披露的资料显示，如今中国持有的黄金储备已达到1 828吨，这显然是一个严重保守的数字。我们没有必要在这里八卦，只要相信，坚实的黄金储备将支撑“中国梦”的激情飞扬！

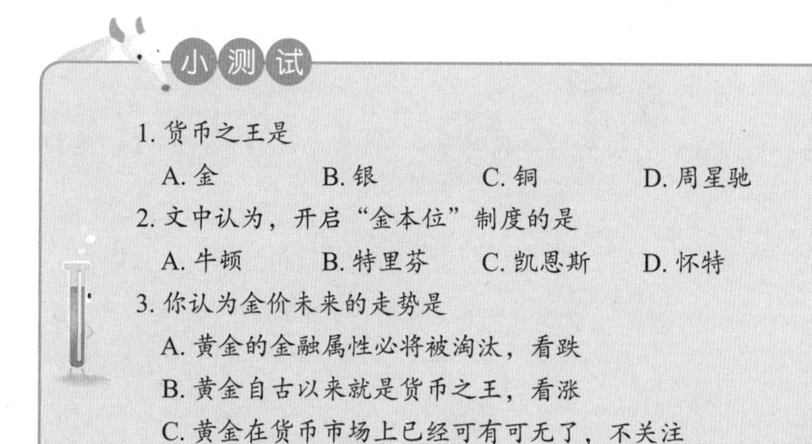

小测试

1. 货币之王是

A. 金　　B. 银　　C. 铜　　D. 周星驰

2. 文中认为，开启“金本位”制度的是

A. 牛顿　　B. 特里芬　　C. 凯恩斯　　D. 怀特

3. 你认为金价未来的走势是

A. 黄金的金融属性必将被淘汰，看跌

B. 黄金自古以来就是货币之王，看涨

C. 黄金在货币市场上已经可有可无了，不关注

D. 我是来打酱油的

【参考答案】1. A　2. A　3. 略

第六十一　六十二章

元素特写

汞：水般柔和的外表下藏着邪恶的灵魂，是水俣病的致病元凶，更是能软化飞机机体的金属天敌。用我测体温，你怕吗？

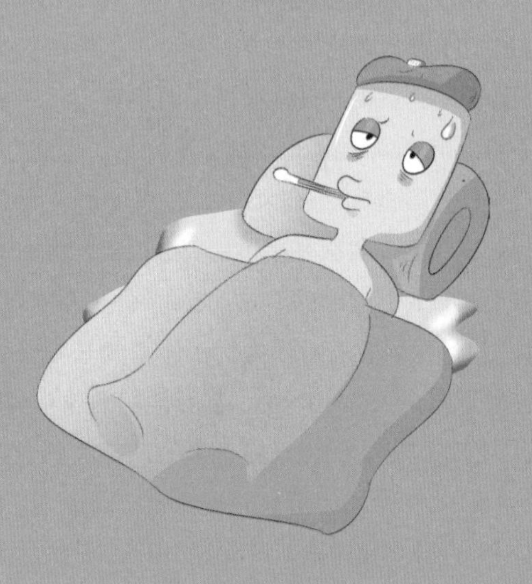

元素特写

铊：善于伪装成其他元素的一流暗杀高手，让人脱发、麻木不过是我小试锋芒……

第六十一章　汞（Hg）

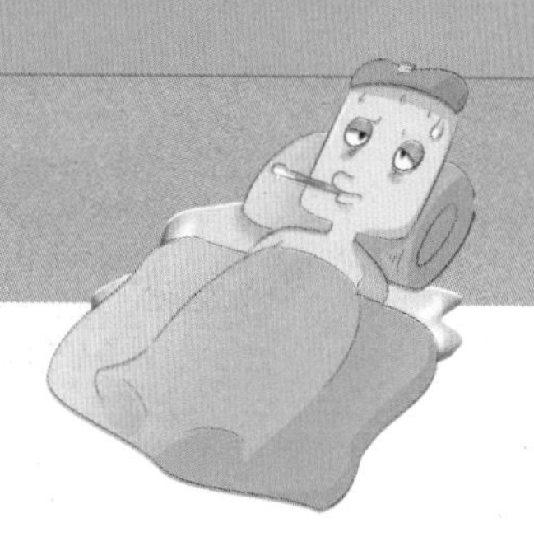

汞（Hg）：原子序数为80的重金属元素，金属汞在常温（25 ℃）下为液体。汞主要来自丹砂，汞单质及其化合物多有剧毒。汞在生活中主要用于制造温度计、气压计、血压计、水银开关等仪器。

1. 秦始皇陵里有什么

话说太史公司马迁在他的《史记·货殖列传》中列举了战国时期的多位富豪，其中记录了我国历史上首位女企业家："巴寡妇清，其先得丹穴，而擅其利数世，家亦不訾。清，寡妇也，能守其业，用财自卫，不见侵犯。秦皇帝以为贞妇而客之，为筑女怀清台。"

是什么让秦始皇以上宾之礼对待这位神奇的女子，并为她修筑了女怀清台？答案就在文中。"丹穴"就是丹砂矿，这种红色的石头子儿为何如此值钱，使寡妇清富可敌国，甚至受到秦始皇的关注？

丹砂，又称朱砂、辰砂，因其鲜艳的红色而得名，自古以来就被人们用作红色的颜料。

《诗经》里有一首《国风·秦风·终南》："终南何有？有条有梅。君子至止，锦衣狐裘。颜如渥丹，其君也哉！"其中"颜如渥丹"的意思是：这个人的容貌美好，如同涂了丹砂。可见早在春秋时期人们就用丹砂来做颜料。

在殷墟出土的甲骨文上，就发现有一些文字刻痕里涂有丹砂。把丹砂磨成红色粉末，涂嵌在甲骨文的刻痕中以示醒目，即"涂朱甲骨"，类似于我们的老师用红笔批注。

后世沿用此法，皇帝们用丹砂调成红墨水书写批文，称为"朱批"。

隋唐以后，人们采用水调蜂蜜、丹砂等方法，将印章印在纸上，这就是印泥的

油调丹砂制成的红印泥

锥形。由于水干后丹砂易脱落，元代以后，为了让印泥更持久，改用油调丹砂，一直延续至今。

似乎还是没说到点子上啊，兜售这种颜料就可以发财吗？就会使秦始皇对这样的颜料商尤其重视？

这其实是因为丹砂对于帝王有着非同一般的意义！

《史记·秦始皇本纪》记载："始皇初即位，穿治骊山……以水银为百川江河大海，机相灌输"。就是说，秦始皇从即位就开始营造他的陵寝，工匠们向墓中灌输水银，形成江河、大海。我们现在知道，水银正是从丹砂中提炼出来的，《神农本草经》中记载："丹砂能化为汞。" 丹砂的主要化学成分是硫化汞，丹砂在空气中焙烧，就可以得到银白色金属光泽的液体（$HgS+O_2 = Hg+SO_2$）。

秦始皇陵地宫的想象图，日月山川，一应俱全，这是又一个小宇宙。

一直以来，学者们对《史记》中的描述熟视无睹，认为是文学上的夸张。20世纪80年代，我国考古工作者用仪器探测了秦始皇陵顶部封土，发现汞含量严重超标，人们才开始相信太史公的记述。由此可知，寡妇清为秦始皇提供的丹砂中一大部分都被用来提取水银，灌入了秦始皇陵中。

陵墓灌水银，绝非秦始皇首创。春秋战国时期就有不少王侯在墓葬中也使用了水银，比如齐桓公和吴王阖闾，都曾"倾水银为池"。

这实在是暴殄天物，北魏学者郦道元对此的解释是：以水银为江河大海在于以水银为四渎、百川、五岳九州，具地理之势。民间流传更广的说法是，秦始皇陵的地宫内有水银所制的五湖四海，秦始皇躺在纯金打造的棺材里，漂荡在水银制成的江河上，巡视着帝国的领地。

玩弄水银也不是中国人的专利，在大致相当于我国晚唐的时期，埃及正被图伦王朝的伊本·图伦统治。这是一个有名的纨绔子弟，他活着就是为了两件事：肆意挥霍和奢侈浪费。他给自己修建了一个巨大的池子，里面灌满水银，每天晚上他就找来一个皮筏子，自己睡在上面，呼吸着有毒的水银蒸气，做着美梦甜甜地睡去。

2014 年 11 月，考古工作者在墨西哥玛雅文明遗迹特奥蒂瓦坎的第三大金字塔——羽蛇神庙的地下发现了一条由水银构成的地下河。连同这座神庙一起，这些水银已经被深埋于地下 1 800 年左右。

给水银起名的古希腊医生第奥斯科里德

西方考古工作者曾在埃及古墓中发现一小管水银，据考证，该水银来自公元前 15 世纪，说明在那个时候甚至更早，古埃及就已经提炼出水银。后来的古希腊医生第奥斯科里德在他的著作中详细描述了制取水银的工艺：将一个狭口的铁罐倒置卡在另一个广口铁罐上，在下面的广口铁罐里有一个铁盘，铁盘上放置丹砂，加热下面的铁罐，就会有水银蒸气在上面的铁罐里凝结。这一反应过程不仅是丹砂（硫化汞）和空气中的氧气反应生成汞，丹砂也会和铁反应，铁也会将一部分汞还原出来。

正是第奥斯科里德将这种能流动的金属称为水银（hydro argyros），因而得到汞的元素符号“Hg”。

在我国古代典籍里，水银还被称为“澒”，《说文解字》里有：“澒，丹砂所化为水银也。”后来演化为“銾”，现在已经把金字旁去掉，为“汞”，是唯一不带金字旁的金属元素。那么就有人要问了，为什么其他金属都是固体，而汞却硬要独树一帜，当个液体，四处流动，水银泻地呢？

众多金属中，汞绝对是最神秘的那个。

必须澄清一下，镓的熔点 29.8 ℃，铯的熔点 28.4 ℃，如果将这两种金属放在手心，它们也都会熔化成液体，而如果我们先定好室温为 25 ℃，也可以说它俩在室温下是固体。

汞的凝固点低至 –38.8 ℃，说它是液体毋庸置疑，要解释这一点，又得麻烦我们的相对论出场了！

在解释黄金为什么是金黄色的那一章里，我们提到了相对论效应对重元素原子内超高速电子的影响，汞比金还多一个电子，6s 轨道上被填满，而且 6s 轨道上这两个电子都由于相对论效应而向内收缩，这让汞原子的性质和稀有气体非常相似，因此，汞的化学性质非常不活泼。

你可以这么理解，金属的外层电子不爱待在自己家里，而是喜欢到处串门，众多电子的相互串门形成了金属键，将金属原子们牢牢地捆绑在一起，从宏观上看，就是一块固体。但汞原子的外层电子由于相对论效应而变成了很重的胖子，它们要想到其他家串门就必须多花费点能量。在同样的温度下，它们更难形成强的金属键，就只能松散一片，形成 Hg_2 分子，依靠分子间作用力联系在一起，从宏观上看，就是一摊液体。

现在英语里汞的名字（Mercury）则来自拉丁语里的“水星”。因为汞是最早被西方炼金术士们知晓的七种金属之一，这些西方人也讲究“天人感应”，一定要将这些金属跟天上的几大行星及日月对应起来才放心，比如金（太阳），银（月亮），锡（木星），铅（土星），铁（火星），铜（金星）。而水星跑得最快，就用信使墨丘利（mercury）来命名，在七种金属里，汞是液体，水银泻地，跑得最快，自然就用水星来命名咯。

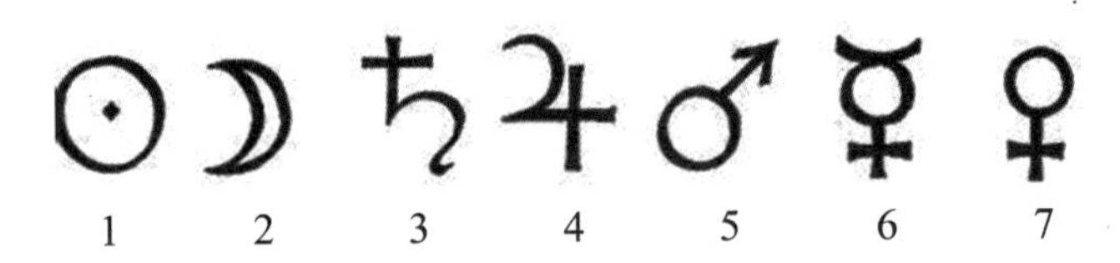

炼金术士们的符号，从左到右：日、月、土星、木星、火星、水星、金星。

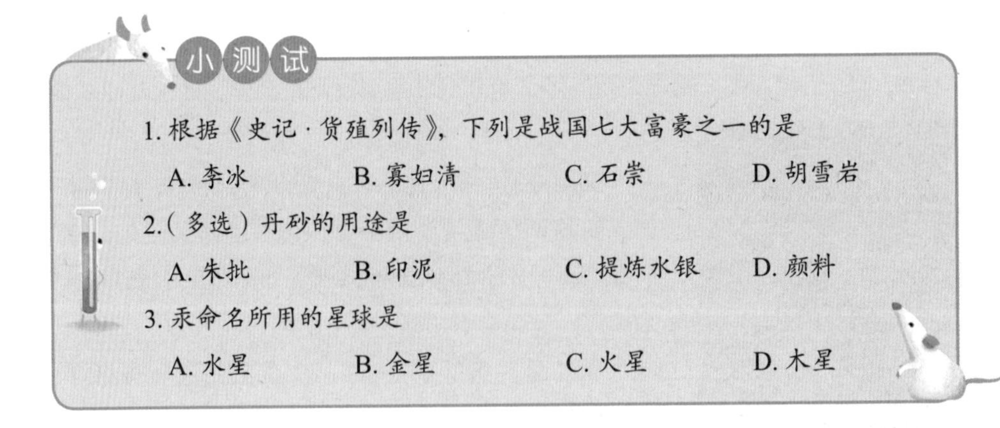

【参考答案】1. B　2. ABCD　3. A

2. 为什么水银温度计不能带上飞机

记得小时候，家里有一根老式温度计，自己一不小心把它摔到地上，立刻有一粒粒银色的珠子欢快地在地上跳跃起来。它们反射出极美的银光，跳动累了，便在地板上来回打转，宛如荷叶表面的露水。由于听闻水银有毒，吓得不敢动，这时父亲走上前去，将小银珠一粒粒重新聚到一起，只见大珠子不断吞噬小珠子，最后合成一颗较大的银色“弹珠”，我仔细端详，那真是一颗完美的椭球体，似乎不属于这个世界。

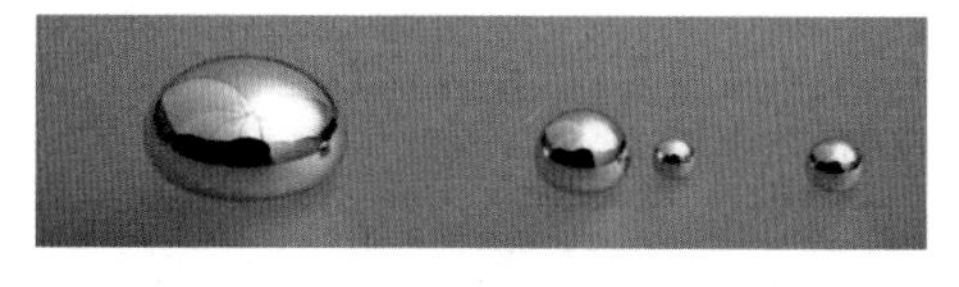

越小的水银小珠子越圆，这与它的表面张力有关。

中学以后，我学习到表面张力的概念，这时才发现在 20℃时，水银的表面张力系数很大，达到了 0.51 N/m，而水只有 0.074 N/m。要知道，露珠的“荷叶效应”就来自于水的表面张力，因此水银的“荷叶效应”更加明显，将一小粒水银放在玻璃表面，很容易它就变成一颗银色小球。

玻璃管插入水和水银后表现出不一样的情况，水面会上升，越细的玻璃管上升越多，这就是毛细现象。而水银的凸面反而会下降。

而如果将水银放在玻璃管里，它的顶部将由于表面张力而出现一个凸面，初中时，老师就告诉我们，读取水银的体积，必须读它的凸面，而水的体积则要读它的凹面。

你可能要问，水银出现凸面我能理解了，但水的表面张力不也是很大吗？为什么会出现凹面？这还和“浸润”的概念有关。水银跟玻璃井水不犯河水，根本不会浸润玻璃，就不会出现毛细现象。

正因为水银是金属，又是液体，膨胀系数很大，而且它不会浸润玻璃，因此它成为制造各式各样的温度计、压力计、血压计等测量仪器的理想材料。

由于水银有毒，这些仪器中的水银正在逐渐被换成镓材料。

但飞机上不能携带水银温度计，这是为啥呢？

水银毕竟是一种金属，它不能浸润玻璃是因为它的金属表面和玻璃的表面没有任何交集，而如果遇到了金属，它的本色就体现出来了，它不仅可以浸润大多数金属，甚至可以将它们溶解，形成合金，这就是汞齐。

我们知道飞机的机体是铝合金材料制造的，一小点水银泼洒出来，就会形成铝汞齐，它会阻碍铝表面形成新的氧化层，一块铝失去了氧化膜保护，就会变成一块废铝。一根小小的水银温度计相对于整个大飞机来说，真有“千里之堤，溃于蚁穴”的风险啊！

你可能以为汞齐就是各种金属的水银溶液，应该也是液体吧？其实不然，汞齐都是固体。各种汞齐都有很大的应用价值，比如锌汞齐就在大名鼎鼎的克莱门森还原反应中作为催化剂。钠钾的汞齐也在各种反应中作为还原剂。铊汞齐可以将水银的凝固点降到 –59 ℃，将水银温度计的适用范围扩大。最有名的汞齐还是金汞齐，曾经被广泛用于提取黄金。

矿工正在将一锅水银倒进一个小型容器中，用以提炼黄金。

经过人类几千年的开采，现在自然界已经很难发现大块的黄金，在大多数金矿里，微小的金粒和矿砂混合在一起，难以分离。将水银和金矿混合，水银和金粒生成银白色的糊状混合物，这就是金汞齐，金矿上多称为“汞膏”。将“汞膏”刮下来要比捞出金粒容易得多。最后将“汞膏”加热至 400 ℃，水银变成蒸气，亮闪闪的金就会分离出来。

由于水银有毒，从 20 世纪 60 年代开始，这种采金方法已经被更先进和有效率的氰化法和硫脲法淘汰。但之前使用过的水银还是污染了水土，据统计，仅仅美国加利福尼亚州就使用过 45 000 吨水银，这些金矿到现在都已成为废墟。

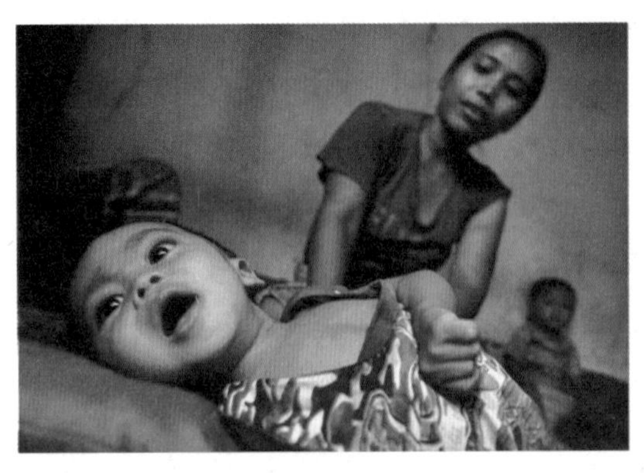

可怜的孩子

当今世界，仍有相当多的落后区域。据联合国环境规划署估计，至少有 1 000 万淘金者（其中包括 400 万妇女儿童）正在“作坊般”的小型金矿里工作，这些作坊大多数都使用落后的水银法采金。比如在印度尼西亚，小规模金矿每年出产价值 50 亿美元的黄金，相当于印尼黄金总产量的 7%。在当地，很多人都有汞中毒的现象，甚至有的婴儿在妈妈的子宫里就已经中毒。

汞还是单位体积最重的液体，密度达到 13.6 g/cm^3。“水银泻地”后面还有一句：无孔不入。那是因为水银的密度很大，倒在土地上会在瞬间渗入地下，无影无踪。

1643 年，意大利物理学家托里拆利做了一个经典的实验，他制造了一根约 1 m 长的单封头玻璃管，其中填满水银，倒插入一个水银盆里，玻璃管里的水银竟然下降了。托里拆利测量了一下玻璃管内的水银柱长度，大约 760 mm，留下一个超过 200 mm 的真空，现在我们称之为“托里拆利真空”。这就是第一个证明大气压存在的“托里拆利实验”，是汞元素帮助我们发现了大气压。11 年以后，马德堡市长格里克发现很多人不相信托里拆利的实验，做了另一个更有说服力的“马德堡半球实验”，大气压的存在毋庸置疑了。

话说回来，托里拆利为什么要用水银呢？

答案很简单，就是因为水银密度大，如果他用水来做这个实验，则需要一根能盛下 11 m 水柱的玻璃管，不要说当时没有制造这么长的玻璃管的条件，就是做出来也很难一个人在实验室里操作。

意大利物理学家托里拆利

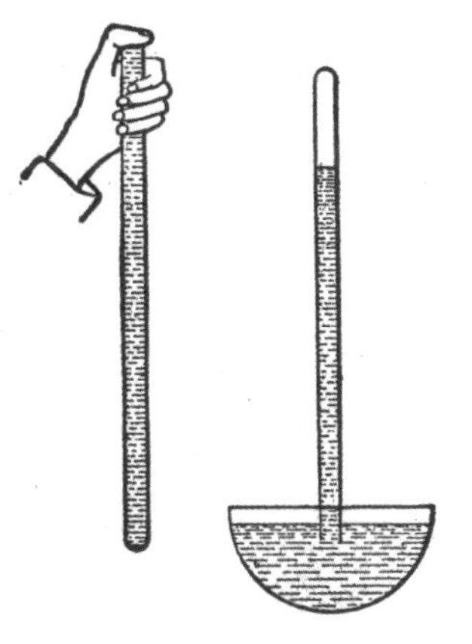
托里拆利实验

虽然帕斯卡（Pa）是国际单位制里的压强单位，但另一个压强单位“毫米汞柱（mmHg）”仍然在很多地方广泛使用。

在我们身边还有很多汞元素的存在呢，比如家里的荧光灯，每一只大约含有 5 mg 汞。低气压的汞蒸气在通电后释放大量电磁波，其中约有 60% 是紫外线，而只有 3% 是可见光。后来人们发明了荧光粉，紫外线打到荧光粉上，一部分转化成可见光，大幅提高了发光效率，现在城市里荧光灯基本取代了白炽灯。

“成亦水银，败亦水银”，2006 年我国报废的含汞照明电器折合成 40 W 标准荧光灯达 10 亿只，由于处置不当而释放到大气环境中的汞量竟达 70~80 吨。

说了这么多，汞既很有价值，又因为它自身的毒性而背上骂名，它的毒性来自哪里呢？我们下一节再说。

1.（多选）水银用来做温度计，利用的水银特点是

A. 笨重　　B. 膨胀系数大

C. 不浸润玻璃　　D. 有毒

2.（多选）下列证明大气压存在的两个著名实验是

A. 比萨斜塔双球实验　　B. 托里拆利实验

C. 迈克尔逊－莫雷实验　　D. 马德堡半球实验

3. 有毒的神秘液体

如果说西方的炼金术士们主要是为了寻求能够点石成金的“哲人石”，那我们古老东方的炼金术士们除了这项任务，还得帮助帝王们寻找能长生不老的“仙丹”！这种传说中的仙丹真的存在吗？

秦始皇灭六国之后，坐拥天下，却依然闷闷不乐，权力和荣耀越多，就越怕失去。在当时还有谁能战胜这位千古一帝？唯有死亡！

在秦始皇的眼里，没有什么敌人是他不能征服的，死亡也不过如此，他找来各地方士寻求长生不老之药，甚至派出徐福东渡大海，将中华文明广泛传播！

后来的汉武大帝也希望自己长生不老，他修建了高三十丈的承露盘，据说用此承露盘接收来的露珠混合玉屑服用，就是传说中的长生不老之药。

秦皇汉武在追求永生的道路上相继失败，却阻挡不了后世帝王们的梦想和术士们的野心。东晋时期的葛洪堪称中国历史上最有名的炼金术士，他自号“抱朴子”，还真写出了一本《抱朴子》，其中《内篇》二十卷系统性地整理了术士们的神仙理论，记载了大量的炼丹方法，记录了一大批较原始的化学实验，是一笔珍贵的资料。

葛洪在《抱朴子·金丹篇》中这样写道：“凡草木烧之即烬，而丹砂烧之成水银，积变又还成丹砂，其去凡草木亦远矣，故能令人长生。”说明他已经发现丹砂（硫化汞）受热生成水银，而水银和硫反应又生成丹砂。这种可逆的反应，加上水银那神秘的形象让葛洪简直神魂颠倒，他坚定不移地认为：只要心诚，就一定能炼出长生不老的仙丹。仙丹的“丹”字就来自丹砂，据流传下来的资料显示，葛洪炼出的仙丹有

【参考答案】 1. BC　2. BD

密陀僧（氧化铅）和三仙丹（氧化汞），都是对人体有害的物质。中国炼丹术从此诞生了，中国的炼金术士们找到了方向，一大波丹药即将到来！

无独有偶，前面我们已经提到，阿拉伯世界里最有名的炼金术士是贾比尔·伊本·哈扬，外号“吉伯”。他也仔细研究了丹砂，并因此修改了四大元素理论，创造性地提出：世界上只有硫和汞两种元素，硫是“燃烧石”，代表着燃烧的本源，而汞提供了金属的各种本源属性。他认为其他各种物质都由硫和汞组成，比如铅也可以分成硫和汞，甚至金也是由它俩组成的，所不同的只是硫和汞的比例，只要找好硫和汞的比例，点石成金不是梦想！

吉伯的硫汞二元素已经很接近现在的元素概念，给他点个赞！

你看，西方世界后来的炼金术士们笃信吉伯的“歪理邪说”，却经过一番曲折（如燃素理论）开启了现代化学，而我国的后继者却跟随葛洪走上了炼丹的“康庄大道”。中国没有发展出现代化学，落后于西方，差距难道就源自葛洪和吉伯吗？

回到中国，葛洪之后，陶弘景和孙思邈等一大批医生道士发展了他的炼丹术，现在我们知道那些丹药由于含有重金属元素实则成了毒药，某种程度上来说他们炼制的丹药竟成为反帝反封建的先锋，杀害的皇帝远超农民起义军。在这个迷信丹药排行榜上，“金榜题名”的有：

晋哀帝司马丕　隋炀帝杨广　唐太宗李世民　唐宪宗李纯

唐穆宗李恒　唐敬宗李湛　唐武宗李炎　唐宣宗李忱

明太祖朱元璋（洪武）　明成祖朱棣（永乐）

明仁宗朱高炽（洪熙）　明世宗朱厚熜（嘉靖）

明光宗朱常洛（泰昌）　清世宗爱新觉罗·胤禛（雍正）

此外，还有一大批王公贵族和文人名士也追求潮流，“银榜题名”的有：

李白　韩愈　白居易

元稹　杜牧　崔元亮

晚年的白居易有诗一首《思旧》：

退之（韩愈）服硫黄，一病讫不痊。

微之（元稹）炼秋石，未老身溘然。
杜子（杜元颖）得丹诀，终日断腥膻。
崔君（崔群）夸药力，经冬不衣绵。
或疾或暴夭，悉不过中年。

原来白居易也是一位“瘾君子”！

大诗人受蛊惑之后的怅然若失，溢于言表。

其他还有很多银榜上的文人名士和铜榜上的底层百姓，因篇幅有限不能一一列举。

看了这么多案例，丹药的毒性究竟来自哪里呢？当然是我们近几节的主角：水银——汞元素。

汞虽不能被人体的消化系统吸收，但它无时无刻不在挥发出汞蒸气，通过人体的呼吸系统进入人体的各个部分，一部分汞被氧化成二价汞离子，丹砂是硫化汞，本身就含有二价汞离子，也逃脱不了干系。在微生物的作用下，汞和二价汞离子会转化成甲基汞和二甲基汞等有机汞，这些有机汞才是汞中毒的罪魁祸首，它们会攻击中枢神经系统，对口腔、牙齿和黏膜也会造成极大的伤害。

有机汞分子里的碳汞键不易断裂，而且易溶于生物脂类，在体内很难排除。长期接触汞或含汞化合物，汞元素在体内就会不断累积，严重的会导致脑损伤甚至死亡。

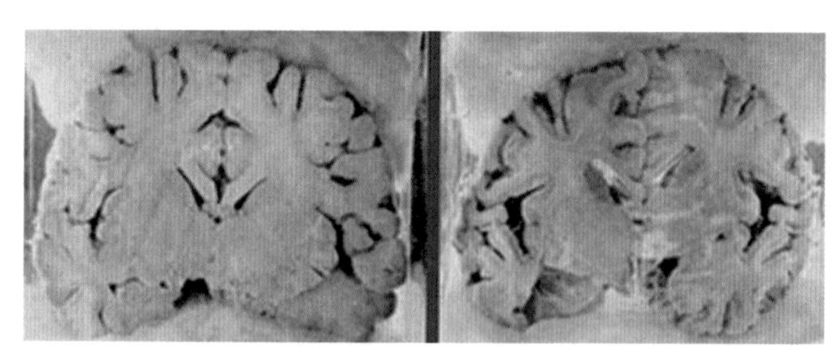
左边是正常的大脑，右边是汞中毒的大脑。

不过如果你家里的日光灯摔碎了，不用害怕，一只日光灯管里只有 5 mg 汞，第一时间打开窗户通风即可。

如果你家里的水银温度计摔碎了，也不要害怕，第一时间打开窗户通风，如果家里有硫黄，用硫黄覆盖是最好的办法。如果没有这个条件，尽快将水银小球聚成一个大球，减少它的表面积，降低挥发速度，将它收入一个塑料袋里密封保存，交给学校老师、科研人员等高手处理。

切记：

①千万不要用吸尘器，吸尘器那强劲的风力会加速水银的蒸发！

②不要用扫帚，扫帚会把水银扫的到处都是，扩散污染面积。

③不要把水银倒入下水道，倒入下水道会造成更多的污染。

④不要把碎玻璃和水银放在一个塑料袋里，碎玻璃会戳破塑料袋，释放出水银大魔王。

⑤如有可能，多套一个塑料袋，因为水银密度太大，有可能会撑破单层的塑料袋。

最为恐怖的是，汞是唯一一种能在生态系统中参与完整循环的重金属，它的蒸气会附着在空气中的小颗粒上，漂浮到很远的地方；将汞排入水里，它会进入鱼的体内，最终供上我们的餐桌；汞沉入土地，会在微生物的作用下生成有机汞，最终进入植物、动物体内。

如果说历史上的炼丹道士们只是送皇帝、名士们“上西天”，对人类整体影响有限，而现代的工业社会里，工业化量产出的汞波及的范围更广，要知道，这些汞元素几乎永远不会降解，它们迟早会进入我们的身体，赖在体内不走，攻击我们的神经。

1956年，日本熊本县水俣湾附近发现了一种奇怪的病。一开始大家发现很多猫步态不稳、抽搐、麻痹，仿佛在癫痫地跳舞，因此称其为“猫舞蹈病”，不久在人身上也出现了这种症状，被称为“水俣(yǔ)病”。

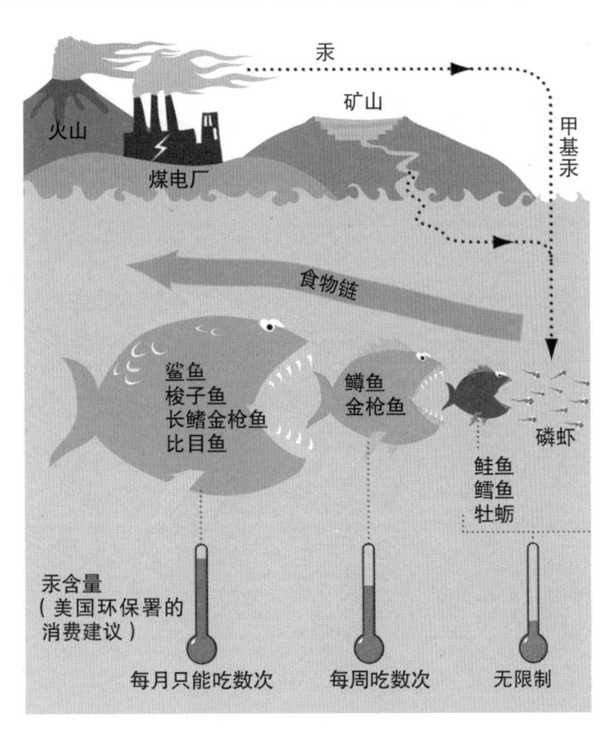

图片为汞循环示意图，大鱼吃小鱼，越大的鱼体内汞含量越高，这是因为汞的累积效应。

经过调查，水俣湾附近有一家醋酸厂，他们使用一种含汞催化剂，排放的废水含有大量的汞，海里的鱼虾有机汞含量严重超标，以海鲜为生的当地居民自然遭殃了。

最为可恨的是，日本政府当时竟然毫无作为，致使醋酸厂肆无忌惮地继续排污

12 年。后来，46 名受害者联合向日本最高法院起诉日本政府，并在 2004 年获得胜诉。想到我们当前经济的飞速发展，不是应该以史为鉴吗？

“水俣病”纪念碑

“汞会议”上的宣传画

前事不忘后事之师，鉴于汞元素那可怕的毒性，以及它在生态系统里可以完整循环的恐怖，减少用汞量才是正道。

2013 年 10 月 10 日，联合国环境规划署在日本熊本市主办“汞会议”，表决通过了《水俣公约》，包括中国在内的 87 个国家和地区的代表共同签署公约。根据《水俣公约》，一系列致力于减少汞污染的措施将得到落实，例如：含汞催化剂将被禁用，禁止生产含汞开关和继电器、含汞电池等，禁止生产含汞体温计和含汞血压计等。

我们可以看到，全球各国正在努力，将水银这个神秘的魔王封印起来，不再让它作恶！

小测试

1.（多选）根据本文，迷信炼丹术的名人有

A. 李白　B. 杨广　C. 朱元璋　D. 雍正

2.（多选）如果家里打碎了水银温度计，正确的做法是

A. 用吸尘器清扫　B. 打开窗子通风

C. 将小颗粒聚合成大颗粒　D. 装入塑料袋密封

【参考答案】1. ABCD　2. BCD

第六十二章 铊（Tl）

铊（Tl）：原子序数为81的银白色重金属，柔软，易成型，有延展性，氧化态为+1，+3价。铊有剧毒，可危及生命或引起神经、胃肠功能紊乱，并使头发脱落。

话说1860年德国化学家本生和基尔霍夫发明了光谱分析法并发现了新元素铷和铯俩兄弟，整个化学界因此沸腾，他们把各种奇怪的物质找来，用分光镜来检查它们的身份，一个又一个新元素被发现了！

同时期，英吉利海峡彼岸的英国有一个古怪的眼镜男，他总是留着络腮胡子，嘴唇上还有两撇尖尖的髭须，使他很容易被辨认出来。他是家里的长子，有15个弟弟和妹妹，自己又生了10个孩子，为了养家糊口，他一边做科学研究，一边撰写关于钻石的科普文章，还创立了一本科学时事期刊《化学新闻》。

克鲁克斯和他的克鲁克斯管

这个古怪的人就是大名鼎鼎的克鲁克斯，没错，就是发明了克鲁克斯管的那位！

在当时，他主要研究硒元素，就是那种带有大蒜味恶臭的元素。当他听闻本生和基尔霍夫发明的光谱分析法之后，立马也开始用分光镜来检查自己研究的各种物质。之前他正好在硫酸工厂的烟道灰里提取硒元素，他把这些烟道灰送上分光镜，发现了一条新的绿线，跟当时已知的元素都不一样，这无疑来自一种新元素。克鲁克斯用希腊文中“绿色的树枝”来命名它“Thallium”，译成中文是“铊”（tā）。

一开始，克鲁克斯还以为这是一种跟硫相似的非金属，于是 1861 年 3 月 30 日他在自己主编的《化学新闻》上发表了一篇论文:《论一种可能是硫族新元素的存在》。后来经过多次实验，他才确定这是一种金属，并在 1862 年 5 月 1 日的英国国际博览会上展示了少量黑色粉末状的金属铊。

晚年的克鲁克斯，一派大师风范。

似乎克鲁克斯作为铊元素的发现者是毋庸置疑的了，谁能想到这时，他却险些被人捷足先登。就在一个月后，英国国际博览会仍在进行，法国物理学教授拉米也向博览会提交了 6 g 的铊块。

又一场争夺元素发现者头衔的“英法大战”展开了，拉米指出：克鲁克斯获得的铊金属太少了，连铊的物理性质和化学性质都没弄清楚，怎么能作为元素的发现者呢？而克鲁克斯坚持表示：自己第一个发表关于铊的论文，第一个制取出铊的样品，又第一个在英国国际博览会上展示！

英国国际博览会快结束的时候，评委会给拉米颁发了金质奖章，克鲁克斯一无所获。这让克鲁克斯非常沮丧，他给评委会写了一封信称自己是继戴维爵士后发现新元素的第一个英国人，比起应得的荣誉来说，获得博览会的金奖是次要的。

评委会被迫再次开会讨论此事，最终授予克鲁克斯发现铊元素的金奖，而给拉米的是提炼出第一块铊金属的奖章，并向克鲁克斯道歉：“之前遗漏了您的名字，是公文上的差错。”直到现在，化学界都认可这种判定，克鲁克斯是铊元素的发现者，没有问题。

就这样，1863 年，年仅 31 岁的克鲁克斯走向他科学生涯的第一个巅峰，被邀请加入英国最顶尖的科学俱乐部——英国皇家学会。谁能想到 10 年以后，他却差点被皇家学会扫地出门？

原来，他加入了一个叫“通灵会”的神秘组织。一开始，他只是为了开展一项有关通灵学的科学调查，皇家学会的队友们还为他呐喊助威，希望他能去破除伪科学。没想到 3 年以后，1874 年，他的《通灵现象调查备忘录》面世，让人大跌眼镜的是，书中记录了各种江湖骗术——浮空、幻影、鬼火等，他还在书中宣称自己确实发现了超自然力量！

克鲁克斯的这些行为给伪科学工作者们提供了极好的素材，一直到现在，还有伪科学作家用克鲁克斯那泛黄的文章来作为自己的证据。

而科学界的好心人则开始去研究克鲁克斯这几年究竟经历了什么？有人为他开脱，指出克鲁克斯在发现了铊元素以后，花了整整 10 年去研究这种有毒的元素，可能就是他早年研究的硒元素和中年发现的铊元素让他变得疯癫了。

其实，克鲁克斯并没有中毒，他 1874 年就退出了通灵会并且重新投入科学研究中，并在晚年有了新的大发现，走上了他人生的第二个巅峰。

从另一方面来说，铊确实有剧毒，堪称元素周期表上最致命的元素，克鲁克斯研究了这么久都没有中毒，连长胡子都保持得这么好，真可谓一种幸运！

铊之所以是毒性最强的元素，原因在于它有两种常见的化合价：+1 价和 +3 价，尤其是它虽然是第ⅢA 族元素，+1 价却比 +3 价还要稳定，这又来自于那难懂的相对论效应，这里就不多谈了。正是铊元素这灵活多变的化合价，让它可以伪装成多种元素，偷偷占据它们在生化反应中的位置。它尤其喜欢伪装成 +1 价的钾离子渗透进皮肤，进入人体之后，铊立刻脱下伪装，破坏蛋白质里复杂的折叠结构，把蛋白质变成一堆废物。

和体内沉积在某种组织里的镉或汞不一样，铊元素在人体内简直就是一匹野马，它不断改变自己的模样，一会儿伪装成钾离子东游西荡，一会儿进入各种组织搞破坏。这种可怕的元素对人体各个器官的破坏力极大，其对成人的最小致死剂量仅为 12 mg/kg 体重。

更为可怕的是，铊毕竟是一种稀有元素，受害者毒性发作以后，大多数的医生不会往这方面想，往往忽略对它的检测，导致受害者不能得到及时的救治。铊就是这样成了“毒药之王”，令人闻之色变！

20 世纪 60 年代，英国出了一个臭名昭著的小伙子——格拉罕·杨。他从小喜爱看各种侦探小说，尤其喜欢阅读一些连环杀人案。有一天他不知道哪根神经搭错了，开始在自己的家人身上实践，往家里的锅碗瓢盆里放铊盐，导致他的姐姐中毒，继母死亡，于是他被送进了精神病院接受治疗。

奇怪的是，8 年后他被诊断为完全康复，放了出来。没多久，他混进了一家生产红外镜头的公司实验室做采购，制造这种镜头需要用到溴化铊，这让他获取毒药更为方便。他工作还没几天，就将铊盐加到茶里毒死了他的上司。接下来，他又给 70 个人下了毒，其中两人死亡，据后来杨的口供，他为了延长受害者的痛苦，故意减少了毒药的用量。

格拉罕·杨，真正的绝命毒师！

有段时间美国正为古巴问题而烦恼，美国CIA 曾有一次行动，计划将一种掺了铊的爽身粉放到当时的古巴领导人卡斯特罗的袜子里。他们甚至精确计算好了铊的用量，不会使卡斯特罗迅速死去，而是先让他那著名的大胡子脱落，好让美国人看笑话。后来不知道为什么，这个计划没能成功实施。

前古巴领导人菲德尔·卡斯特罗堪称传奇，一生中躲过多次暗杀行动，包括铊元素的攻击。

1994 年 11 月 24 日起，清华大学学生朱令开始肚子不舒服，吃不下饭。没过多久她的头发开始脱落，病情一天比一天恶化。在当时，包括北京协和医院在内的各大医院都束手无策，朱令的同学无奈之下将朱令的病情翻译成英语，向全球发出邮件，收到多封邮件回复说这是铊中毒，朱令才开始接受恰当的治疗。直至今天，此案仍然没能破获，凶手依然逍遥法外，而受害者朱令则留下了永久的后遗症，生活至今无法自理。

看了这么多触目惊心的故事，铊元素可谓劣迹斑斑！但我们要仔细想想，真正的杀人凶手难道只是毒药吗？令人发指的铊中毒，背后真正的元凶是谁？

1. 公认的铊元素的发现者是

A. 本生　　B. 基尔霍夫　　C. 克鲁克斯　　D. 拉米

2. 文中提到的用铊元素毒害人数最多的“绝命毒师”名叫

A. 阿拉法特　　B. 格拉罕·杨　　C. 卡斯特罗　　D. 朱令

【参考答案】1. C　2. B

第六十三　六十四章

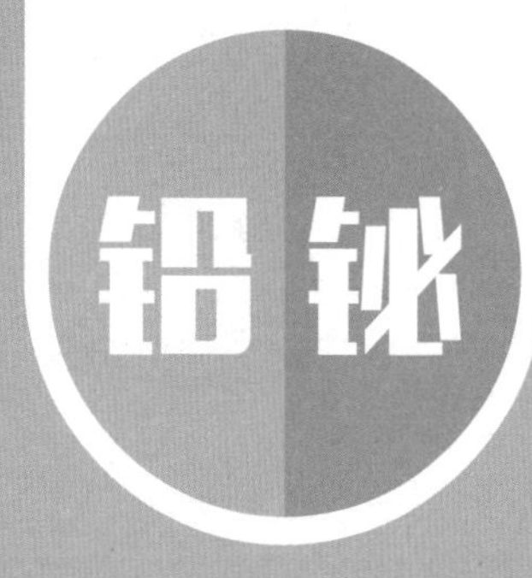

元素特写

铅：元素界的“黑巫师”。柔软、易加工的我曾成功摧毁了罗马帝国，今天，我也许就藏在你的美白化妆品中。

元素特写

铋：外表粉嫩，内心稳重，心思灵巧，善于制作具有复杂几何结构的彩虹铋。话说彩虹铋值得收藏哦！

第六十三章　铅（Pb）

铅（Pb）：原子序数为82的重金属元素。单质铅是柔软和延展性强的金属，有毒。铅可用于制造蓄电池、硫酸生产设备、各种铅合金、电缆包皮、颜料、弹药及X射线防护屏等，还可做体育运动器材铅球。

1. 毁灭帝国的元素

黑色的方铅矿，经常和银矿伴生。

铅在地壳中的含量微乎其微，但含铅矿物聚集，而且铅的熔点只有 328 ℃，所以早在远古时代就已经被人类提炼出来并得到利用。

一直到现在，提炼方铅矿（硫化铅）还是人类得到铅元素的主要方法，将方铅矿投入火中焙烧成氧化铅，再用木炭还原，就得到了金属铅。

人类在 7 000 年前就已经认识到铅了。

在英国博物馆里藏有在埃及阿拜多斯清真寺发现的公元前 3000 年的铅制塑像。

在爱琴海里的米提尼利岛上，发现了公元前 2600 年左右的铅制手镯，经过化学分析显示这几乎是纯铅。

苏美尔古城乌尔和后来的巴比伦古城阿卡德都出土了各种各样的铅制品，到了汉谟拉比时代，巴比伦已经开始大规模生产铅。

中国也在 4 000 年前开始大规模使用铅制品，甚至还出土过铅制成的硬币。要知道，青铜器中可不光有铜和锡，铅也是一种重要组分，它可以提高熔融状态青铜合金的流动性。如果要加工特别复杂的纹路，离开铅可真不行。在殷墟出土的一些青铜器中，铅含量竟然超过 20%。

纯铅较软，摩氏硬度只有 1.5，但它各种形式的化合物却形态各异，这调起了炼金术士们的兴趣。

晋朝张华的《博物志》里写道：“纣烧铅做粉，谓之胡粉，即铅粉也。”这里纣王“烧铅”不是真的将铅点燃，铅的化学性质不活泼，只有在纯氧里才能燃烧，纣王显然没有这个条件。中国古人让铅和醋反应，生成醋酸铅，在空气中受到二氧化碳、水蒸气和氧气的共同作用，得到碱式碳酸铅。纣王的“胡粉”，原来是碱式碳酸铅，也称“铅白”，这是一种常用的白色颜料，也曾被妇女用来涂敷在脸上。据说，英国女王伊丽莎白一世为了让自己的脸色更显白，经常涂敷这种“铅白”化妆品，最终她的死亡与铅的毒性有很大关系。

“铅白”会和空气中微量的硫化氢反应，生成黑色的硫化铅，所以有些古代的名画里，原本白色的地方发黑，就是这个原理。而将“铅白”投入火中，受热分解成二氧化碳、水蒸气和铅的氧化物，用木炭还原，又得到了金属铅。所以东汉时期的炼金术士魏伯阳在《周易参同契》中写道：“胡粉投火中，色坏还为铅。”意思是变色的“铅白”放火里炼一炼，就得到了铅。

中国炼丹第一人葛洪当然也对铅情有独钟，我们在讲汞的篇章里提到，他曾炼出一种“密陀僧”，这是一种灰色物质，带一些褐黄色。现在我们知道它的化学成分是不纯的氧化铅，在空气中摆放时间过长会变成“铅白”。

葛洪还在他的《抱朴子》中写道：“铅性白也，而赤之以为丹，丹性赤也，而白之以为铅。”这是他将铅炼成了红色的四氧化三铅，称为“铅丹”，“铅丹”也可以被还原成铅，这就是“白之”。

◀美丽的童贞女王——伊丽莎白一世，她所有的画像都显示涂抹了大量的白色粉底。

▲铅丹，你敢吃吗？

▶炼丹图

铅霜——醋酸铅，古罗马称为“甜铅”。

除此之外还有“铅霜”。《图经本草》中有“铅霜亦出于铅，其法以铅杂水银十五分之一，合炼作片，置醋瓮中，密封，经久成霜，亦谓之铅白霜，性极冷”的记载。这是先将铅氧化成氧化铅，再和醋酸生成醋酸铅，这就是“铅霜”。“铅白”不溶于水，但“铅霜”溶于水，入口有凉甜之感，所以也称为“铅糖”。

上面说的这几种含铅的化合物都是有毒的，但我们的古人乐此不疲，前仆后继。我们能看到，在错误的思想指导下，古人看到颜色的变化就以为可以延年益寿，并“身体力行”，这需要多么大无畏的精神。

如果说我国的炼丹道士们还只是小规模经营，毒害一些大人物也就罢了，那么欧亚大陆另一头的罗马帝国则是玩真的。

前面我们说过，罗马帝国为了金银而扩张，他们的军队带回了各地的金银财宝，却发现自己的版图里到处都是铅矿——伊比利亚半岛、塞浦路斯、中欧、安纳托利亚、希腊、撒丁岛、英伦三岛等。提炼铅可比炼铜冶铁方便多了，而且还不用担心腐蚀问题，又容易加工成各种形状，这种便宜而耐用的金属很快进入罗马文明的各个角落，药物、棺材、水箱、装饰品、屋顶、钱币、武器，以至于有人将罗马时期称为“铅器时代”。

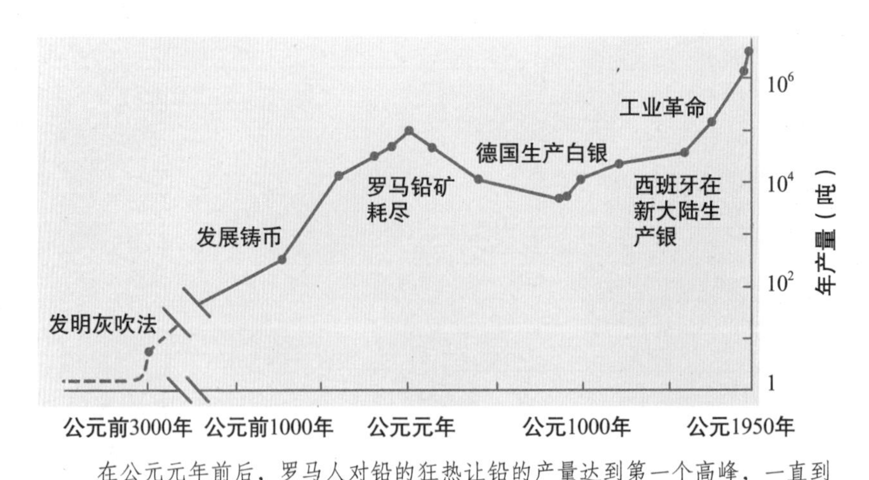

在公元元年前后，罗马人对铅的狂热让铅的产量达到第一个高峰，一直到工业革命之后才超过那个时代。

插个逸事，由于铅很软，古罗马人用铅棒写字，“铅笔”这个词就这么来了。

一直到 16 世纪，才用石墨取代了铅，这是后话。

在拉丁语里，铅叫“Plumbum”，现在铅的元素符号“Pb”就是从这里来的。由于罗马人用铅来做输水管道，还造就了一个词：水管（plumbing）。

古谚说：“罗马不是一天建成的！”确实，罗马城最为人称道的就是它的城市建筑和先进的城市规划理念，尤其是当时最先进的全城供水系统。很可惜，铅制的输水管道将有毒的铅元素输送到了寻常百姓家。

古罗马人还发现用铅做容器后，盛放的酒口感特别好，有一种甜味，相对于之前青铜器给酒带来的辛辣味，真是美味多了，所以古罗马上流社会的盛酒容器几乎都用铅制。当时还流行一种食物——萨帕，他们用铅锅煮沸变酸的葡萄酒，得到一种非常甜的白色晶体，从老到小、男男女女都爱它。我们不用想就知道，萨帕就是“铅霜”醋酸铅的结晶水合物。在当时最有名的食谱《阿皮修斯》里共有 450 道菜的做法，其中有五分之一都用了萨帕。

◀古罗马的铅制输水管道

▶古罗马的铅制酒杯，在当时盛为流行。

把毒药当美味，罗马人终于走上了不归路，整个帝国的病痛声不绝于耳。尽管当时有人指出病患与铅的联系，但是生活习惯很难改变，从贵族到贫民都忍受着铅元素的折磨，即使是皇帝也不能幸免，比如多位历史学家笔下的第四任皇帝克劳狄乌斯，就有神经质、心不在焉、面色苍白、长年被胃病和痛风折磨的记录，这都符合铅中毒的症状。

铅中毒更可怕的是对儿童和孕妇的伤害，这在很多著名的古罗马历史故事中都得到了印证。比如著名的恺撒大帝，他宠爱的女人和他喝过的葡萄酒一样多，却只留下了一儿一女。他的继任者屋大维也不失风流，三任妻子，情人无数，却只有一个离经叛道的女儿，其他三个儿子都是收养的。

就这样，罗马的人口不断缩减，而人口素养也不断下降。罗马在鼎盛时期名将如云，后来，却出了像尼禄这样的疯子皇帝，最终被异族灭亡，这难道都是铅元素的罪过吗?

在那个科学尚未启明的时代，面对灾难，人们只能去寻找各种神秘的解释。几乎从罗马建城之日起，罗马人就将农神萨图恩作为罗马的庇护神，后来希腊神话传入罗马，萨图恩甚至成了朱庇特的父亲，类似于希腊神话中宙斯的父亲克洛诺斯。

在各种各样的罗马神话故事中，萨图恩的形象都是阴郁而迟钝、有恶魔气息的，这都和铅带给人们的印象很相似，后来的炼金术士们也因此将铅和天上的土星联系起来，本来嘛，土星就是用萨图恩来命名的，还有一种铅中毒性痛风的英文名（saturnine gout）也根据萨图恩来命名。

现代科学昌明之后，理解了铅元素的毒性，人们对它避之犹恐不及。只要有可能和人体接触的地方，含铅涂料、染料、水管、汽油都被禁用。进入 20 世纪 80 年代以后，全世界的铅使用量开始下降。

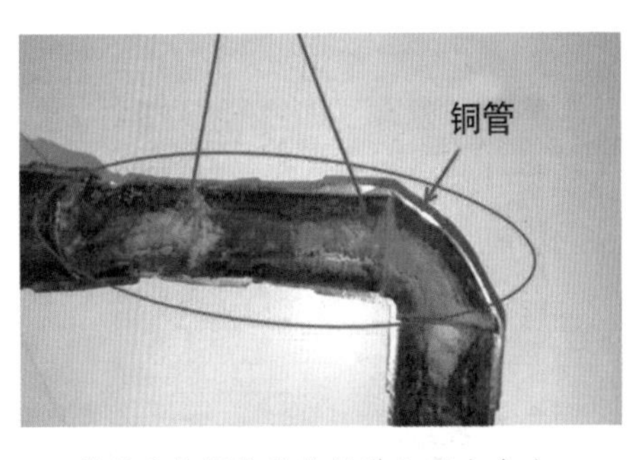

就是这些焊接处的铅进入了自来水。

然而百密一疏，2015 年 7 月香港民主党爆料，位于香港九龙的部分单位饮水管道出的水含铅量超过世界卫生组织的标准。事件报道后引起全香港民众的广泛关注，民众开始自发检查，让人大跌眼镜的是，各处的私人住所、学校、医院等都陆续出现超标铅水的报告，其中，最严重的竟然高达世界卫生组织标准的 24 倍!

经过调查发现，在供水系统的管道锡焊焊接处发现了含铅的焊接物料。含铅的焊接物和铜合金接触到水，铅和铜之间发生电化学作用，这些铅就源源不断地进入了自来水里。真是防不胜防!

值得警惕的是，进入 21 世纪，随着中国经济的崛起，铅的产量又开始增长。据统计，我国 2010 年的铅使用量相当于人均 8 kg，这是一个多么可怕的数字！更恐怖的是，全世界大部分铅的生产都来自我国。

铅最主要的应用是铅蓄电池，铅蓄电池的原理高中课本上都有。跟新一代的锂电池相比，它的能量密度和充放电速度都很差，但它有一个好处：便宜，仅这一点就很有竞争力了。

我们只能寄希望于我们的科研人员，早日研究出性价比更高的电池，将铅这种可怕的“亡国元素”早日淘汰。

1. 根据本文，被铅元素毁灭的帝国是

   A. 古希腊　B. 古罗马　C. 大英帝国　D. 阿拉伯帝国

2. 下面选项中没有毒性的铅的化合物是

   A. 铅白　B. 铅霜　C. 铅丹　D. 别闹了，都有毒！

2. 地球多大年纪了

我们知道，在恒星内部，通过核反应能聚变出的相对原子质量最大的元素是铁元素。铁 56 的比结合能最大，再要合成相对原子质量更大的元素，就不是放热反应，而是吸热反应了，因此，相对原子质量更大的元素无法通过核聚变来产生。那是不是所有相对原子质量更大的元素都来自超新星或双中子星合并呢？也不尽然，在恒星内部，也有一条持续稳定的路径，让比铁相对原子质量更大的元素逐一生成，这就是“慢中子俘获”。

第一代超新星爆炸出一些重元素的碎屑，有些飘荡在宇宙空间，凝结成行星，也有些被其他恒星吸引过去，成为进一步核反应的母核。在恒星内部，有着各种各样的辐射，其中就有中子辐射。偶然的机会，“贪吃蛇”母核将中子俘获，“吃”进肚里，变成更大的原子核。这个过程很漫长，可能要一年、十年，甚至更久，才会发生一起俘获事件，所以称为“慢中子俘获”。这些原子核就如同滚雪球一般，越来越大。然而雪球毕竟是有限度的，吃胀肚子的不稳定原子核会发生 β 衰变，吐出电子和中微子，变成了原子序数增加 1、原子核质量数相同的其他元素。

比如银 109“吃”掉 1 个中子，变成不稳定的银 110，立刻衰变成镉 110。镉元素比较能“吃”，连吃 5 个中子变成镉 115，才衰变成铟 115，然后是铟 116，又衰变成锡 116。偶数位的锡也是个“吃货”，接连吃掉 5 个中子，到了锡 121 才撑不住，衰变成锑 121。

原子核就是这样通过“慢中子俘获”过程，如同滚雪球一样越来越大，最终到了铊元素，遇到了问题。

铊的稳定同位素铊 203“吃”下 1 个中子，衰变成铅 204，和它的小弟“锡”一样，

【参考答案】1. B　2. D

铅也是个大吃货，它继续吃中子到铅 209，这是一种不稳定的同位素，它迅速衰变成铋 209。铋 209 吃掉 1 个中子就撑不住了，衰变成钋 210。到了这里，偌大的原子核终于吃中子吃到吐，于是发生 α 衰变，直接吐出一个氦核（α 粒子），原子序数减少 2，原子核质量数减少 4 个单位。

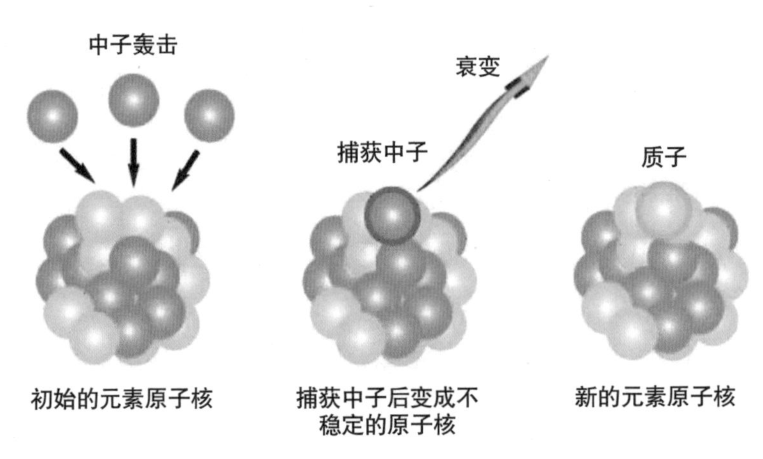

原子核吃进中子，吃多了会“消化不良”，发生 β 衰变，中子变成质子。

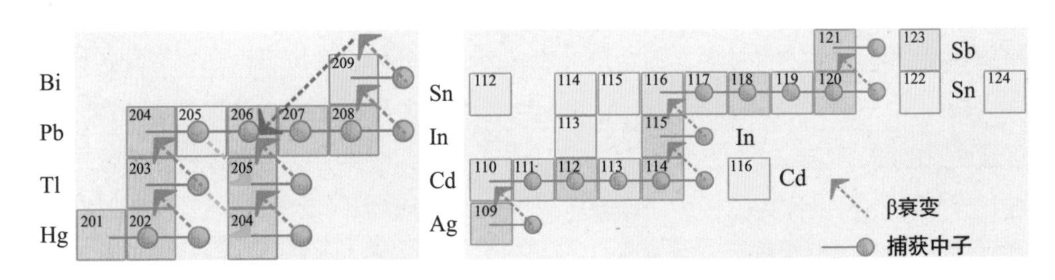

“铅铋钋循环”，其中红线为中子俘获，蓝色为 β 衰变，绿色为 α 衰变，青色为电子俘获。

从银到锑的慢中子俘获过程

不信你看，铋以后的元素全都是放射性元素，钋 210 的半衰期只有 138.4 天，发生 α 衰变，直接掉到铅 206。就这样，从铅 206 到铅 207，铅 208，铅 209，铋 209，铋 210，钋 210，再回到铅 206，恰好组成了一个循环。“慢中子俘获”滚雪球的游戏玩不下去了，重元素一步一步向上爬格子，最终撞到了天花板——铅。

正是如此，虽然铅“重”达 82 号，在地壳里却比很多轻元素——如碘、溴甚至“五金”之一的锡——都要多，是重元素里最多的一个。

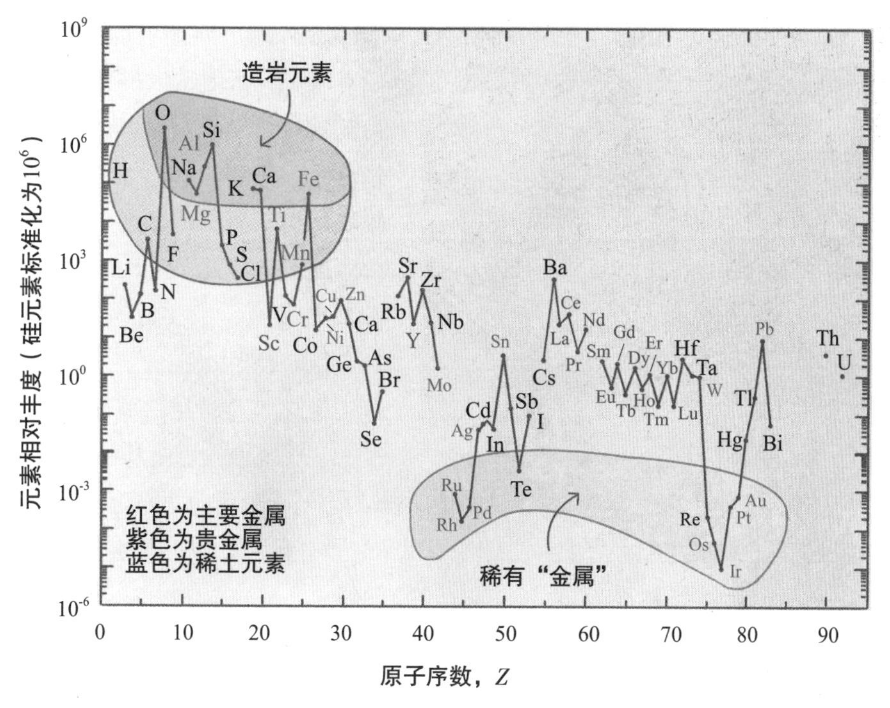

地壳元素的丰度表上，铅是最后的高峰。

稍微偏题一下，恒星里的“慢中子俘获”只是铅元素的一部分来源，在超新星爆炸和双中子星合并事件中也会产生铅的兄弟姐妹们，只是这其中的机理叫“快中子俘获”。

超新星爆炸和双中子星合并的时候，伴随着的高密度的中子流每秒每立方厘米高达100万亿亿个中子。在如此之多的中子碰撞下，较轻的原子核深陷在中子的“沙尘暴”里，各种各样的富中子原子核被制造出来，而又迅速发生 β 衰变，最终变成较稳定的原子核。铱、锇、铂等贵金属、其他重元素以至放射性元素都可以通过“快中子俘获”制造出来，铅元素也不例外。

超新星也是重元素的制造工厂。

好了，说了这么多好像没啥用啊。宇宙深处那些复杂的核反应跟我们有什么关系呢？

还真的是有关系的，比如我们经常用铅来防辐射。

厚重的铅是防辐射的理想材料。

所有的物体都可以阻挡辐射，相对来说，密度越大的物质阻挡能力越强。元素周期表里，铅以后的所有元素都有辐射，你的目的是阻挡辐射而不是制造辐射，这些元素都可以被排除了。剩下的重金属里，数贵金属铱、锇、金等密度较大，但它们的成本太高。

总之，要满足这两个条件：密度大，成本低。也就是铅最合适了，这就是为什么医疗、军工等行业多用铅来阻挡辐射。至于民用的孕妇防辐射装？什么？电磁辐射也需要阻挡？好吧，心理作用对孕妇也有很大影响，认了吧。

另外，铅解决了很久以前人们就开始思考的问题："地球多大岁数了？"

让我们慢慢道来，话说我国的神话传说是从盘古开始的，传说他开天辟地后活了 18 000 岁，之后才开始我们的 5 000 年文明。这样算起来，地球约有 23 000 岁。

这毕竟是一个约数，而 17 世纪爱尔兰大主教詹姆斯·乌雪竟然给出了一个精确无比的数字：世界创造于公元前 4004 年 10 月 22 日星期六下午 6 点左右。这也太神奇了吧？其实分析他的依据，也就是小学生算术水平：

①找到巴比伦国王以未米罗达的登基发生在公元前 563 年。

②把圣经故事的年代顺序理清，一直往前推。

牛顿的好友哈雷

易证：……

英国科学家哈雷（"哈雷彗星"以他的名字命名）对此表示异议，都什么年代了，还在整圣经？能有点科学精神吗？

哈雷看到了大海，他认为是河流将盐分带入大海，才导致海水如此之咸。他用海水的盐分总量除以每年河流新带入大海中的盐分，得到一个数字：1 亿年。

不用想就知道哈雷肯定会被一大批人反对，首先这个数字已经超过当时大多数人的理解能力了；其次，大海吸盐的速度难道是恒定的吗；更何况，就算这个数字是对的，也只是大海的年龄，而在海洋出现之前地球早已出世了。

再后来，一批又一批的科学家们从不同的角度去理解这个问题，也得到了不同的答案。

比如有人用沉积岩的原理计算出地球有 3 亿 ~10 亿岁；大嘴巴开尔文勋爵则是从地球冷却速度算出地球的年龄是 9 800 万岁。然而这些方法都不能让人信服，因为他们选择的标尺不管是沉积速度还是冷却速度，都不稳定可靠。有没有一种宇宙尺度下都极其稳定的标尺呢？

有！这就是放射性同位素的半衰期，速度绝对稳定，不受任何外界条件的影响，童叟无欺！

在碳的篇章里，我们曾介绍了碳 14 年代测定法！每隔 5 730 年，都有一半的碳 14 衰变，这个时间尺度用于 5 万年以内的古人类文明考古是可以的，对于更加漫长的古地质学则力有不逮。

在钾的篇章里，我们还介绍过钾氩测年法，其实更早一点还用过一种最精确的测年方法，那就是铀铅测年法。

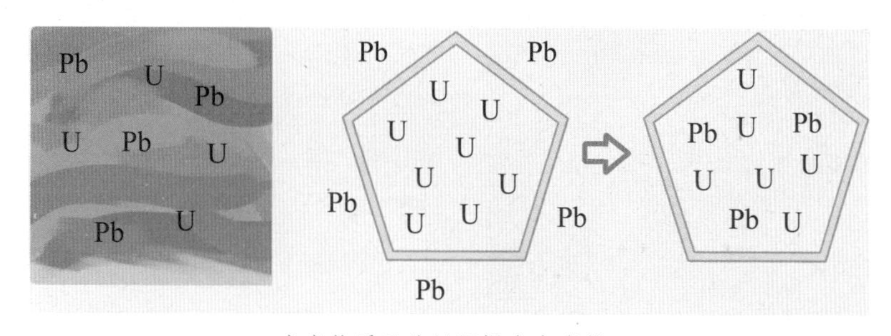

成岩物质里的铀缓慢衰变成铅。

铀是最常见的放射性元素之一，它有两种常见同位素铀 235 和铀 238，前者经过 7 次 α 衰变和 6 次 β 衰变成为铅 207，后者通过 8 次 α 衰变和 6 次 β 衰变成为铅 206，然后就到了终点，不再继续了。更好的是，这个过程足够慢，完全适合古老的地质年代测定。理论上说，只须要知道一个样品里现在有多少铅和铀，以及形成的时候有多少铅，就可以得到它的年龄。

1953 年，美国一个研究员帕特森成功用铀铅测年法测出地球年龄是 45.5 亿岁，这一数值一直沿用至今。

测出地球的年龄很容易是吗？显然不是！

故事讲完了吗？显然没有！

预知后事如何，请听下回分解。

1. 你认为地球的年龄是

A.6 000 岁　B.1 亿岁　C.45.5 亿岁　D.10 亿岁

2.（多选）可以从下列核反应过程中得到铅元素的是

A. 核聚变　B. 慢中子俘获　C. 快中子俘获　D. 核裂变

3. 拯救世界的男人

看完上一节，你可能觉得测出地球的年龄很简单吧，拿出一块地球矿石，测出其中铀和铅的含量，跟书上对比一下，套一下公式，地球年龄就出来了。

我可以负责任地告诉你：你太幼稚了！

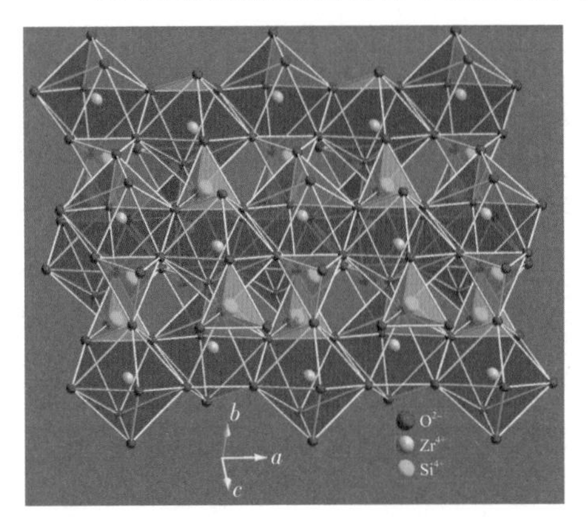

硅酸锆晶体，对铅元素很排斥。

话说 1947 年，美国芝加哥大学的布朗教授对铀的衰变很感兴趣，他得出这样的结论：只须要知道一个样品里现在有多少铅和铀，以及形成的时候有多少铅，就可以得到地球的年龄。

然后……他太懒了，于是找来他的研究生："小伙子，想知道地球多大岁数了吗？这个课题可以实现你这个愿望哦。"单纯的研究生懵懵懂懂地接下这个课题，谁能想到，他不仅完成了这个划时代的课题，更是超额完成任务，拯救了全人类！他的名字叫：克莱尔·卡梅伦·帕特森！

帕特森接到这个课题，首先想着得找到一种形成的时候不含铅的岩石，这样才好作为参比样。你别说，还真有一种锆石，就是那种坚硬的硅酸锆晶体，它的晶体结构和铅一点都不兼容，帕特森相信，在古老的地质时代，锆石成岩的时候就会把铅孤立出去，因此可以假设锆石中初始的铅元素含量为零。

另外，锆石不排斥铀元素。事情变得简单了，找几块锆石，分析出其中的铀含

【参考答案】1. C　2. BC

量和铅含量，套入公式，地球年龄唾手可得啦！

帕特森一开始也是这么以为的，做了一段时间实验他就发现不对劲了，几块锆石中铅元素的含量严重超乎预期，更让他受不了的是误差简直超乎想象。看起来，锆石样品被污染了。他变身为清洁工，对实验室反复进行各种擦洗消毒，然而都于事无补。

一晃就是5年，沮丧的他虽然炮制了一篇论文，并从芝加哥大学博士毕业，却依然闷闷不乐，铅污染成了他的一块心病！

1951年，帕特森的老板布朗决定跳槽到加州理工学院，他用这句话“诱惑”帕特森与他同行："小伙子，在那里你可以从零开始建造一个你自己的实验室！"

帕特森心动了，他跟随布朗来到加州理工学院，成为一名研究员，他亲手设计并搭建了史上第一个超洁净实验室。在他的实验室里，所有人从头到脚包裹得严严实实，和在航天器里一样，所有的出入都要经过多道门来把控，除此之外，所有的设备都经过严格酸洗，所有的试剂都经过重新蒸馏，还要随时监测空气中的各项指标。一个世纪之前的法拉第，看到帕特森的这座实验室也只能佩服得五体投地吧。

这座超洁净实验室宣告落成之后，帕特森终于有条件来解决他之前遇到的“铅污染”问题。他开始审视之前的锆石，发现它并不是非常好的选择。要知道，地球诞生以来，就一直没有安稳过，经过几十亿年的地质运动，岩石经过无数次拷打，到了帕特森手里早已面目全非了。

要测量地球的年龄，最好能找到一种和地球同时形成的物质，那就是陨石！和早就“成家立业”的八大行星不一样，陨石虽然和太阳系几乎同时诞生，却一直在浩瀚的太空里流浪，无家可归，一直到地球收纳了它们。

陨石大致可以分为两类：铁陨石和石陨石。前者铅含量高而铀含量低，这说明铁陨石中的铅是诞生之日起就存在的，只有极少部分是铀裂变带来的，因此可以作为极好的参比样，铅元素的初始值确定下来了。

大约5万年前，一块铁陨石坠落在美国亚利桑那州的恶魔峡谷，帕特森要来了这块铁陨石的样品，在自己的实验室里小心翼翼地测量出了其中的铅同位素比值，他把这个数值作为初始值，再把地球的平均铅同位素比值当作现今值，套入公式，计算得到:41亿~46亿年。地球上的精灵们终于知道了自己生长栖息的星球的年龄！（地球："I don't care！"）

帕特森当然不会如此轻信自己的数字，7年工作的磨砺已经让他绝对拥有科学家的素养——反复挑战自己的结论！他又将目光转向石陨石，与铁陨石相反，它含

这些不速之客是太阳系诞生之日起就和地球一起存在了。

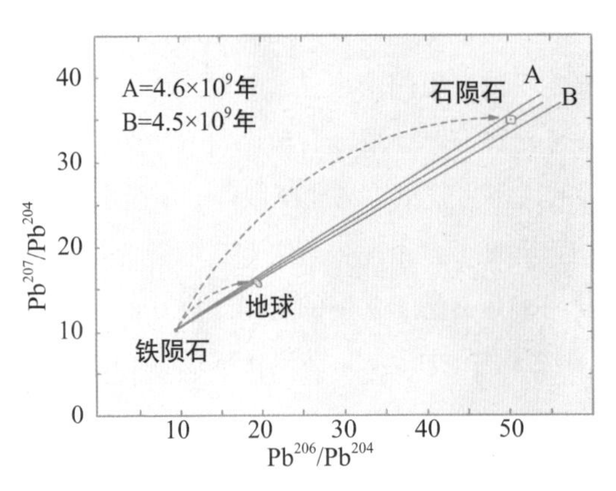

石陨石和铁陨石的坐标连线，通过斜率测算出地球年龄。

有更多的铀，这意味着石陨石中的铅主要来自铀的衰变。

前面我们提到，从铀到铅，有两条路径，最终产物有两种：铅 206 和铅 207。毫无疑问，这两条路径的时间是一样的，将两种最终产物和另一种不衰变的铅 204 对比，将两者的比值画在一张图上，与铁陨石提供的基线连接，得到两条线段，比较它们的斜率，就可以得出地球年龄了。这也叫铅铅测年法，它和铀铅测年法结合，无疑将更加精确。

帕特森经过如此复杂的“验算”，得到了地球更精确的年龄：45.5 亿年，误差 0.7 亿年。

事情还没有结束，帕特森转过头去调查困扰他多年的“铅污染”问题，为何只有在天外来客——陨石上才能找到正确答案呢？他继续走向大海，分别测量了深海和浅海里的铅元素含量，又来到南极，取出了那里的冰芯，甚至连古埃及的木乃伊也不放过。看到测量结果，帕特森惊呆了，当时人体内的铅含量是古人的一千倍，按照这个速度下去，人类也要和罗马帝国一样，难逃灭亡的命运。

问题是，20 世纪的这些铅究竟来自哪里呢？找来找去，发现这些重金属杀手竟然来自一项天才的发明——汽油抗爆剂。

还记得托马斯 · 米奇利吗？就是发明氟利昂的那位天才发明家，话说他的糟糕发明还不止那一项。

1916 年，米奇利来到通用汽车公司。在当时，最困扰汽车业的难题是汽油在气缸中燃烧速度很难控制，经常发生“爆震”，既耗油又容易损伤引擎。米奇利花了 6 年时间，试验了 33 000 种物质，终于找到了四乙基铅。只要向汽油中加入这种物质，不仅爆震现象消失了，还大幅提升了汽车的动力。

现在我们是不是又要面临新的危险？

由于铅的毒性深入人心，通用公司给这种添加剂起了一个似乎天然无害的名字——“乙基”，还成立了一家新公司——乙基汽油公司，专门生产这种含铅汽油。对这些资本家来说，乙醇汽油虽然对环境友好，但利润太低，还是含铅汽油对他们的吸引力更大，至于环境和民众的健康，那不是他们须要在意的事情。

在这之后几十年，虽然有各种各样的“铅中毒”事件，但都因无确凿证据被汽油大亨们捂住了。帕特森不一样，他手头的可是经过他几十年如一日的调查研究才掌握的数字证据。一场和汽油大亨旷日持久的斗争展开了，终于到了 20 世纪 90 年代，含铅汽油在世界各地都被明文禁止，才宣告了帕特森的胜利，人类被一个默默无闻的科学家拯救了！有一项研究表明，20 世纪 90 年代之后美国学龄前儿童的平均 IQ 提高了 5%。

你看，在资本和利益的贪婪面前，最有力的就是科学那无差别的考究精神！

1. 最终被用来测出了地球年龄的是

A. 锆石　　B. 陨石　　C. 冰芯　　D. 海水

2.（多选）根据本文，帕特森在科学史上的三大贡献是

A. 精确测定地球年龄　　B. 建立超洁净实验室

C. 打击汽油大亨　　D. 发现含铅汽油对环境的威胁

【参考答案】1. B　2. ABD

第六十四章　铋（Bi）

铋（Bi）：原子序数为83，单质为银白色带点儿粉红色的金属，质脆，化学性质较稳定，燃烧时呈现蓝色火焰，产生黄色烟雾。工业上，铋主要用于制造低熔点合金。

最早将铋区分开的阿格里科拉

83号元素铋经常跟锡、锑、铅等混在一起，难以分辨。16世纪德国冶金学家阿格里科拉的著作《论金属》中提到，铅中混有一种白色金属，和铅、锡组成了一个家庭。在德语中，白色是“weisse”（还记得溴化学武器“白色十字架”吗？），因此白铅就是“weisse masse”。这个词进入拉丁文之后，“w”变成了“b”，整个单词就成了“Bismuthum”，译成中文就是“铋”。

后来经过C. 若弗鲁瓦和T. 伯格曼的研究，铋的性质越来越明晰，确定它不同于铅和锡。因此铋算得上是人类最早发现的top 10元素之一，也被拉瓦锡列入第一份化学元素列表。

铋偏白，带有一点桃红色的金属光泽，燃烧时呈现蓝色火焰，产生黄色的烟雾。铋的熔点很低，只有271 ℃，在家里用一个不锈钢小锅就可以将铋熔融，在它冷却下来时，可以看到很神奇的现象，铋和水一样，凝结的时候竟然会膨胀。再加上其表面被部分氧化，我们可以得到彩虹般的晶体，因此，很多化学爱好者都喜欢将这种彩虹铋做成装饰品，放在案头作为摆设。

一直以来，人们以为铋是相对原子质量最大的稳定元素，没有放射性。2003年，法国科学家将纯铋放入一个封闭的环境，排除一切干扰，用极其精细的方法发现铋也会发生 α 衰变，他们还测出了铋的半衰期，足有 2×10^{19} 年，是宇宙年龄的 10 亿倍。这是已知的半衰期最长的 α 衰变，尽管在此之前已经发现碲 128 发生双 β 衰变的半衰期为 2.2×10^{24} 年。

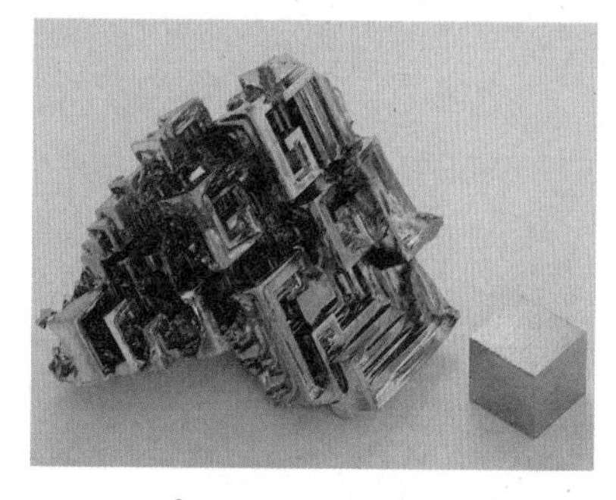

$1\ cm^3$ 银白色的铋（右）可以被制成的彩虹状的装饰品（左）。

事实上，铋如此之长的半衰期对渺小人类的现实生活没啥影响，在我们平时的工作、医疗中，都可以认为铋没有任何放射性。比如那粉红色治疗胃病的次水杨酸铋（粉铋），实在不用担心它的放射性危害。

铋很脆，做不了主体材料。将铋和铅、锡等金属熔炼在一起做成合金，可以将熔点降到很低，比如罗斯合金，含 50% 的铋，熔点只有 94 ℃；还有一种伍德合金，也含 50% 的铋，熔点只有 65.5 ℃，它们常被用来制作焊接料、保险丝、防火自动喷洒装置等。

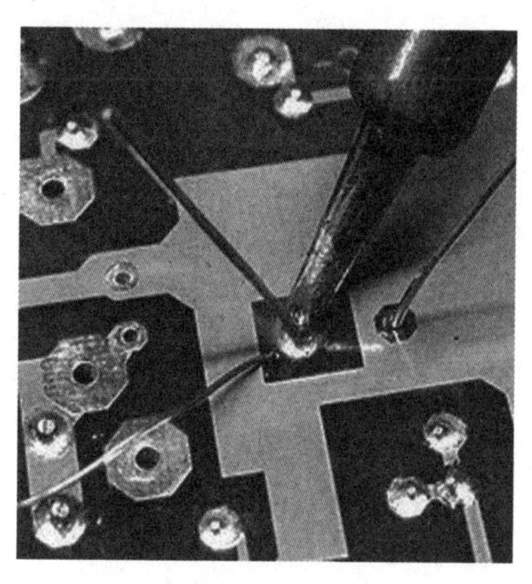

铋合金是很好的无铅焊接料。

1. 下列元素被列入了拉瓦锡的第一张元素列表的是

   A. 铷　B. 铯　C. 铋　D. 碘

2. 下列说法正确的是

   A. 铋没有放射性

   B. 宇宙灭亡了，铋也不会衰变

   C. 铋的半衰期有 2×10^{19} 年，是宇宙年龄的 10 亿倍

   D. 铋的半衰期最长

【参考答案】1. C　2.C

第六十五章

天然放射性元素

元素特写

镭：大家都说居里夫人因我成名，也因我殒命，可我能怎么办？我的放射性仅受时间掌控啊……

元素特写

铀：我与原子弹携手扬起的蘑菇云，带来的究竟是战争还是和平？

第六十五章
天然放射性元素

天然放射性元素：钋、氡、镭、锕、钍、镤、铀等是存在于自然界的天然放射性元素，它们不断自发衰变，成为其他元素。研究这些天然放射性元素让我们认识并利用了原子能，制造出了核武器。

1. 天王星元素

我们终于要说到最后一种天然存在而又储量可观的元素，92号元素——铀！自然界中的铀含量其实不少，地壳里铀元素的含量排在第48位，比钨、汞、金、银等常见元素都多。但它经常夹杂在各种矿物里，很难分离，人类利用它其实也不晚，但都用得不明不白。

在古罗马的一些玻璃制品里，已经发现有一种黄色玻璃含有1%的氧化铀，这种玻璃距今约2 000年。到了中世纪，在波希米亚（今捷克）的银矿里也伴生着大量的沥青铀矿，工匠们发现把这种矿石加到玻璃里可以改变玻璃的颜色。一直到19世纪初，这里都是世界上仅知的有铀矿的地方。

黄绿色的铀玻璃

18世纪开始，这种铀玻璃加工工艺蔓延开来，欧洲大陆好几家公司掌握了这种工艺，在熔化的玻璃水中加入氧化铀，就可以得到黄绿色、比较有油感的玻璃，因此，人们称它为“凡士林玻璃”。后来人们发现用紫外线照射这种玻璃，竟然可以发出绿色荧光，甚是瑰丽，这种含铀玻璃变成了时尚圈的宠儿。

直到人们发现了铀的放射性，甚至有消息称很多制造凡士林玻璃的工人患上肺癌死去，人们才开始冷静下来。“曼哈顿计划”期间，美国政府宣布铀为管制品，美国所有铀玻璃的生产都停止了，一直到 1958 年才恢复。21 世纪的一项研究表明，铀的辐射并不像镭、钋等元素那么强，铀玻璃的辐射量和我们平常人每天接受的辐射量差不多，实在不用过度担心。

凡士林玻璃在紫外线照射下发出绿色的荧光。

铀元素的发现者克拉普罗特

历史上，真正认识铀元素还要等到 1786 年，德国化学家克拉普罗特对沥青铀矿展开研究，他先将沥青铀矿溶解于王水，再用碱液中和，得到了一种黄色沉淀。现在我们推测这种黄色沉淀应该是重铀酸钠，而当时克拉普罗特以为这是一种金属的氧化物，就用木炭去还原它，得到了一种黑色粉末。事实上，这种黑色粉末只是铀的氧化物，但克拉普罗特认为这就是他发现的金属元素。恰逢天王星（Uranus）被发现不久，克拉普罗特就用天王星的名字来命名它为“Uranium”。

1781 年，英国的赫谢尔（著名的天文学家与音乐家）发现了一颗奇怪的星体，一开始他以为是彗星，但他发现，这颗星体是在近乎圆形的轨道上运行，两年后它终于被权威拉普拉斯确认为一颗大行星。由于木星被命名为朱庇特（对应希腊神话里的宙斯），土星被命名为农神萨图努斯（朱庇特的父亲，对应希腊神话里的克罗诺斯），因此，新发现的大行星被命名为土星的父亲。但它并没有用罗马神话里的凯路斯来命名，而是用希腊神话里克罗诺斯的父亲——天神乌拉诺斯来命名，中文名“天王星”故而得名。

天王星是太阳系里唯一一个没用罗马神话里的神祇命名的大行星，身份甚是特殊。

天王星最有意思的地方是它几乎是躺着自转，这恰好和乌拉诺斯的神话暗合。传说宇宙最早是一片混沌，先产生了大地之母盖亚，盖亚生出了第一代天神乌拉诺斯。乌拉诺斯每天什么事都不做，就是躺在大地上，和地母盖亚结合，一直生下了

12个孩子。

现在我们讲述这段历史，似乎很平淡啊，天王星、铀，仅此而已啊！但在当时，天王星的发现却震惊了整个科学界。在这之前的数千年甚至更早，人们一直习惯于我们的太阳系里只有金星、木星、水星、火星、土星和地球这几颗行星。新的大行星被发现，让人类开阔了视野，整个科学界一下子振奋了起来，原来宇宙比我们想象的更加广阔。

克拉普罗特用天王星来命名铀元素，本意也当如此，他希望新元素能给化学界带来一次“革命”。后来的事情果然被他言中了，只是他没有想到，这场“革命”还要等到100年以后。

天神乌拉诺斯和地母盖亚

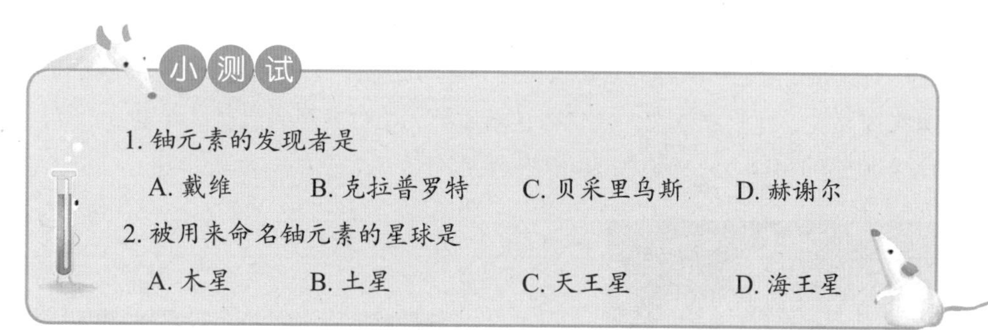

小测试

1. 铀元素的发现者是

A. 戴维　　B. 克拉普罗特　　C. 贝采里乌斯　　D. 赫谢尔

2. 被用来命名铀元素的星球是

A. 木星　　B. 土星　　C. 天王星　　D. 海王星

2. 前方高能，美国高中生在家里制作核反应堆

1815年，化学教父贝采里乌斯宣布他又发现了一种新元素的氧化物，看起来这种新元素和锆很相似，他用北欧神话里的“雷神”索尔（Thor）来命名它为“Thorium”。贝采里乌斯在当时的化学界是神一般的存在，他宣布的事所有化学家都不敢提出异议。

没想到10年以后，贝采里乌斯自己出来“辟谣”，当年发现的只是钇的磷酸盐，

【参考答案】 1. B　2. C

雷神索尔，近年来的奇幻电影《雷神》很火，相信大家都很熟悉。

并不是什么新元素的氧化物。

眼看贝采里乌斯颜面无存，没想到瑞典的一位牧师埃斯马尔克出来救了他。埃斯马尔克找到了一种又黑又重的矿石，不知道是什么东西，就送到贝采里乌斯手里求鉴定。贝采里乌斯仔细一瞧，踏破铁鞋无觅处，得来全不费工夫，这回可是真的新元素！他还用之前的雷神元素“Thorium”来命名它，译为中文是“钍”，牧师找到的黑矿石其实是硅酸钍。

加上之前发现的硒、硅和铈，贝采里乌斯在元素周期表上总共摘下四枚奖牌！

钍经常和稀土元素伴生在独居石里，相对难以提取，这也制约了钍的应用。最早，由于灼烧二氧化钍会发出强烈的白光，因此经常被用来做煤气灯的气灯罩。

钍真正走上它所属的舞台，还要等到它的放射性被发现。后面我们会提到，居里夫人发现了钍的放射性，钍是在铀之后第二个被发现的放射性元素。（实际上，比居里夫人早几个月，德国化学家施密特已经发现这一点。）

◀独居石是稀土元素的宝库。

▲二战时期的煤气灯罩，用二氧化钍制成。

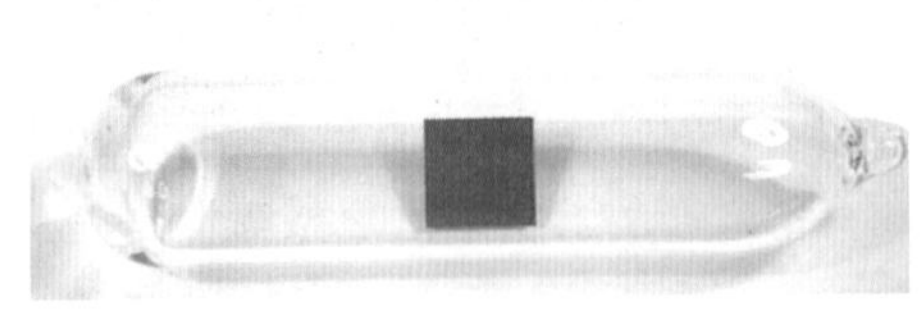
▲金属钍的真面目，外表为钢灰色。

同为放射性元素，钍比铀多得多。在自然界，钍的蕴藏量大约是铀的 3~4 倍，大多以钍 232 存在。在正常情况下，钍 232 会衰变成镭，然后一路衰变成铅。它的半衰期长达 145 亿年，已经超过了宇宙年龄，因此它真是一种温和的放射性元素。

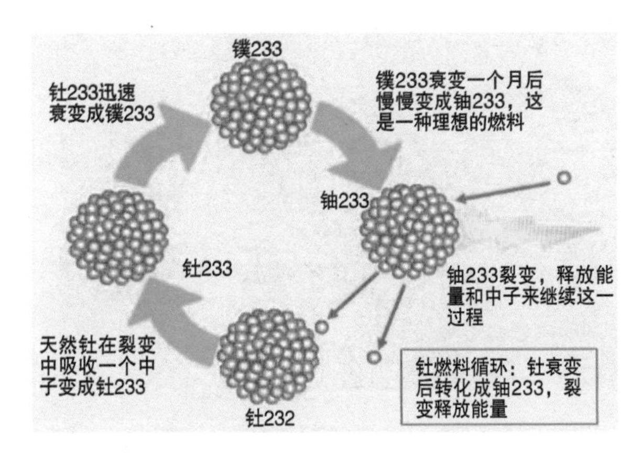

钍循环，是钍基核反应堆的理论基础。

而当钍 232 吸收一个中子后，变成了钍 233，它迅速经过两次 β 衰变，摇身一变成了铀 233。铀 233 和原子弹里用的铀 235 类似，只要有中子撞击，它就会裂变并产生大量中子，这些新产生的中子恰好可以去活化钍 232，这样核反应就可以持续不断地进行下去，对外输出能量。

冷战时期，印度、美国、苏联的很多科研机构就盯上了钍 232，尤其是印度这种缺铀却丰钍的国家。20 世纪，全球 12 个钍基核反应堆，印度就占了 3 个。要知道，一方面我国是稀土大国，伴生着大量的钍，而另一方面，我国又是一个缺铀大国，严重依赖进口。1984 年诺贝尔物理学奖获得者卡罗・鲁比亚曾说：“目前中国通过进口铀来满足核电站的需求，如果用钍，那么中国就根本不需要依赖进口了。”

更何况，钍基核反应堆相对于传统的铀反应堆还有很多好处，我们随便列举一二：

一是将核废料的危害从几万年降低到几百年，安全第一。

二是采用熔盐状态燃料，不需要高压冷却水，还是安全第一。

好了，这两条已经够了，钍是更加绿色的核燃料。预计 2020 年，中国首座钍基熔盐核反应堆实验基地将在甘肃落成，希望它能带给我们更多惊喜！

看起来，钍反应堆是很高精尖的科学难题，但有个美国高中生却一点都不在乎，他的名字叫大卫・哈恩。

大卫・哈恩从小对化学感兴趣，但这个捣蛋鬼却几乎没用化学做过什么好事，带来的只有一声接一声的爆炸。从公开的资料来看，这些爆炸都是由很低级的错误造成的，能猜想到，大卫是个看书不认真的熊孩子。

到了高中，化学反应已经满足不了他的胃口了，他盯上了核反应，想自己尝试在家里制作一个核反应堆。但他的学识又少得可怜，他就想了个小花招来获取支持：假装成一名教授写信给政府有关部门，理由是要给学生演示一些实验。政府官员竟然相信了这位 16 岁的“小教授”，非常热情地邮寄给他一本核能知识小册子，里面

大卫·哈恩和他制作核反应堆的小房子

果真有他需要的核反应堆基础知识。

和电影里面一样，大卫从此走上了“核能童子军”的道路。他开始在身边的各种物品里寻找放射性物质，比如从烟雾探测器中抠点镅（一种超铀元素），在钟表的夜光涂料里挖点镭。最关键的还是钍232，这反而最简单，前面我们就提过啊，气灯罩用的就是二氧化钍，他找了个批发商，一键下单定了几百个白炽灯罩。回家后操作一根本生灯，用电池中的锂将白炽灯罩里的钍还原了出来，可见为了自己的梦想，他还是恶补了不少化学知识。

最后就是去找中子发射源了，大卫搞到一个盖革－米勒计数器，带着它四处游荡，希望找到铀矿。有一天他鬼鬼祟祟的样子被警察盯上了，以为他是小偷，当他被警察逮捕的时候，不知道他的脑子哪根筋搭错了，他竟然威胁警察：“不要逮捕我，我身上有放射性物质！”

这一下子惊动了FBI和美国环保局，他被扣留下来详细审问。他的母亲这才发现大事不妙，赶紧将他工棚里乱七八糟的东西扔掉。即使如此，等到FBI和美国环保局前来调查的时候，这里的辐射强度仍然是正常值的1 000倍。

事后人们发现，大卫的“核反应堆”离临界值还相差甚远，真是熊孩子瞎搞出来的玩意儿，然而他搜集到一起的放射性元素真是不得了，从大卫当时的照片也能明显地看到，他的脸上布满痤疮，根本不像一个正常人。

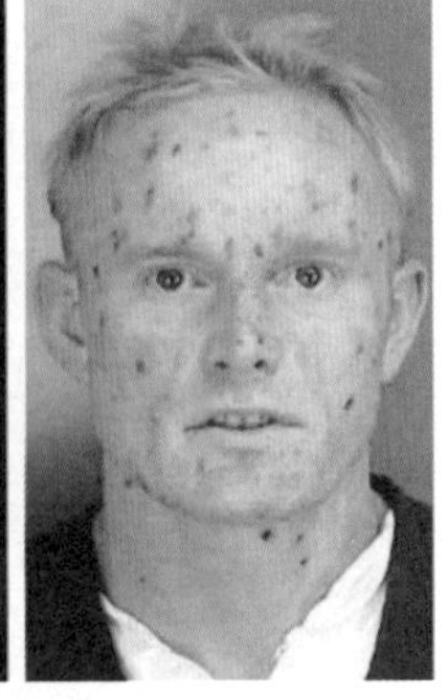

史上最牛的熊孩子，没有之一！左图为小时候的大卫·哈恩，右图中他脸上的病变被认为来自辐射。

大卫在“理想”受挫之后，变得一蹶不振，终日饮酒作乐，终于在39岁死于酒精中毒。

最后，说点什么好呢？只能说，大卫已经不是热爱科学，而是蔑视科学了，“居里夫人们”用生命换来的科学知识在他身上都白费了。

1. 钍元素的发现者是

A. 居里夫人　　B. 贝采里乌斯　　C. 戴维　　D. 本生

2. 你对大卫·哈恩的评价是

A. 道德沦丧　　B. 缺少管教

C. 小孩子从小不应该学习过多的科学知识

D. 其兴趣未被加以及时、正确地引导

3. 糟糕的巴黎天气引出的发现

还记得伦琴发现的 X 射线吗？那段日子里，几乎所有的实验室都在研究各种各样的“射线”，但第一个对 X 射线给出解释的人，竟然是一位数学家——庞加莱。

庞加莱在 X 射线的解释上“瞎指挥”，却有了重大发现。

法国人庞加莱堪称一位全才，在数学、天文、物理，以至哲学领域都是世界级的学者，甚至有人帮他叫冤："实际上是庞加莱先于爱因斯坦发现了相对论。"

今天我们不在意这些细节，我们要说的是他在解释 X 射线中的“误导”。他注意到伦琴 X 射线里的磷光现象，于是在 1896 年 1 月 20 日的报告中提出："很可能一切磷光足够强的物体都能发出 X 射线，哪怕在没有克鲁克斯管的情况下。"

法国物理学家贝克勒尔也是 X 射线答案的追寻者之一，他父亲是研究磷光现象的专家，所以贝克勒尔也一直对各种磷光现象非常感兴趣，这是他在这项研究工作中得天独厚的优势。

也许真的是巧合，庞加莱做报告的那一天，贝克勒尔正好在场，而且恰好和他邂逅。他们聊起 X 射线的话题，贝克勒尔自报家门，并表示对磷光非常感兴趣，庞加莱

【参考答案】1. B　2. 略

1903 年诺贝尔物理学奖获得者之一——贝克勒尔

灵光一现，立刻建议他回去试试磷光，看它会不会产生 X 射线。

第二天，贝克勒尔一到实验室，就找出各种磷光物质，根据他之前的经验，硫酸双氧铀钾等几种铀盐的磷光现象最为明显，用它们来做实验最合适不过了。他将照相底片包在一张密实的黑纸里，上面铺上一张薄纸，中间夹了一层剪成花样的金属片，最上面撒上铀盐。他将这一套组合完毕，就拿到太阳底下照射。

过了一段时间，贝克勒尔将底片拿去显影，底片上果然出现了金属片的花纹。贝克勒尔心想："庞加莱大师，我可真服了你！" 很明显，铀盐在太阳光的照射下不但产生了磷光，还发出了 "X 射线"，穿透了黑纸，使底片感光。花纹则存在于射线无法穿过致密金属而无法使底片感光的地方。

贝克勒尔立马做了报告，成为众多佐证庞加莱观点的科学家之一。可是贝克勒尔并不是一个浅尝辄止的人，对于如此新奇的事物，他可没玩够。

2 月 26 日，他又一次准备好了那套组合：黑纸包底片、花纹金属片、薄纸和铀盐。这时突然天上乌云密布……好吧，那就等第二天吧！

巴黎那几天的天气非常糟糕，第二天、第三天甚至第四天，巴黎人连一缕阳光都没见着。贝克勒尔等不及了，他第二天要去科学院参加一个报告会，他希望能够有更加十足的证据支撑他的结论。他必须把黑纸打开，让底片去显影。

贝克勒尔一边工作一边盘算着：连续好几天都是阴天，铀盐产生的磷光应该非常有限，曝光的力度应该很弱，底片上应该是一片模糊吧？

结果让他大吃一惊！底片上黑白轮廓分明，之前还没有看到过对比如此鲜明的明暗花纹，贝克勒尔顿时一头雾水。

贝克勒尔又将这套组合放进一个密闭的盒子里密封好几天。这总不会有磷光了吧？可就是这样，底片还是感光了，而且时间越长，底片上的花纹越清晰。

难道 X 射线跟磷光没关系吗？难道铀盐不需要磷光就可以发出 "X 射线" 吗？

这时有人指出，这不是显而易见吗？你用的都是铀盐，说明可能是含铀物质发出不可见的射线啊。贝克勒尔当然不会放过这条蛛丝马迹，他尝试了铀的各种化合物——氧化物、铀酸、各种铀盐，还试了纯铀，果然都可以让底片感光，留下鲜明的花纹。

结论很明显了：如同克拉普罗特认识的那样，铀是一种尤其特殊的元素，它无时无刻不在发射出一种不可见的射线。这种射线可以使底片感光，这与磷光现象根本没有一点关系。

这一段实在有点复杂，我们来捋一捋。

伦琴发现了克鲁克斯管能产生 X 射线，现在我们知道原理是这样的：

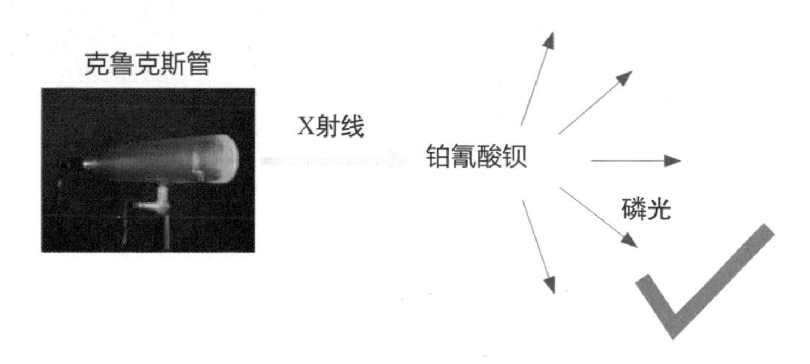

然而庞加莱“瞎指挥”，他只注意到磷光现象的神秘，却误导了大家。他认为磷光物质在接受光照的时候，不仅发出可见光，也发出 X 射线。

其实，也确实有一些科学家们做出了这样的结果并做了报告，大家都信以为真。后来贝克勒尔重复了他们的实验，发现要么他们也用了含铀的磷光物质，要么就是实验做错了。在科学面前，权威不是绝对的，可验证的实验才是王道。

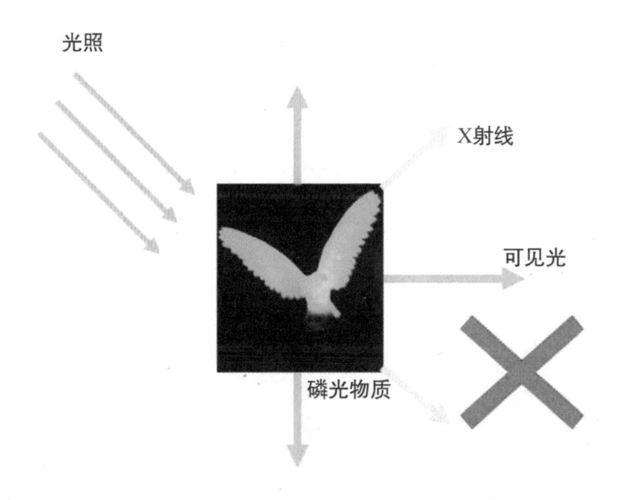

而到了贝克勒尔，他一开始也迷信庞加莱，按照贝克勒尔最初的设想，情况应该是这样的：铀盐晒太阳，放出可见光，伴随发出 X 射线。路遇黑纸板，可见光被阻，X 射线穿透黑纸板，胶片感光。

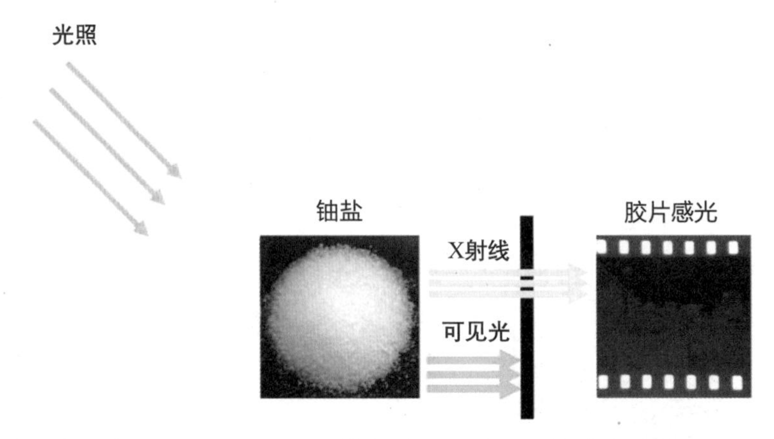

后来贝克勒尔遇到了阴天，按照他的设想，情况应该是这样的：

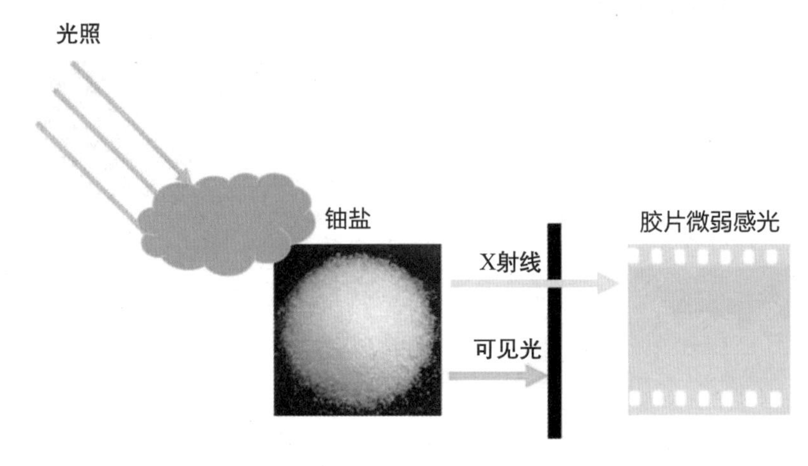

然而实际上他发现胶片的感光更明显了，所以之前伴随磷光产生 X 射线的假设不对，真正的原因是这样的：

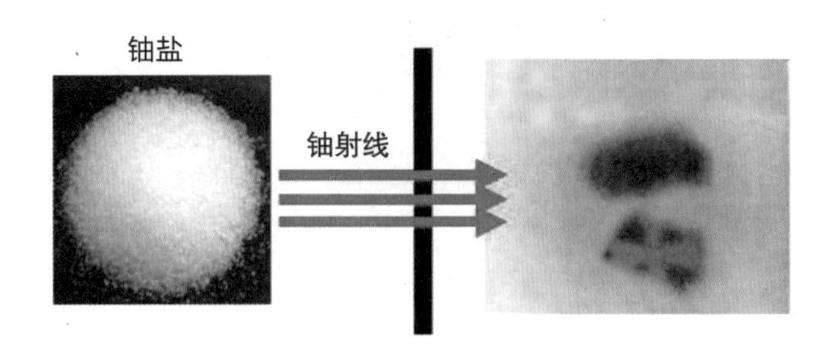

贝克勒尔继续研究铀射线，发现它和 X 射线很相似，都不可见，都能使底片感光，也都能使空气带电。然而铀射线的穿透力还是差了点，它不能像 X 射线那样穿过人体，这让它在当时显得并不那么“时髦”。在那个年代，贵族聚会的时候，往往会架起克鲁克斯管，关上灯光，让交际花们显摆她们那华丽的骨架。

人类通过对放射现象的理解，进入了原子能时代！

但物理学家不是浮躁之辈，他们知道，铀射线的背后，还有着比 X 射线深刻得多的原理。它纯粹是自发的，跟外界的任何因素——压力、温度、光、电、化学反应都没有关系，但它就是昼夜不停地发射着这种特殊的能量，连一秒钟都不停。科学家们把这种现象称为“放射现象”，贝克勒尔也因为发现了放射现象而与居里夫妇分享了 1903 年诺贝尔物理学奖。

看吧，铀元素带领我们进入了一个新的时代！

1.（多选）下列说法中正确的是

A. 克鲁克斯管会发射出 X 射线

B. 磷光物质都会发射出 X 射线

C. 铀元素会发射出 X 射线

D. 铀元素会发射出铀射线

2. 下列科学家不是 1903 年诺贝尔物理学奖得主的是

A. 伦琴　　B. 贝克勒尔　　C. 居里夫人　　D. 皮埃尔·居里

4. 烟草里的“波兰元素”，看完你还敢抽烟吗

历史上的波兰是一个悲催的国家，她的国土只是一块无险可守的大平原，夹在俄国、奥地利、普鲁士这些野心家的中间，成了“上帝的游乐场”。1600 年到 1945 年间，波兰共遭到 43 次侵略，平均每 8 年一次。

【参考答案】 1. AD　2. A

华沙街头的哥白尼雕像

这个国家如果没有英雄，她将注定在地球上灭亡。

16 世纪上半叶，波兰天文学家哥白尼发表《天体运行论》，提出了日心说，率先改变了人类的宇宙观。

18 世纪后半叶，波兰轮番遭到俄国、奥地利和普鲁士的侵略，最终被俄、普、奥瓜分。音乐才子、大帅哥肖邦拒绝了“俄皇首席钢琴家”的职位，来到法国巴黎，继续他的创作生涯。肖邦的乐曲以钢琴为主，因而被誉为“钢琴诗人”。如今每五年在波兰首都华沙举办一次肖邦国际钢琴比赛，这是世界上最权威、级别最高的钢琴比赛。

肖邦的乐曲充满深情，既显忧郁，又不失华丽，尤其是在旋律中随处可以听出他的爱国热情，让人动容！比如他在 1831 年迁往巴黎的路上，得知波兰人民起义失败，悲愤之余写下的《革命》。

19 世纪末，波兰有一个叫玛丽的女孩儿，她自幼受父亲熏陶，尤其热爱科学，但在沙俄统治下，波兰女性无法受到高等教育，更不用提科学研究了。于是她只身来到巴黎，进入巴黎大学，克服种种困难，一边兼职做家庭教师，一边潜心学习。

毕业没多久，她嫁给了法国科学家、物理学教授皮埃尔·居里，从此大家叫她“居里夫人”。他俩堪称科学史上最伟大的伉俪，没有之一。他们商量之后，选择了研究当时科学界最受人关注的铀射线。

上节我们说过，继伦琴发现 X 射线之后，贝克勒尔发现了铀射线。发出这种射线不需要通电的克鲁克斯管，也不需要日光的照射，即使你用黑纸把含铀化合物包覆一整个月，它依然一秒钟也不停地发出神秘的射线！

在那个时代，对放射性的研究刚刚展开，对所有人来说，一切都是陌生的。不用谈各种射线的机理及它们的规律，就连它们的性质，对科学家们来说，也完全是一座迷宫。

居里夫人勇敢地钻进了这座迷宫，她的首要任务是测定射线的强度，任何一门科学都是从区分有无的定性发展到比较大小的定量。好在皮埃尔是一位特别牛的物理学家，他发现射线会让空气微弱电离，于是他很快设计出了一种仪器，通过测量被电离空气的微弱电流，就可以十分精确地测量出射线的强度。

有了这样的利器，接下来，居里夫人就把各种物质轮流放在仪器中电容器的金属片上，观察电流计的读数。她把铀的化合物放入仪器，电流计的指针立马偏转起来，说明铀射线在将空气电离，皮埃尔做的仪器确实发挥了作用。而当她把铁、铜、磷等常见物质放入仪器，指针却分毫未动，看起来大多数物质都没有放射性，难道铀元素是这世界上如此特殊的存在吗？终于有一天，她将一种钍盐放上金属片，指针久违地偏转了。原来，这世界上不止铀一种元素会发出射线，有了皮埃尔的仪器，他们就可以找到更多有放射性的物质，也许会发现之前从来没发现的“潜伏者”。

居里夫人“不忘初心”，又回到铀身上。她首先提纯铀，测出了纯铀的射线强度，然后再测量各种铀的化合物的射线强度。她发现，射线强度和铀含量成正比。比如成分中含 50% 铀的物质，它的射线强度就是纯铀的一半，而你不用管它是什么样的化学形态。氧化物？盐？铀酸？或者更复杂的化合物？统统没有影响。

1903 年居里夫妇的合影

我们现在觉得这是理所当然的，但在当时，居里夫人的这个发现让“放射性”这座迷宫一下子简单了不少。最起码的，既然“放射性”与化学性质无关，可以少做多少化学实验啦！

再者，根据居里夫人的这个发现，可知不可能有一种东西的射线强度超过纯铀，因为任何物质的含铀量都不可能超过 100% 啊。

可是，就有两种矿物——沥青铀矿和铜铀云母特别反常，它俩在皮埃尔的仪器上的读数要比纯铀还大得多！只有一种解释：这两种矿物里含有放射性更强的未知元素。

为了验证自己的猜想，居里夫人用人工的方法堆砌起了铜铀云母，化学成分一丝一毫都不差，可是人工矿物的射线强度只有天然矿物的 18%。

看吧，舍勒、拉瓦锡等发现氧的武器是火，电帮助戴维分解出钾、钠兄弟，本生和基尔霍夫的分光镜查出了铯、铷等一大批新元素的“身份证”，这一次，神秘的射线就是居里夫人发现新元素的“指南针”！

居里夫妇将天然铜铀云母中的杂质不断清除，最终得到了一点铋和新元素的混合物，射线强度竟然达到铀的400倍！这已经足够说明新元素的存在了。1898年7月，居里夫妇向法国科学院提交报告，请求用居里夫人的祖国——波兰来命名新元素，即“Polonium”，译为中文是“钋”（pō）。就这样，波兰，这个多灾多难的国家的名字留在了元素周期表上。要知道，元素周期表上也没几个国家能得到位置啊！居里夫人和哥白尼、肖邦一起，成为波兰民族的英雄！

1925年，在实验室的伊蕾娜·约里奥－居里（左）和母亲（右）

很可惜，“波兰元素”并不能给人类带来什么好处，相反，钋210是一种放射性极强的同位素，接近它只会受到致命的辐射。居里夫妇再怎么也不会想到，他们心爱的女儿伊蕾娜·约里奥－居里（1935年诺贝尔化学奖获得者）就死于居里夫人最爱的“波兰元素”。

1946年，波兰刚刚从德国的魔掌中挣脱出来，却再次沦为苏联的附庸。就在这一年，伊蕾娜的实验室里一小瓶当作 α 射线发生器的钋泄漏了，伊蕾娜遭到了超大剂量的辐射，最终于1956年因白血病逝世。居里夫人在天堂里看到这一幕不知道会流下什么样的眼泪？

事情远未结束，进入21世纪，钋210已经成为致命毒药，由于它的高成本，能“享用”它的都是大人物。

2004年11月11日，被以色列软禁3年的巴勒斯坦领导人阿拉法特去世，在这之后，关于他死因的传言就没有停止过。直到2012年7月，洛桑大学辐射物理研究所发布报告，他们对阿拉法特的个人用品进行了检测，发现上面含有大量的钋，可以确定阿拉法特是钋中毒而死。报告中写道：“在阿拉法特穿过的内衣上发现的钋210含量足以杀死20人。”

2006年11月1日，已移居英国的俄罗斯特工利特维年科突感不适住院，最终于11月23日被宣告不治身亡，年仅43岁。经过调查，在他的尿液中发现了大量的钋 210，很可能是他发病当天下午吃的寿司里被人下了毒。

正当壮年的利特维年科原本是一位头发飘逸的帅哥，他临终前出现在电视上时，看起来竟然如同一个白血病患者，头发全掉光了，连眉毛也没剩几根，足见钋元素的威力。

你可能以为这恐怖的“波兰元素”距离我们很远吧？你太幼稚了！其实我们身边到处都是！

我真的不骗你，现在已经发现，烟草植株在生长过程中会吸收大量的钋元素，积累在烟草叶中，当烟民抽烟的时候，这些钋元素就会随着烟雾吸入肺里。抽烟导致肺癌，钋元素“功不可没”，从 20 世纪 60 年代开始，这在业内就已是定论。

在这之后，烟草巨头们投入巨资研究将钋元素排除出烟草的技术手段，很遗憾的是，一篇相关文献也没有发表过。

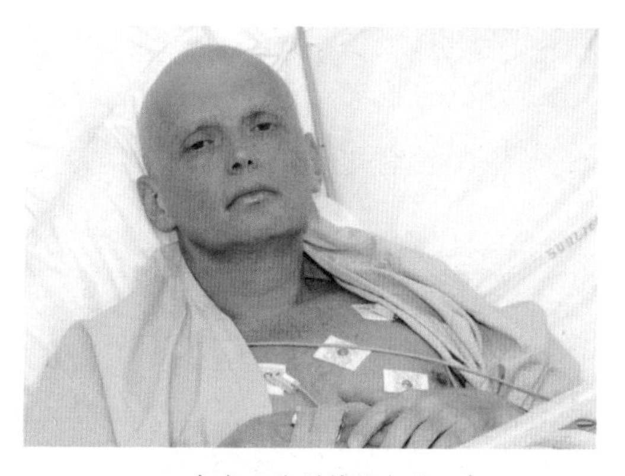

中毒后的利特维年科

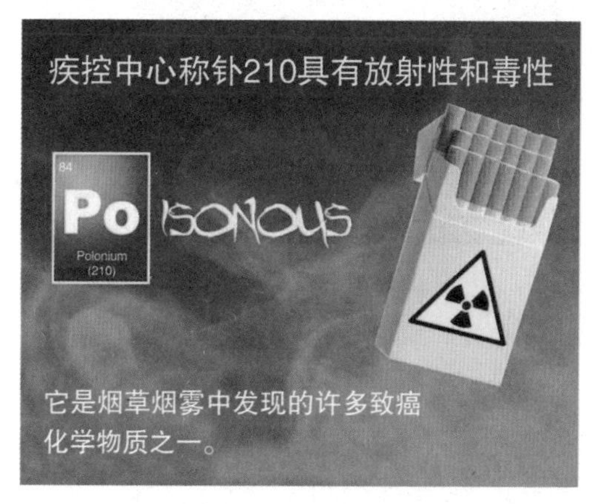

如果你想和阿拉法特、利特维年科“享受”同样的待遇，就多抽点烟吧。

1. 下列名人中不是波兰英雄的是

A. 哥白尼　　B. 肖邦　　C. 居里夫人　　D. 阿拉法特

2.（多选）下列名人中被钋元素毒害致死的是

A. 肖邦　　B. 伊蕾娜

C. 阿拉法特　　D. 利特维年科

【参考答案】1. D　2. BCD

5. 居里夫人各种八卦

居里夫妇在实验室观察镭。

上一节我们提到居里夫妇从铜铀云母中发现了放射性极强的波兰元素——钋，仅仅5个月以后，法国科学院又收到了他们的一份新报告，原来他们在沥青铀矿中发现了一种放射性更强的新元素，射线强度竟然达到了铀的200万倍。他们干脆用“放射性的”（radioactive）来命名它为“Radium”，译成中文是“镭”！

由于他们在放射性上的发现和研究，居里夫妇和贝克勒尔三人共同获得了1903年诺贝尔物理学奖。

诺奖都拿到了，似乎故事圆满了？其实，对两位年轻的科学家来说，这只是一个开始呢。当时，他们获得的钋是和铋的混合物，而手头的镭，也不过是一大堆钡盐里的“杂质”。不把它们提取出来，化学家们会从手痒到心里的。

看起来，从钡盐里提取镭要更容易一点，所以居里夫妇决定从提取镭开始他们的工作。他们粗略估计，至少得有1吨的沥青铀矿，才能提取到肉眼看得见的镭。可是他们去哪儿弄这1吨大家伙呢？要知道，获得诺贝尔奖的时候，居里夫妇在巴黎大学连一间属于自己的实验室都没有。拿到诺贝尔奖奖金后，居里夫人才有钱雇用她的第一个助手。

贵人出现了，那就是茜茜公主的老公——弗朗茨约瑟夫一世的奥匈帝国政府。

当时奥匈帝国治下的圣约阿希姆斯塔尔盛产铀矿，矿工们将需要的铀提取出来，剩下的残渣就丢弃在提炼厂里。而对居里夫妇来说，这些残渣可是他们的“宝贝”，钋和镭就在这些残渣里。所以他们找到奥匈帝国政府寻求帮助，奥国政府非常nice，慷慨地将1吨残渣送给了居里夫妇。

可怜的是，两位诺奖获得者没有自己的实验室，这1吨残渣竟然无处可存。皮埃尔在学校四处奔走，校领导才给了他们一间废弃不用的旧板屋作为工作场地，并保证以后会给他们一间装修好的实验室。

居里夫人没等到她梦寐以求的实验室，而是得到了丈夫的噩耗。在一个雨天，皮埃尔被一辆马车撞倒，轮子碾碎了他的头颅，47 岁的教授当场死亡，居里夫人悲痛欲绝。

一个月后，巴黎大学良心发现，决定把皮埃尔的教授位置保留给居里夫人，她成了巴黎大学首个女教授。接下来，她化悲痛为力量，只身一人在破旧的板屋忙碌起来。当年本生发现铷、铯兄弟时借用了工厂里的大锅炉，还花费了数个礼拜来浓缩矿泉水。而居里夫人所拥有的，只有她的一双手和一根与她一般高的大铁棍。每天从早到晚，她的全部工作只有溶解矿石、蒸馏溶液、沉淀晶体、过滤沉渣，周而复始。

居里夫人在实验室里。

整整两年，她每天做着如此“肮脏”的工作，没有任何懈怠，甚至经常连续几天住在板屋里，根本顾不上回家看女儿。在她那深邃的眼里，只有她的梦想！

1910 年的一天，终于到了决战的时刻，居里夫人已经得到了较纯的氯化镭溶液。她仿效戴维用水银电极电解碱土族金属元素的方法，得到了镭的汞齐，然后蒸馏镭汞齐，去除了水银，最终得到了 0.1 g 镭。想想吧，从 1 吨废渣里提取出 0.1 g 物质，这是化学史上最艰难的分析提取过程，没有之一！

居里夫人把纯镭摆上皮埃尔的射线强度分析仪，查出它的放射性竟然是铀的 200 万倍！世界上从来没有出现过如此神奇的物质，一到夜间，在它的放射线作用下，居里夫人的板屋就成了一个精灵的世界，玻璃、纸张甚至居里夫人的衣服都在闪闪发光。

含镭物质总在发射着微弱的绿色荧光，甚为神秘。

镭一刻不停地释放着光、热以及那肉眼不可见的、蕴含巨大能量的射线，一时间，

居里夫人应邀参加了索尔维会议。

无数科学家质疑居里夫人的发现，这让他们脑里那坚不可摧的能量守恒定律往哪儿放呢？

然而这就是事实，这么一丁点的镭确实在居里夫人的小板屋里闪烁着绿色的荧光，发射着似乎不存在却很强大的能量，至于对这种能量的解释，那是后面的事情了。居里夫人因此获得了1911年诺贝尔化学奖，“居里”也因此被当作放射性单位一直沿用至今。在诺贝尔奖历史上，她是第一位两次获得诺贝尔奖的人！她是唯一一位两次获得诺贝尔奖的女科学家！她是唯一一位跨专业获两项诺贝尔奖的人！

另外，她的家庭还是获诺贝尔奖最多的家庭！她和丈夫一起获得诺贝尔物理学奖，自己单独获得诺贝尔化学奖，之后大女儿和女婿又获诺贝尔化学奖，小女儿则获诺贝尔和平奖。

居里夫人的“情人”郎之万，他也是一位大物理学家，他们的八卦对今天的我们来说甚是乏味，关注他们对科学界的贡献将更有意义。

镭元素给居里夫人带来了无上的荣誉，但谁能想到，处于人生巅峰的居里夫人很快就卷入了两场旋涡。

法国最有威望的科学机构——法国科学院竟然拒绝了居里夫人的院士申请，原因有二：一是女性；二是犹太人。如果说前者是性别歧视，后者则纯属凭空捏造，大家都知道，居里夫人是一个波兰人！现在看起来，这似乎有些无厘头，但当时法国的政治环境非常特别，因为一名犹太军官被判叛国罪，整个国家反犹太情绪汹涌澎湃，居里夫人也被误伤了。

没过多久，居里夫人又因之前的一段情感而背上了骂名。1910—1911年间，居里夫人和亡夫皮埃尔的学生郎之万（也是一位有名的物理学家）坠入了情网。郎之万是一位有妇之夫，任何女人都忍受不了自己的另一半出轨，郎之万夫人想办法搞到了两人来往的情书，邮寄给一家小报社，报社如获至宝，添油加醋地刊登在头版头条上。一时间，居里夫人名誉扫地，被冠上“波兰荡妇”的骂名。瑞典皇家科学院甚至展开讨论，研究是否应该收回居里夫人获得的第二枚诺贝尔奖。最终，出于科学道义，他们保留居里夫人获得诺贝尔奖的身份，但请求她不要出席颁奖仪式。然而，居里夫人还是昂首阔步走上了领奖台，心里只有科学的伟人从来没有将人情世故放在眼里，今天的我们也不用在意这些细节。

幸运的是，双奖在握，巴黎大学对她的态度也有了改善。巴斯德实验室出资援助她，由她一手牵头推动的“镭实验室”终于落成了，居里夫人终于拥有了她梦寐以求的工作环境。正当她准备大干一场的时候，一战爆发了，实验室里一大半男工程师都被征召上了战场，既然无法逃避，她也加入了战斗！

一开始，她打算把诺贝尔金质奖章捐给政府，可是所有的银行都拒绝了她。她就拿出了全部的诺贝尔奖奖金买了战争债券，支持法国的战争。

捐赠财产还不够，她又亲自前往战争的第一线，希望利用她掌握的科学技术拯救伤员。她发挥自己的影响力，说服了许多富人掏腰包捐赠，用捐赠款制作了20 辆装备了 X 射线检测设备的“辐射车”。她不仅带着自己的女儿，还招募了更多的妇女，把她们培训成专业的 X 射线检测设备的操作员。没多久，150 人的救援团队就被创建起来并走上了战场，帮助医生们进行外科手术。在后方的野战医院，居里夫人还监督建设了 200 个放射室。整个一战期间，居里夫人的团队救助了上百万法国士兵，她又一次感动了全世界，之前对她不利的评价几乎在一夜之间消失了。

居里夫人不仅在战场上救助士兵，还尝试用她发现的镭元素治疗癌症，因为镭元素发射的超强 γ 射线可以有效破坏癌细胞的遗传物质。这就是我们经常说的放射性治疗，简称“放疗”。现在“放疗”是应用最广泛的一种癌症治疗手段，有超过 70% 的癌症都可以通过“放疗”来救治。

由于多年的辛劳，加上长期接触放射性物质，居里夫人身体日渐衰弱，于 1934 年与世长辞。我想居里夫人不会后悔，她深信这个世界需要那道绿色的微光，为此她不惜以生命为代价。中国古代的士大夫曾临风吟诵：“亦余心之所善兮，虽九死其犹未悔。”还有什么比这句话更能表达那些和居里夫人一样为科学献身的人对科学的热爱呢？

总之，她的伟大已经无须描述，她是女性在科学史上的一座丰碑！

1.（多选）居里夫人的家庭获得过的诺贝尔奖项有

A. 物理学奖　　B. 化学奖　　C. 生理学或医学奖　　D. 和平奖

2.（多选）居里夫人发现的两种元素是

A. 铀元素　　B. 钋元素　　C. 镭元素　　D. 钚元素

6. “镭姑娘”事件

1904 年，美国著名作家马克 · 吐温写了一部短篇小说《卖身于撒旦》，文中的撒旦身高 1.85 m，体重超过 400 kg，他通体由镭构成，所以全身都发出绿色的冷光，镭的放射性让他浑身发热，足以点着雪茄。

确实，在那个年代，居里夫人发现了放射性超强的镭元素以后，镭那神奇的力量一下子吸引了全世界人的眼球，人们相信，镭那神秘的力量可以让人体更有活力。一时间，各种各样的“镭人”产品被制造出来，比如含镭的香烟、镭矿泉水、镭可可粉、镭冰淇淋，甚至有人将含镭的护肤霜也制造出来了，还真有些贵妇人买得起。还有人做出了含镭的辐射内裤，据

用镭装饰头发的广告

1921 年，使用含镭夜光涂料制造的钟表的广告

【参考答案】1. ABD　2. BC

说可以治疗不孕不育。

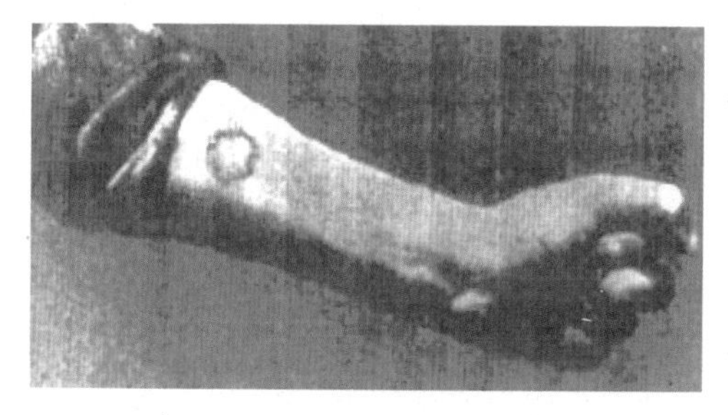

皮埃尔·居里用自己的手臂来做实验，告诉大家镭会伤身。

其实，早在皮埃尔·居里还健在的时候，他就用自己的身体做了一个实验，告诉大家镭的强烈辐射对人体是有害的。他把手臂放在不可见的镭射线中几小时，结果手上出现了溃疡，好像被灼伤了一样。过了好几个月，溃疡处才重新长好。

然而，更多的民众似乎具有一种“神秘崇拜”的信仰，他们会选择性遗忘那些否定自己信仰的证据。虽然不断有人受到了放射性物质的伤害而被送进医院，但镭的市场反而越来越大，这种趋势直到20世纪30年代发生了“镭姑娘”事件后才有所改变。

“镭姑娘”们在超大剂量的辐射中劳作。

1917年，美国“镭”公司成立，专门用含镭的物质制造指针的夜光涂料。公司用5倍高薪（相对于当时的平均收入）雇用了很多女工，她们被告知，这些含镭的物质都无毒害。在当时，对镭神秘的崇拜也让这些无知的女工们冲昏了头脑，她们有时候偷偷将这些夜光涂料涂在指甲上做美甲；有些女孩儿将含镭的物质涂在头发上，让自己变得更加与众不同；甚至还有一些女孩儿为图省事，在用画笔涂绘表盘时，用嘴嘬笔尖以保持笔尖的锐利。

奇怪的事发生了，这家工厂的女工都做不长久，总是没做多久就会生重病——贫血、牙疼、下颌溃烂、骨折、肿瘤。越来越多类似事件的出现，终于让这些“镭姑娘”们意识到，她们被镭元素害了，她们将公司告上法庭，最终赢了官司，拿到了高额赔偿金。但这又能给她们带来什么改变呢？她们中的很多人才20多岁，却

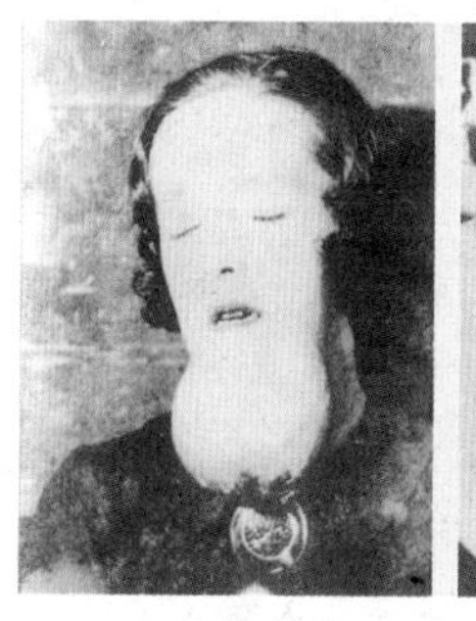

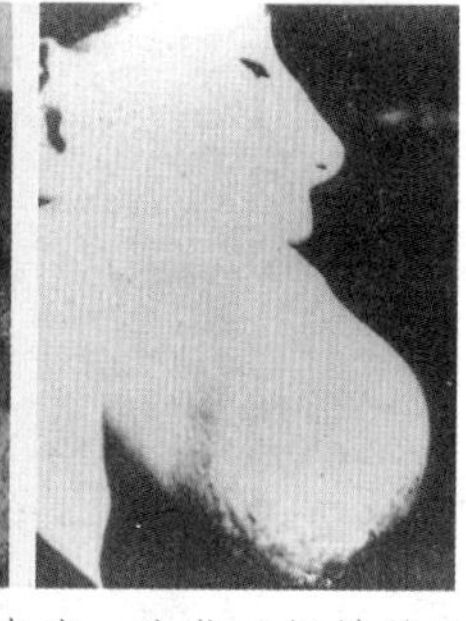

因受镭射线的毒害，这位“镭姑娘”的下巴长出了巨大的肿瘤。

在芳年忍受着非人的折磨，只能在痛苦中慢慢死去。

幸运的是，“镭姑娘”们的痛苦彻底打破了民众对镭元素的迷信，更是促成了美国劳工法的出台，提出了“职业病”的概念，并写入法律。时至今日，我们还必须感谢“镭姑娘”们，是她们用自己的痛苦和生命促进了医疗和劳工保障的进步！

“镭姑娘”事件之后，镭的名声依然很响亮，用镭装饰的夜光仪表盘一直到20世纪60年代还在生产，后来才被换成了较安全的钷或氚。

虽然镭的名声已经相当不好，成为人们避之不及的东西，但对于一些无良商家来说，只要能吸引顾客，为他们赚取利润，顾客的健康又算什么呢？所以一些地方仍然以镭为噱头，吸引眼球。

现在的夜光表选用了安全的材料，请放心使用。

其实，在我们身边真正的镭元素越来越少了，可是有些不含镭的事物却也喜欢用它来冠名，似乎这样更有魅力。

1957年，Gordon Gould创造了“laser”这个单词，其实是“Light Amplification by Stimulated Emission of Radiation”的缩写，中文简称为“激光”。但商家们觉得“激光”这个词过于平庸了，干脆根据“laser”的音译给它起了个更玄乎、更响亮的名字——“镭射”！直到现在，很多场合仍然使用这个名字。

AMD的显卡“Radeon”被翻译成“镭”，商家为它戴上这个神秘的光环，果然让它在中国大卖。

放到现在来看，以上这些真实的事件有些荒诞不经，然而这些事情在科技昌明的21世纪就真的不存在了吗？

20世纪40年代，美国宾馆里的广告——“镭浴”

回到前面马克·吐温的著作中，那个由镭构成的撒旦究竟代表着什么呢？

文中的撒旦说：“我在燃烧，我身体的内部在受折磨……但是我的皮肤保护了你和这个星球，使之不受伤害”，“因为假如没有镭，我们只能用其他一些材料来包裹灵魂，那么灵魂当然会被烧掉”。是啊，科技的进步在带给人类诸多便利的同时，人类也开始屈从于科技的威力，屈从于对无度消费的崇拜，这最终使人类成为科技的奴隶。类似“镭姑娘”的事件如果发生在你自己身上，那就是 100% 的伤害。

在马克·吐温的小说以及“镭姑娘”事件中，镭只是科学技术的一个代表，我们要思考的是人类究竟怎么做，才不会被科学技术的发展扭曲。

1. 你认为“镭姑娘”事件是

A. 人性扭曲　　B. 道德沦丧

C. 监管缺失　　D. 发展必经之路

2.（多选）你认为下列选项中的事物类似“镭姑娘”事件中的镭概念的是

A. 磁化水　　B. 氡温泉

C. 量子诊疗仪　　D. 张悟本养生食疗

7. 无处不在的放射性气体

氡的发现者之一卢瑟福

1899 年，居里夫人发现镭元素之后，她观察到镭释放出的气体在一个月以后还能保持放射性。同年，卢瑟福正在加拿大蒙特利尔的麦吉尔大学任教，他和欧文斯一起研究钍元素的放射性，发现钍的放射性变化不定，尤其容易受气流影响。有时候仅仅是因为开门和关门，钍的放射性强度就会减少三分之一。卢瑟福和欧文斯只能假定，钍不断释放出一种气态的放射性物质——钍射气（thorium emanation），后来他们将其命名为“thoron”，意为从钍中得到的气体。这是继铀、钍、钋、镭之后，发现的第 5 种放射性元素。

1900 年，德国物理学家多恩发现了一种镭射气（radium emanation），后命名为“radon”，意为从镭中得到的气体。

1903 年，德比耶纳和吉赛尔分别独立发现了锕射气，后命名为“actinon”，意为从锕中得到的气体。

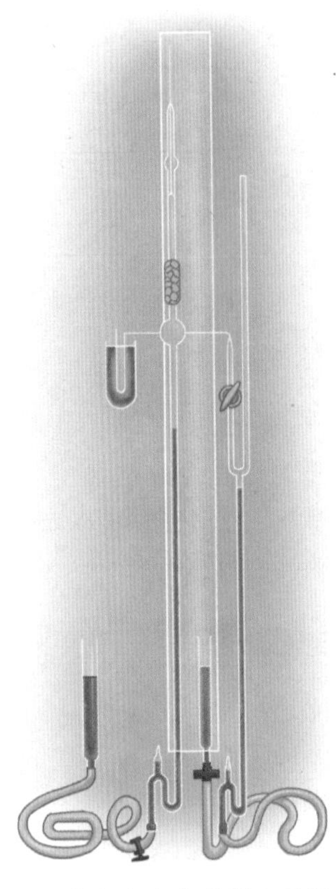
拉姆塞和格雷制取镭射气的装置

1904 年，发现稀有气体家族的拉姆塞和索迪一起从溴化镭的放射产物中得到了 0.1 cm^3 的镭射气，如此少量的气体比一根大头针的针头还小，但已经足够让拉姆塞做光谱分析了，身份验证完毕，这种镭射气果然是一种新元素。

1908 年，拉姆塞和伦敦大学助教格雷一起测定了镭射气的相对原子质量为 222，确定了它在元素周期表里的位置，果然又是一种稀有气体，排在氙的下面，为 86 号元素。纯的镭射气和镭有些相似，在黑暗中发出幽幽的光线，靠近它的锌盐也会受激发光，因此他们将镭射气命名为“niton”，来自希腊文中的“发光”。

后来经过化学家们的研究，“thoron”“radon”和“actinon”的化学性质完全一样，它们是同一种稀有气体，不一样的是它们的半衰期，卢瑟福发现的“thoron”半衰期是 55.6 秒，多恩发现的“radon”半衰期最长，也仅有 3.82 天，而锕射气“actinon”半衰期最短，只有 3.96 秒。

在 1923 年的一次国际化学会议上决定，采用寿命最长的“Radon”作为这种元素的名字，元素符号定为“Rn”，译为中文是“氡”。

自然界里的氡来自铀、钍、镭等放射性元素的衰变产物，而氡又是一种气体，这就很可怕了。

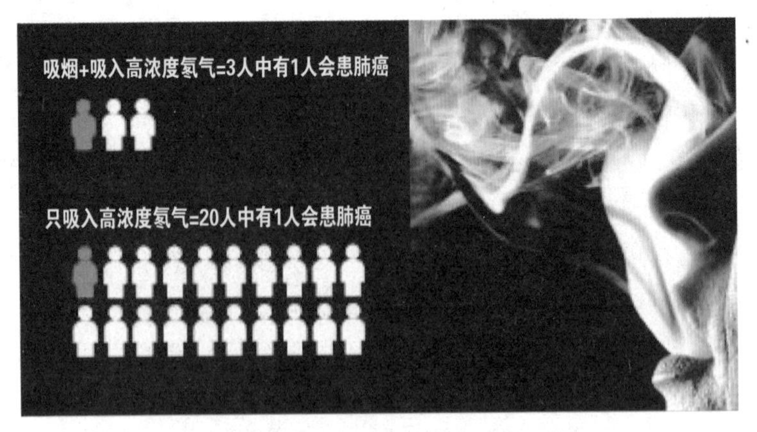

吸烟和吸入氡气对肺癌的发生具有协同效应。

要知道，在各种各样的岩石里，都多少有些放射性元素，它们无时无刻不在衰变，如果衰变产物是固体倒也罢了，大不了还留在原处继续祸害一方呗。而氡作为一种气体元素，整天到处闲逛，遇风就随处游荡，将放射性的危害带到世界各处。这种可怕的放射性元素，几乎无处不在，危害我们的健康。人们长期吸入高浓度氡气，就会引发肺癌。世界卫生组织已经宣布，氡是仅次于香烟引起肺癌的第二大元凶！

家装材料中，混凝土、水泥、大理石、花岗岩等里面就含有微量的氡，因此装修后的房屋一定要通风。

氡是密度较大的气体，在标准状态下，约是空气密度的7.5倍，因此它总沉积于低处。

古时候选择房屋的位置很讲究风水，一般不考虑将房屋建在山谷，那里除了更容易发生泥石流，氡气的含量也比别处高很多。看来，古人的经验也是有一定科学道理的。

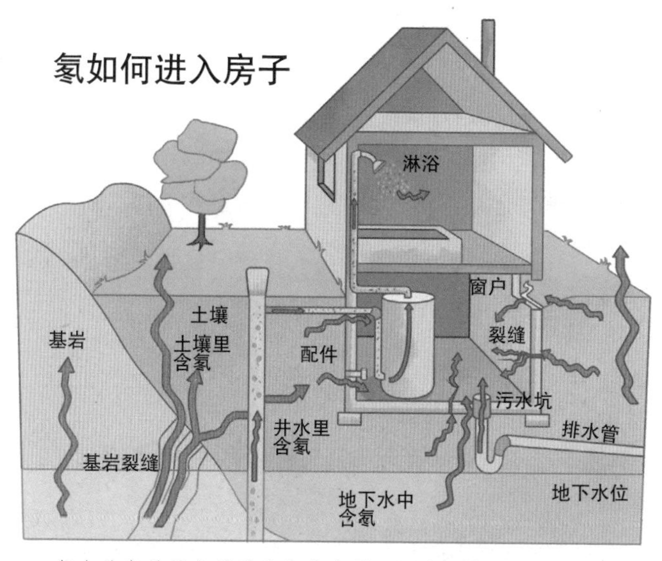

氡会从各种地方钻进我们的房屋，因此保持通风是王道。

深埋于地下的矿井是接触氡气的最前线，地下的各种岩石总是不停地向四周放射氡气，所以矿工们患肺癌的概率要比通常情况下的肺癌发生率大得多。

20世纪50—60年代，几位企业家在美国向公众开放了以前的铀矿，并宣称呼吸氡气对健康有益，可以有效治疗鼻窦炎、哮喘和关节炎等疾病。但这些说法最终都被证明是错误的，美国政府在1975年禁止了这类广告的播放。

氡气除了跟着空气飘浮，也会随着水流游荡，地下水是氡辐射的重灾区，且备受人们欢迎的温泉也是氡辐射的重灾区。在德国、意大利、日本等地的温泉里，都发现了氡超标的情况，其中意大利Lurisia的一处温泉，放射性活度竟然达到400万

可以买一个氡探测仪放在家里，活性浓度 200 贝克勒尔 / 米 3 以下是安全的。

贝克勒尔，超标 1 万倍。去这里泡温泉，不但得不到疗养效果，简直是去找死了。所以啊，泡温泉虽养生，也要适度啊。

可笑的是，很多温泉商家竟然宣称自己的温泉是“氡温泉”，他们号称氡元素能治百病，简直是侮辱老百姓的智商。如果你看完了我的文章还要去这种地方，真是“no zuo no die”了。

看来，我们已经被氡元素的威胁笼罩着，无处躲藏了。其实我们也不用过于恐慌，空气中氡的平均浓度还是非常有限的，我们须要做到以下几点：

①保持室内通风；

②不要老是宅在家里，多去户外呼吸新鲜空气；

③尽量少去地下作业；

④不要在密闭房间里待过长时间。

氡也不是完全对人类无益。地震前，地壳内应力活动加强，受到地底活动的影响，氡气的含量会发生异常变化。比如，地下含水层在地应力作用下发生形变，加速地下水的运动，增强了氡气的扩散，引起局部氡气含量增加，因此测量地下水的氡含量可以作为预报地震的依据。

1.（多选）现在被公认为氡元素发现者的两位科学家是

A. 卢瑟福　　B. 欧文斯　　C. 居里夫人　　D. 拉姆塞

2.（多选）下列选项中，可能会富集氡的地方是

A. 地下室　　B. 矿井　　C. 温泉　　D. 地下水

8. 原子弹之母

法国科学家德比耶纳深入参与了居里夫妇发现钋和镭的工作，甚至在皮埃尔·居

【参考答案】1. AB　2. ABCD

里死后，德比耶纳也给予了居里夫人很大的帮助。1899年，居里夫妇在沥青铀矿中发现钋和镭之后，德比耶纳发现残渣仍然有放射性，他从中提取出一种元素，很像钽，也和钛很相似。他用希腊文里的“波动、射线”（aktis）来命名新元素为“Actinium”，译为中文是“锕”。后来证实锕是第89号元素。

德国科学家吉赛尔

3年后，德国人吉赛尔也独立地发现了一种和镧的性质很相似的新元素，并对这种新元素的性质进行了非常详细的研究，他将其命名为“Emanium”，来自希腊文“放射”。

几年后，布鲁克斯、哈恩和萨克比较了“Actinium”和“Emanium”的半衰期后判定，这其实是同一种元素。根据先来后到的原则，德比耶纳对它的命名“Actinium”被保留下来了。

稀有的镤元素

谁都没想到，几十年后，却发生了巨大的反转！

20世纪70年代，有人仔细研究了德比耶纳的报告，发现他在1899年和1904年关于锕元素的报告中对锕的描述有明显的冲突。更有可能，他一开始发现的是另一种元素——镤。

因此，现在公认锕的发现者是吉赛尔，而德比耶纳也错失了镤的发现。那么镤又是怎么被发现的呢？

1900年，我们的老熟人克鲁克斯（还记得他的髭须吗）研究了一种铀矿石，他设法去除其中的铁，结果发现残渣氢氧化铁有很强烈的放射性。他认为其中还存在一种新的放射性物质，并将其命名为“铀$_{X}$”。

直到1913年，波兰人法扬司和戈林证实，铀$_{X}$其实是两种组分：铀$_{X1}$和铀$_{X2}$，其中铀$_{X2}$的化学性质和钽类似，相对原子质量介于钍和铀之间，半衰期只有1分多钟，因此根据拉丁文里的“短”来命名它为“Brevium”。

1917年，索迪和格兰斯通从沥青铀矿的残渣中又发现一种放射性元素，命名为“类钽”，因为它的性质和钽很类似。

同年，德国化学家哈恩和女物理学家迈特纳也独立发现了一种放射性元素，因为它可以衰变成锕，所以他们将其命名为“Protactinium”，其中“prot”来自希腊文中的“protos”（起源，是不是想到了星际争霸里的神族），“Protactinium”就是锕前体的意思，我国将其译为“镤”，在元素周期表上，它位于第91位。

1921年，哈恩又发现了一种放射性元素，命名为“铀$_Z$”。

放射性元素们就是这么的错综复杂，使人眼花缭乱。

最终，科学家们发现，“Brevium”也好，“类钽”也好，“铀$_Z$”也好，“镤”也好,都是同一种元素的同位素。“镤”和“类钽”都是镤231,半衰期长达32 000年。而“铀$_Z$”和“Brevium”虽然都是镤234，半衰期却不一样，前者有6.7小时，而后者只有1分多钟。

什么？我是不是看错了？同种元素的同一种同位素还能有不同半衰期吗？（这句话可以作为物理系顺口溜）

确实存在！“铀$_Z$”和“Brevium”就是最好的例证，两者的原子核具有相同数量的质子和中子，但是，原子核结构不同。我们不要简单地认为原子核就是看到的那种示意图，质子和中子如同麻团一样堆在一起，其实，它们也在强相互作用下不停地运动呢，虽然我们对原子核内的事情还知之甚少，但已经提出了各种模型，比如壳式模型。这里就不深入讲了，我们须要知道，相同数量的质子和中子在原子核内的能态也会有所不同，我们把它们叫作“同质异能素”，“铀$_Z$”和“Brevium”就是镤234的两种“同质异能素”，在放射性元素和后面的人造元素中还会经常见到这种现象。

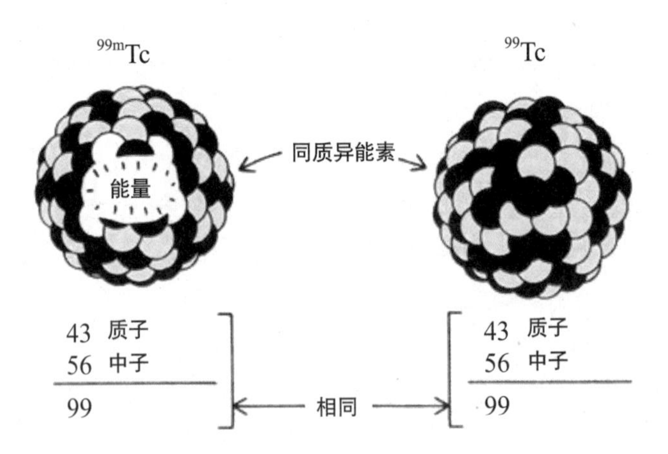

具有相同数量的质子和中子的原子核内部结构也有可能不同哦。图中用锝99举例。

和氡的命名类似,由于镤231半衰期更长,最终“Brevium”让位给镤(Protactinium),

但法扬司和戈林保留了镤元素发现者的名号，哈恩和迈特纳只作为镤元素的起名者。

镤的发现者法扬司

这里多插几句哈恩和迈特纳的八卦。

迈特纳堪称科学史上的传奇女子，自幼热爱科学的她受到玻尔兹曼、居里夫人的激励，顺利从维也纳大学获得博士学位。可惜当时居里夫人的实验室已经没有职位空缺，她只好来到柏林投奔普朗克。当时的德国不够开放，尤其是还不太能接受女性搞研究，迈特纳只好隐居幕后，一边学习一边偷偷做研究，直到她遇见了哈恩。

哈恩邀请迈特纳来到他的实验室一起工作，迈特纳去了以后才发现这根本就是一个木工车间翻修的工棚。不过迈特纳仍然很高兴，因为在这里她终于可以走到台前、自由自在地搞研究了。

哈恩和迈特纳在这远离尘嚣的车间里配合得相当愉快，哈恩主攻化学，标识出放射性样本中的各种元素，迈特纳则偏重物理，为哈恩标识出的样本结构提供理论依据。值得注意的是，在很多时候，都是迈特纳一人完成所有工作，但最后论文的第一作者却是哈恩。然而，迈特纳没有任何怨言，能有让她一心一意做研究的环境，那就是最快乐的事。

在费米宣布他创造出第一个超铀元素之后，全世界的科学家都开始忙碌起来，他们好像发现了另一个世界。此时身为犹太人的迈特纳却不得不离开德国和搭档哈恩，因为希特勒上台了。她到瑞典后还经常和哈恩通信，偶尔也去中间地哥本哈根见个面。哈恩当时正在做中子轰击铀的实验，得到许多 β 放射性核素。哈恩将实验数据寄给迈特纳，她拿到各种数据以后，敏锐而冷静地告诉大家，这不是超铀元素，而是核裂变！

1906 年的迈特纳，如此纤弱的少女就是“原子弹之母”吗？

迈特纳关于核裂变的论文发表在了《自然》杂志上，连同哈恩之前的两篇论文，引

柏林洪堡大学里的迈特纳雕像

起了科学界的广泛关注，根据爱因斯坦的质能方程，这一发现意味着制造一种前所未有的武器——原子弹的核心理论已经形成！迈特纳因此被后人誉为“原子弹之母”！

接下来，就是诺贝尔奖历史上最荒唐的那一幕。

1944 年，诺贝尔奖委员会决定将当年的化学奖授予核裂变的发现者。获奖者竟然只有哈恩一人，要知道，当时迈特纳就在瑞典避难，诺贝尔奖委员会却对迈特纳只字未提，甚至连问都没有问她一句。

更让人不可思议的是，哈恩得知自己获奖，竟然没有帮迈特纳说一句话。两年后，哈恩来到瑞典参加推迟的授奖仪式，迈特纳还盛情款待这位老朋友。然而哈恩不为所动，在各种访谈中仍然对迈特纳只字未提。木工车间里的共同创业，地下情人般的通信往来，哥本哈根的神秘“幽会”，似乎都被哈恩忘到九霄云外了。迈特纳后来在给朋友的信件里这样写道：“当发现哈恩在访谈中完全没提起我，也没讲到我们合作三十年的事，我相当难受。”

好在是非曲直，历史自有定论！

1994 年 5 月 IUPAC（国际纯粹和应用化学联合会）通过一项决议，把第 109 号元素命名为“Meitnerium”，以纪念核物理学家 Lise Meitner（莉泽·迈特纳）。迈特纳的名字被永远铭刻在元素周期表上！

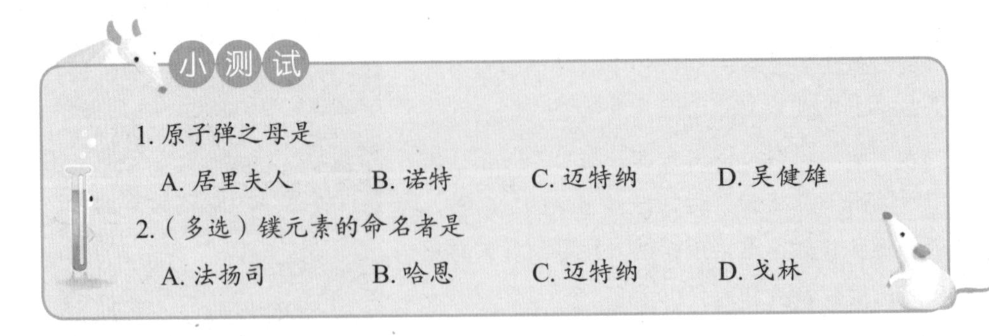

1. 原子弹之母是

A. 居里夫人　　B. 诺特　　C. 迈特纳　　D. 吴健雄

2.（多选）鿏元素的命名者是

A. 法扬司　　B. 哈恩　　C. 迈特纳　　D. 戈林

【参考答案】1. C　2. BC

9. 启动“曼哈顿计划”

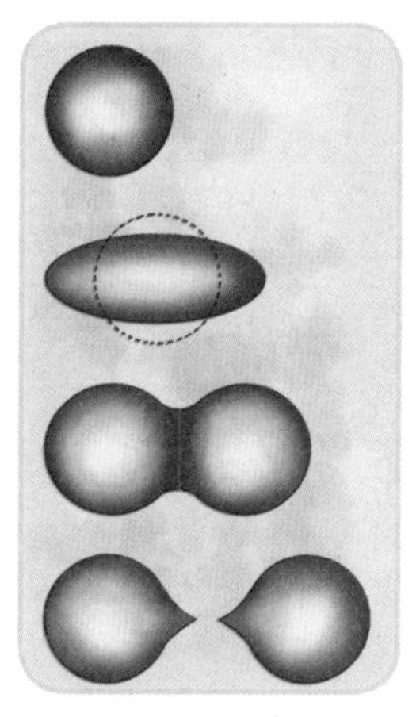
液滴模型对核裂变的解释很直观。

自查德威克发现中子以后，物理学家们便用这种电中性的粒子去轰击各种元素，企望有新的发现。比如当时最有名的物理学家费米就用中子去轰击铀，自以为发现了93号和94号超铀元素。可当科学家们仔细分析费米实验的产物后，却发现根本没有什么超铀元素，看到的全是老熟人——锶、溴、氪、钡、镧、氙等等。这是怎么回事？92+1竟然不等于93，反而得到了35、36、38等一大批其他数字，包括哈恩在内的一大批科学家瞬间蒙了。

在这紧要关头，就出现了上节中提到的迈特纳“指点”哈恩：铀原子核就好像一个大液滴，被中子击中以后就变成了两个小的液滴，这就是核裂变现象。

迈特纳的解析一下子让物理学界对原子核的研究清晰了很多，根据质能方程，核裂变释放的能量远超我们熟悉的化学能，如果能利用这种能量，那就能制造出前所未见的超级炸弹！于是，如何制造出来这种超级炸弹就成了最大的问题，上哪儿去搞那么多中子呢？科学家们定睛一看，真是得来全不费工夫，中子远在天边，近在眼前。

纪念哈恩因核裂变而获1944年诺贝尔化学奖的德国邮票

我们复习一下元素周期表，相对原子质量较小的元素，例如碳、氧，中子数和质子数大致相等；相对原子质量中等的元素，例如溴、钡，中子数大约是质子数的1.3倍；而到了镭、铀这些放射性元素，中子数与质子数之比就要达到1.6∶1了。

这个数字游戏有啥好玩的？

还看不出来吗？当相对原子质量较大的元素的原子核受到中子轰击发生核裂变，变成中等相对原子质量的元素时，会有多余的中子释放出来，比如铀235得到1个中子后平均会释放出2.4个中子，而钚239得到1个中子后平均会释放出2.9个中子。让这些多余的中子再去撞击其他可诱发裂变的同位素的原子核，便能得到更

将两个小于临界质量的核材料推到一起，两者的共同质量超过临界质量时就会发生核爆炸。

多的中子，如此下去，反应的规模变得越来越大，这就是“链式反应”！只要能将足够多的核材料约束在一个有限的区域内，使它们的共同质量远远超过临界质量，制造出原子武器将不再是梦想！

核裂变和链式反应的发现恰逢二战开打，希特勒的纳粹德国四面出击，世界和平危在旦夕。一些科学家提前预警，如果让纳粹德国掌握了原子武器制造技术，后果将不堪设想。

1939 年 8 月，匈牙利物理学家西拉德和几位朋友商议，起草了一封写给美国总统罗斯福的信，信中提到德国可能会制造原子武器，并建议美国要赶在德国之前制造出原子武器。可能是觉得自己还不够分量，他们说服了爱因斯坦为这封信署名，罗斯福相信了这封信，并拨出 17 万美金作为研究经费。物理学家只能大眼瞪小眼了：这点钱买原材料也不够啊。

1941 年 12 月，日本偷袭珍珠港，罗斯福这才意识到，美国再也无法置身事外，最终还是被拖到二战的浑水里了。次年 6 月，“曼哈顿计划”正式启动，这是人类有史以来规模最大的科学研究计划之一，投入资金超过 20 亿美金，巅峰时期的 1944 年，竟有超过 10 万人参与该项目。

有人要问了，造个原子弹有这么复杂吗？不就是把一大堆铀堆到一起引爆一下吗？

这就得从原子弹的制造原理说起了，天然铀中主要含有铀 235 和铀 238 两种同位素，前者只有 0.72%，99.27% 都是后者。

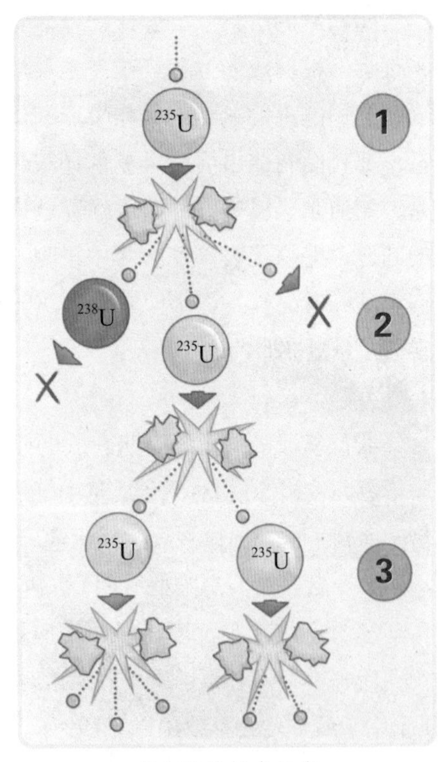

铀 235 的链式反应

铀 235 是个“急性子”，很容易在中子作用下发生裂变，而铀 238 是“稳重”的，只有被超高能量的中子轰击才会裂变。因此，要造出原子弹，必须先把那极少的铀 235 提取出来。

要做到这一点谈何容易？两者是同位素，通过化学手段分离的道路被堵死了，只能通过物理方法。再一看铀的沸点高达 3 745℃，要把铀加热到如此高的温度，再将两种相对原子质量差异极微弱的物质成功分离，能量消耗之大可想而知！

不过，科学家们还是找到了一种好东西——六氟化铀，这是一种极易升华的物质，沸点只有 56.4℃。通过气体扩散法或离心法，将这种“低温”气体中的铀 235 和铀 238 分离出来就容易多了，这个过程叫作“铀浓缩”。但 70 多年前还没有离心法，只能使用耗电量惊人、工厂规模庞大的气体扩散法，这就能理解“曼哈顿计划”的艰辛和伟大了吧？

美国的铀浓缩工厂里，有成百上千的气体离心分离机。

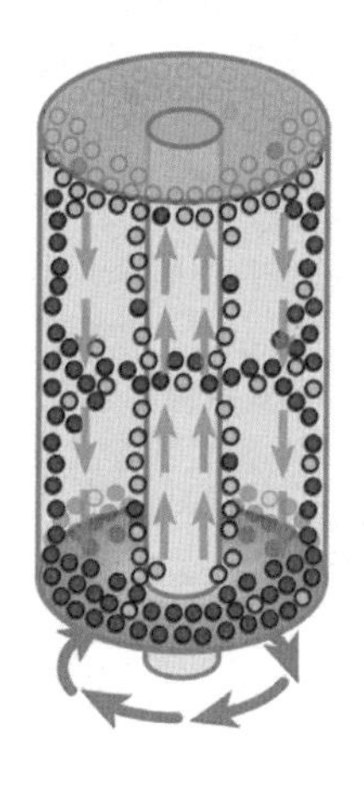

铀浓缩离心机的工作原理，深蓝色为铀 238，浅蓝色为铀 235。

科学家们后来发现，铀 238 也是个好东西，它会吸收一个中子变成铀 239，经过两次 β 衰变得到一个比铀 235 脾气还“急”的钚 239。前面提到过，钚 239 也很容易发生“链式反应”，同样是一种制造原子弹的理想材料，以钚为核裂变材料的原子弹叫作“钚弹”。

钚与铀是不同的元素，可以通过比较简单的化学方法将钚分离出来，这是“钚弹”的优点。但它的缺点也很明显，自然界几乎不存在钚元素，只能通过铀 238 吸收铀 235 裂变时放出的中子得到，所以铀 235 被称为“核火种”。

以上讲述的还只是制造原子弹的科学原理，将如此多的人撮合在一起，既要组织科研人员有序开展工作，更要防火、防盗、防间谍。在整个项目执行过程中，应用了系统工程的思路和方法，首先是各司其职，每个岗位的职责非常明确，但各个

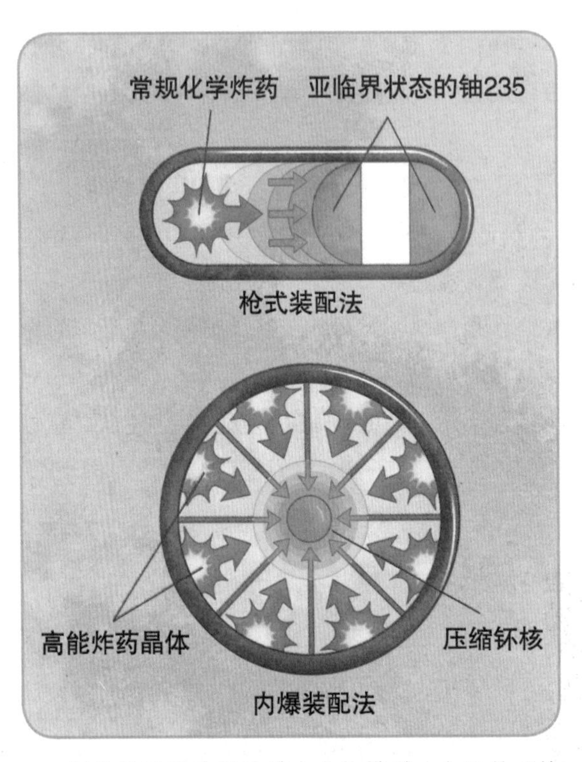

制造原子弹的两种基本方法模型：上面是“枪式”，一个小爆炸的推力将两块亚临界状态的铀235合并，使它们的共同质量超过临界质量；下面是“内爆式”，有一个钚239的核心。美国试爆的第一枚原子弹和投到长崎的原子弹“胖子”都是这种“内爆式”原子弹。

岗位人员之间互不了解，甚至根本不知道其他部门在干什么，一个10多万人的团队，只有12个人知道全盘的计划。据说罗斯福去世后，原副总统杜鲁门接过总统的重担，才发现竟然有个如此耗钱的项目,正准备将它“枪毙”，听过汇报才知道“曼哈顿计划”是干什么的，心里直犯嘀咕：“我做副总统那么多年，对制造原子弹计划竟然一无所知！”

二战之后，“曼哈顿计划”管理模式成为超级公司学习的榜样。

在原子弹研究期间还有各种保密机制，所有与技术相关的符号和单位都被重新编码。举个例子，现在我们知道原子核反应截面的单位是“barn”，但在“曼哈顿计划”之前，这个单词的意思不过是“谷仓”。可以想象，就算间谍将这份材料盗取回去，敌方的科学家绞尽脑汁也破译不出这是什么意思。

罗斯福正在签署命令，批准“曼哈顿计划”。

曼哈顿工作区的看守非常严密，所有进出信件都要经受严格审查。有一次大物理学家费曼给妻子写信，其中有一份购物清单被安保人员当成情报，这张纸被剪得千疮百孔。后来费曼回家探亲的时候才看到这份“杰作”，调皮的费曼为了作弄这些安保人员，在家里写了好几封信，每一封都撕得粉碎然后装进信封里，交给妻子：“我走之后，你每个星期给我寄一封。”倒霉的安保人员只好每周玩一次“拼图游戏”。

田纳西州橡树岭铀浓缩工作区的工人们，曾经有 8.2 万人在这里工作。

曼哈顿计划中的伟大科学家们，从左到右：玻尔、奥本海默、费曼、费米。

小测试

1.（多选）下列选项中容易发生核裂变链式反应的两种核素是

A. 铀 235　　B. 铀 238　　C. 钚 239　　D. 氦 3

2. 在劝说美国罗斯福总统发展原子弹的信件上署名的是

A. 爱因斯坦　　B. 玻尔　　C. 费曼　　D. 费米

10. 原子弹之父

有能力率领“曼哈顿计划”如此庞大的团队和牵头如此艰巨工程的人，自然是一位领导力超强的伟人，他就是“原子弹之父”——奥本海默。

“这样会更好！”

奥本海默是一个富二代，天资聪颖，兴趣广泛，文理兼修，18 岁以十门全优的成绩进入哈佛大学，3 年后提前结束本科学业，他的富豪爸爸奖励了他一艘大帆船。

之后，他漂洋过海来到德国，跟随马克斯 · 玻恩学习量子力学。这位留学生丝毫没有欧洲贵族的谦逊，而是充满了美国富豪的“嚣张”，他经常在上课的时候打断老师，冲上讲台，拿起粉笔，然后吧啦吧啦讲一大段，最后加上一句：“这

【参考答案】1. AC　2. A

样会更好！”让讲台上的老师在一边目瞪口呆。如果是迟到的同学，还以为是奥本海默在上课。

这种“待遇”连他的恩师马克斯·玻恩也遇到过，有一次玻恩将自己新鲜出炉的论文拿给奥本海默看，过了两天奥本海默见到老师，竟然开玩笑似的说：“这篇文章不错啊，真的是你写的吗？”

在论文答辩当天，奥本海默打了鸡血般洋洋洒洒讲了一大段之后，场下的教授们竟然鸦雀无声，没有一个人能提出问题。年轻的奥本海默就是这样的才华横溢而又锋芒毕露。

回到美国之后，奥本海默在好几个方向上的研究都是世界级的，比如理论天文学、核物理、量子场论等等。狄拉克方程预言了正电子，他就立马指出正电子绝不是质子，而是一种和电子质量相等、电荷相反的粒子。第二年，安德森果然发现了正电子并获得1936年诺贝尔物理学奖。后来奥本海默又对天体物理产生了兴趣，写了两篇论文，证明了大质量中子星不会保持稳定，而是会坍缩成黑洞，直到现在，稳定中子星的质量上限还被称为“奥本海默极限”。

然而，他那随性不羁的风格阻碍了他获取更大的成就，终其一生，他一个诺贝尔奖也没得到。他总是沉迷于寻找复杂而华丽的方程，却又经常犯极其低级的错误。他的学生——和他一起预言黑洞的斯奈德这样评价他的老师：“他的物理学很好，但数学太差了！”

“夸克之父”盖尔曼也曾和奥本海默一起工作，盖尔曼如此评价他的同事：“他坐不住，他没有耐心，他总是通过有限的工作得到一个华丽的框架。”不过，盖尔曼也承认奥本海默的领导气质：“他激励别人做事，他的影响力太出色了。”

是的，奥本海默就是一个具有如此卓越气质的领导者。位于洛斯阿拉莫斯的核武器实验室最多时候有9 000人工作，可以称得上科学家的就有1 000多名，这里被称为“诺贝尔奖获得者集中营”。看看这些响当当的名字吧：费米、劳伦斯、贝特、西伯格、魏格纳、查德威克、佩尔斯、康普顿、塞格雷……之前提到的费曼在这里只是小字辈，根本就不起眼。而这个“集中营”的“营长”就是奥本海默，要在如此巨大的计划中领导上千名科学家，除了他还有谁能做到呢？

1945年7月16日，世界上第一枚原子弹终于在洛斯阿拉莫斯实验室附近的沙漠里试爆成功，人类第一次目睹了原子能扬起的蘑菇云，熟读古印度典籍的奥本海默竟然想到《摩诃婆罗多》中的《福者之歌》：“漫天奇光异彩，犹如圣灵逞威，只有千只太阳，始能与它争辉。”

而这个时候，墨索里尼政府早已垮台，德国也已无条件投降，只剩下日本还在顽抗。第二天，恰逢美、英、苏三国领导人在柏林近郊的波茨坦进行会晤，史称“柏林会议”。会议上，美国总统杜鲁门故作神秘地对苏联领导人斯大林说：“我们已经拥有了一种超级炸弹。”借此向斯大林炫耀，结果情商极高的斯大林不动如山，让杜鲁门好生没趣。事后披露，斯大林早已通过苏联间谍了解到了原子弹的进展，政治家的工作就是演戏啊！

半个多月以后，两枚原子弹在日本的广岛和长崎先后落下，两座城市毁于一旦，十几万人死于这两枚原子弹。几天后，日本天皇宣布无条件投降，人类历史上规模最大的世界战争就这样在原子武器的余威下谢幕了，接下来好几十年人类进入了相对和平的时代。

奥本海默（左）和格罗夫斯准将（右）两人共同领导了“曼哈顿计划”。

战后，“曼哈顿计划”被誉为“科学奇迹”，奥本海默也走向了人生的巅峰，成为美国人民心目中的大英雄，被誉为“原子弹之父”。然而，目睹了原子弹爆炸那末日般的情景，奥本海默陷入了深深的自责，在一次联合国大会上，他竟然脱口而出：“总统先生，我的双手沾满了鲜血。”这一下子激怒了杜鲁门，甚至让杜鲁门在事后说出“我以后再也不想见到这家伙！”这种不顾身份的话。

1950 年，奥本海默和爱因斯坦在一起。

天真任性的奥本海默显然低估了政治这汪水究竟有多深，原子弹虽然结束了二战，却拉开了东西方对立的冷战铁幕，反共、排外的“麦卡锡主义”在美国泛滥开来。早年，奥本海默曾经追求过一名女共产党员，兴趣广泛的他后来对共产主义也略有研究，口无遮拦的他还发表过不少同情共产党和苏联的言论。这让他一下子被指控为苏联间谍，他科研上的同事兼敌对者泰勒趁机落井下石，这就是轰动一时的“奥本海默案件”。

幸运的是，科学界里有良心的人还是更多的，“诺贝尔奖获得者集中营”——洛斯阿拉莫斯实验室的一百多位科学家联名抗议对奥本海默的审判，甚至爱因斯坦也好几次在《纽约时报》上为奥本海默说好话，这才让他逃过一劫。

1. 原子弹之父是

A. 爱因斯坦　　B. 玻尔
C. 费米　　D. 奥本海默

2. 洛斯阿拉莫斯的核武器实验室被誉为

A. 诺贝尔奖获得者集中营　　B. 诺贝尔奖幼儿园
C. 诺贝尔奖少年宫　　D. 诺贝尔奖医院

11. 德国为什么没搞出原子弹

话说核裂变最早是德国人发现的，为何当时德国没有研制出原子弹呢？

希特勒为什么没有搞出原子弹？

是啊，当时的德国占领着位于捷克斯洛伐克的那座世界上最大的铀矿，还有世界上最强大的化学工业。虽然希特勒政府的反犹政策“自废武功”，让爱因斯坦、薛定谔、费米等共计27位诺贝尔奖得主离开了德国，但是德国仍有海森堡、劳厄、博特、哈恩等一大批诺贝尔物理学奖和化学奖获得者，阵容绝对不输给洛斯阿拉莫斯的“集中营”。更何况，德国从1939年就启

【参考答案】1. D　2. A

动了原子弹计划——铀计划，领头人是大物理学家海森堡，这也是一位可以排在20世纪top5的物理学家。然而，一直到1945年希特勒自杀，德国连原子弹的皮毛都没有摸着，这是为什么呢？

据后来海森堡的声明称，热爱和平的他故意将铀235链式反应的临界质量算错了，所需铀235的数量至少以吨计，而实际上几十千克就可以了。这对资源有限的德国显然是“mission impossible”,急功近利的纳粹政权可等不起这帮科学家们的“游戏”，于是“铀计划”被搁置了。

海森堡因为这样的声明而在战后被释放，甚至被媒体吹捧为和平的使者。然而，近年解密的文件表明，事实并不完全是这样，现已有好几本书在探讨其中的是非曲直，比如《海森堡的战争》等，大家如果有兴趣可以去淘一淘这些书。

上一节提到“奥本海默案件”，这也绝非美国人神经过敏，早在“曼哈顿计划”期间，就已经见到苏联间谍的身影了。

2007年11月初，俄罗斯总统普京在克里姆林宫为一位已经逝世的老人乔治·科瓦尔举行了一场特殊的颁奖仪式,称他是“俄罗斯联邦的英雄”。这令公众惊诧不已，在这之前，谁也不知道这位乔治·科瓦尔是怎样一个人？原来，乔治·科瓦尔曾作为苏联的情报人员，成功打入“曼哈顿计划”的秘密项目中，而且是唯一一个成功渗透到“曼哈顿计划”中的苏联间谍。科瓦尔提供的情报“极大地加快了苏联制造原子弹的速度”，仅仅晚于美国4年，苏联就在哈萨克斯坦成功试爆了自己的第一枚原子弹，打破了美国的核垄断。

左图为乔治·科瓦尔，右图为美国橡树岭国家实验室的工人在操作仪器。科瓦尔作为一名卫生员，意味着可以拥有一辆汽车，并且可以接触很多敏感区域。

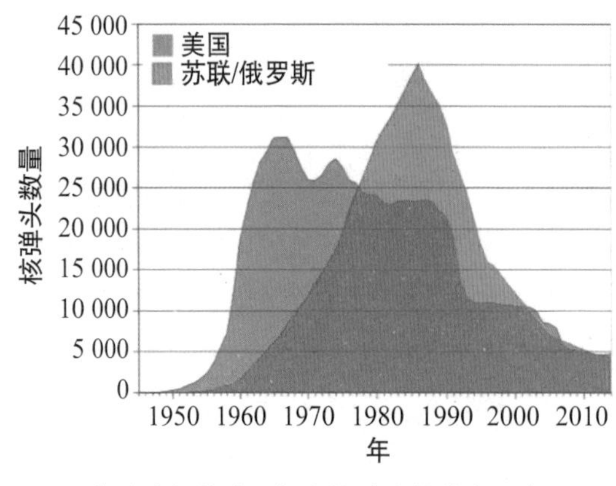

美（蓝）苏（红）的核弹头数量变迁史

“曼哈顿计划”只生产出了4枚原子弹，之后随着技术的成熟，美苏两个超级大国的核武器数量呈指数增长。一方面双方开足了马力生产，唯恐核弹头不够用，另一方面双方领导人又慑于核武器的威力，不敢轻举妄动。苏联最多拥有过4万枚核弹头，美国的巅峰时期也达到3万多枚核弹头。

为什么两大霸主要生产如此之多的核武器？难道他们都疯了吗？

他们真的疯了！这实在是一种疯狂的战略思想（MAD）——相互保证毁灭，英文为“Mutual Assured Destruction”，缩写为“MAD”（疯狂的）。在这种战略思想的指引下，美苏双方都拥有了足以完全毁灭对方的核打击能力。首先是“先发打击能力”，把所有的核武器投射到对方去。然后就是“二次打击能力”，就是说在经受对方的一轮核饱和攻击之后，仍然能够保存核打击能力。

地球似乎变成了一个“黑暗森林”，如果双方发生冲突，必然的结果就是同归于尽。现在你能理解他们为何如同疯子一样猛造核弹了吧？

在这种情况下，一方面双方都绷紧了神经，美国从1960年开始，让一部分B52战略轰炸机永远保持飞在天上。一旦核战爆发，它们就将在第一时间飞向苏联投下核弹，这个习惯一直保持到苏联解体。苏联方面也一样，当勃列日涅夫第一次熟悉核按钮的操作时，堂堂的国家领导人竟然紧张到手指发抖，反复和身边的人确定这是真的还是演示。

我们自己可以设想一下，如果自己是美、苏领导人，按下核按钮时会是什么样的心理？而当自己在睡梦中被人惊醒：“总统（总书记）先生，对方的核武器已经全部升空，你有20分钟做出自己的选择。”你的心里会飘过什么？

另一方面，这又在不经意间构筑了一种“恐怖平衡”，在毁灭世界的风险面前，美苏双方都不敢轻举妄动，整个世界反而消停了不少。自从双方有了核武器之后，还没有发生过类似一战、二战那种规模的世界大战。这对人类来说是福是祸？

不管怎样，最终美苏双方发现谁也战胜不了对方，核武器多了徒增维护费用，而且放眼四周发现英国、法国都搞出核武器来了，再搞下去其他国家也有了这“大杀器”，世界平衡又要被打破了。美苏双方这才开始坐到一起，商谈起《不扩散核武器条约》。从这以后，两个超级大国开始削减核武器，使数量维持到一个合理的水平。

回到新中国成立之初，百废待兴。我们也想享受和平，埋头生产，积累财富，然而历史告诉我们，没有重工业和军事工业的保护，即使我们再努力，留给我们的最多是“黄金十年”，我们不能总是用同胞的血肉之躯对抗敌人的钢铁洪流。更何况世界已经进入核武器时代，没有原子弹这护国神盾，在充斥着丛林法则的地球上我们根本无法立足。

1955 年初，毛泽东、刘少奇、周恩来、邓小平、彭德怀等国家领导人接见了物理学家钱三强和地质学家李四光。钱三强给领导人解释了原子弹的原理，而李四光则带来了一块儿铀矿石和他们寻找铀矿石的仪器。会议从下午 3 点一直开到晚上 7 点多，结果很明确，勒紧裤腰带也要研制出原子弹！

地质学家李四光

核物理学家钱三强

1957 年，中、苏签订了《中苏国防新技术协定》，其中明确规定，苏联向中国提供原子弹的教学模型和图纸资料。然而赫鲁晓夫岂是慈善家，苏方提供的很多关键性数据和资料都被动了手脚。中苏交恶之后，苏联更是撤走了所有专家，他们希望借此“惩罚中国人”，他们相信没有苏联人的帮助，中国人是搞不出原子弹的。

事实证明，苏联人太小看在近代受尽折磨的中国人了，100 多年的屈辱磨炼了我们民族的心智，更让我们变得成熟：求人不如求己，独立自主，艰苦奋斗才是人间正道。

一大批优秀科学家怀着对新中国的满腔热爱，以身报国，义无反顾地投身到“两弹一星”这一神圣的事业中来。他们没有科学家的架子，总是和工人、士兵一起劳动，这里面有太多令人动容的故事。

等到 1964 年蘑菇云在戈壁荒漠上升起的时候，整个中华民族沸腾了，用一位老工人的话说："中国不会再有南京大屠杀，不会再有火烧圆明园！"在这朴实的话语背后，我们能感受到那一代中国人背负着如此沉重的民族屈辱和使命感。原子弹的试爆成功，标志着中国终于以强国的姿态屹立于世界！

在"两弹一星"元勋面前，任何歌颂之词都显得单薄。这里仅仅列出他们的名字，以表达我最崇高的敬意！

王淦昌、邓稼先、赵九章、姚桐斌、钱骥、钱三强、郭永怀、钱学森、吴自良、陈芳允、杨嘉墀、彭桓武、朱光亚、黄纬禄、王大珩、屠守锷、陈能宽、任新民、程开甲、王希季、孙家栋、周光召、于敏。

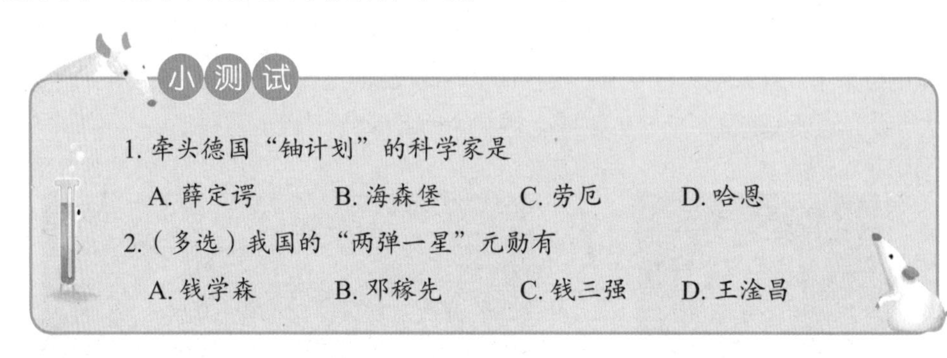

12. 史前文明未解之谜——奥克洛核反应堆

1972 年，法国人在非洲国家加蓬的奥克洛地区发现了一座奇怪的铀矿。以往的经验告诉我们，所有铀矿里铀 235 的含量都是一样的，约为 0.720 2%，然而这个铀矿里的铀 235 含量偏低于正常数值。科学家们在仔细调查之后发现，这绝对不是一座简单的铀矿，铀 235 之所以这么少，是因为一部分已经"燃烧"过了，这是一座古老的核反应堆，年龄约有 18 亿年！

一时间传言四起，有人猜测这是史前文明的核电站遗迹，还有人脑洞大开，认为这是外星人坠毁的核动力飞船。不信，你到书店里，在那些印有"史前文明""未解之谜"字样的书刊里面，多半能看到这个"奥克洛核反应堆"。

史前文明和外星人真的存在吗？

【参考答案】 1. B　2. ABCD

也许有吧，但奥克洛铀矿跟他们半毛钱关系都没有。

早在 1956 年，美籍日裔物理学家黑田和夫就预言了存在天然核反应堆的可能性，奥克洛核反应堆只是印证了科学家的预言而已。

如果大家还记得“氧”那章里的“大氧化事件”，就知道地球诞生之初 20 亿年里空气里氧气的含量极少。但在“大氧化事件”前后，地球上最早的生命——蓝藻一直在孜孜不倦地“搬砖”，通过光合作用将水里的氧变成氧气。20 亿年前，奥克洛附近的一条河里就有这种蓝藻，在氧气和水的共同作用下，铀不断转化成铀盐。巧合的地质构造促使这些铀盐集中到了一处，恰好达到临界质量，于是发生链式反应，驱动了这座天然核反应堆。

这也太巧合了吧，要知道，人类得到具体的临界质量数值，还是通过了无数的实验，其中有许多感人的故事，最有名的一个就是“手撕原子弹”！

在“曼哈顿计划”期间，一位加拿大物理学家斯罗廷也在洛斯阿拉莫斯的核武器实验室工作，他的职责是确定铀和钚的临界质量。每天，他用两个半球形的铍包裹住钚核心，上下两个半球中间用螺丝刀隔开，然后往缝里加铀，一旦发现链式反应发生，就将两个半球分开，然后减少铀的量继续实验。他就是用这种极其原始而又危险的方法不断逼近真实的临界质量数值，这听起来就带有浓浓的“死亡气息”，不是吗？

1946 年 5 月 21 日下午 3 点 20 分，灾难还是降临了，斯罗廷手滑了一下，那把螺丝刀掉到了地上，两个半球就这么合在了一起。房间里所有的科学家都看到了那恐怖的异象：半球开始发出蓝光，一股股热浪来袭，眼看他们的实验室就要变成核爆中心！就在这紧急关头，斯罗廷当机立断，冲上去用自己的双手把两个半球分开，并将上面的铍半球扔到地上，一场灾难终于避免了。这是真正的“手撕原子弹”。

不仅如此，手撕核弹之后，斯罗廷仍然保持了难得的清醒，尽管他当时已经感觉到强烈的灼烧感和嘴里浓郁的酸味。他让在场的所有人都不要动，记下了每个人的位置，估算了一下辐射量，然后说出那句感人至深的在电影里才能听到的话语：

斯罗廷就是用这样的装置来测量临界质量。

“我是肯定没救了，你们赶紧去做治疗吧。”他又找来 30 米开外的房间里的一个辐射测量仪，记下了各种数据，然后才在众人的搀扶下走出实验室。刚刚走出实验大楼，他就忍不住呕吐了起来。9 天后，斯罗廷因遭受过量辐射不治身亡。

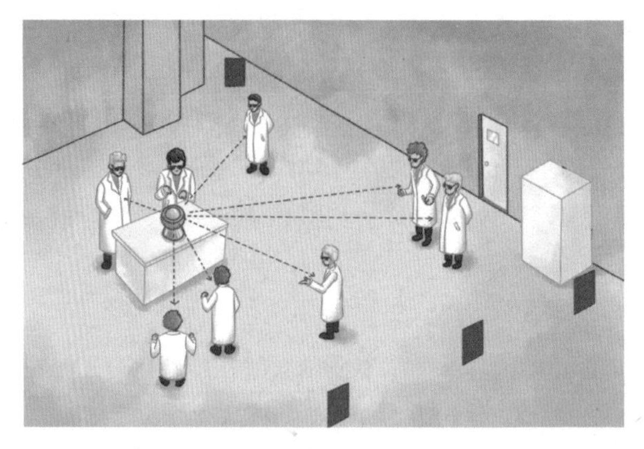

灾难发生的时候，室内每位科学家的位置都被斯罗廷记录下来。

伟大的斯罗廷

你看，科学家用生命才换来数据，而自然界竟然已经存在天然核反应堆那么多年，难道真是巧合吗？我要告诉你，奥克洛铀矿里的巧合可不只有临界质量这一点呢。

要让一座核反应堆正常工作，临界质量只是一个必要条件。铀原子核释放出的中子速度较快，必须将它们的速度降下来，它们才能被其他铀原子核“抓住”，发生链式反应。现代的核反应堆一般采用石墨或重水作为减速剂，其实普通的水也能起到这个作用，只是它不仅会将中子变慢，还会吸收一部分中子。

在奥克洛铀矿里，在水的作用下，中子减速，引发链式反应，释放热量，于是水蒸发了；没有了水，中子“超速”了，反应中断，水又冷却下来，于是开启第二次反应，反应的循环周期是 2.5 小时。

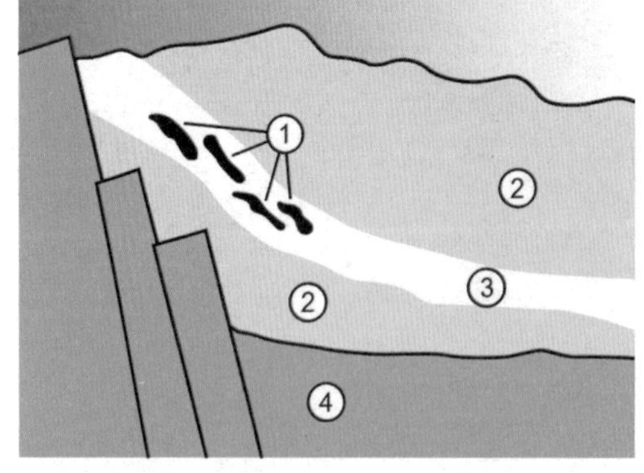

奥克洛铀矿的结构：①核反应堆；②沙石；③铀矿层；④花岗岩。

可能你要问了，这会不会是什么恐怖分子或者类似希特勒的战争狂人在这里秘密修建的普通铀矿呢？

科学家们肯定考虑过了这一点，他们研究了奥克洛铀矿里的钕元素，一般情况下钕元素以偶数相对原子质量的形式存在，比如钕 142、钕 144、钕 146 等。然而，核裂变会产生更多奇数相对原子质量的钕元素，如钕 143、钕 145 等。科学家们经过分析，发现钕元素的同位素分布在奥克洛铀矿里和在现代的核反应堆里非常相似。鉴定完毕，这是一座天然的核反应堆！

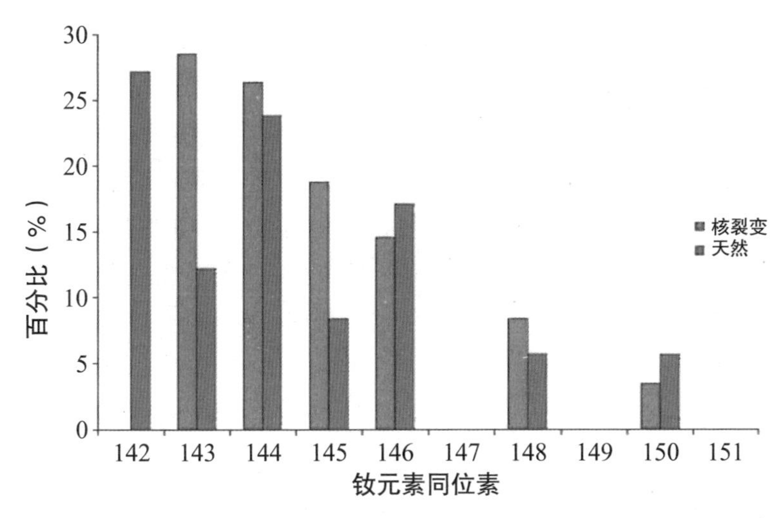

奥克洛铀矿里来自核裂变的钕元素（红色）与自然界钕元素（蓝色）的同位素分布对比图

然而，奥克洛铀矿终究还是有一些未解之谜。除了钕元素以外，科学家们还将奥克洛铀矿里的几乎所有元素和现代核反应堆里的元素做对比，相似性达到了令人吃惊的程度，但是除了一种元素——钐。在奥克洛铀矿中，这种元素太少了，于是“外星人”的论调又出现了。

科学家不会相信这种无法证伪的猜测，如果现有理论体系能够包容那是最好，如果不能包容，那么就要修改理论。有人提出，这是因为宇宙的精细结构常数 α 是在变化的。正是 18 亿年前的这个 α 和现在的不一样，导致了奥克洛铀矿里钐元素的缺失。

在慕尼黑大学，精细结构常数公式被刻在索末菲的雕像下面。

精细结构常数 α？这又是什么？

从出处来说，它最早由索末菲提出，用来解释玻尔模型里的电子速度；从公式上来说，它和电子电荷量的平方成正比，和普朗克常数、光速成反比。

从表面看来，这东西不过是一些物理常数的简单组合。然而，随着对宇宙的认识越来越深入，人们发现，精细结构常数α具有太深刻的物理意义，可以说，它规范了整个宇宙的形态。因为有了α，所以元素周期表是我们看到的这样；因为有了α，才会存在原子；更因为有了α，才会有各种化学反应。归根到底，因为有了α，我才会在这里写着这本书。

目前看来，精细结构常数α约等于1/137，这才是宇宙的终极奥秘。

以上的一系列排比句之所以正确，是因为α是一个常数，也就是说我们的宇宙是稳定的。然而，现在奥克洛铀矿告诉我们α不是常数，宇宙的基本规律是在发生变化的，说不定哪一天元素周期表就变了，化学老师又要让你重新背诵一大堆陌生的元素；说不定哪一天原子都不能稳定存在了，我们看到的一切在瞬间分崩离析。看到这些，你还能如此淡定吗？

好在宇宙的变化似乎并没有太快，1997年，澳大利亚科学家通过观测17个极亮的类星体的光谱，发现120亿年前精细结构常数比当前小约十万分之一。你是不是又长舒了一口气："你花了半天时间给我描述一头大象，最后却告诉我它只掉了一根毛？"

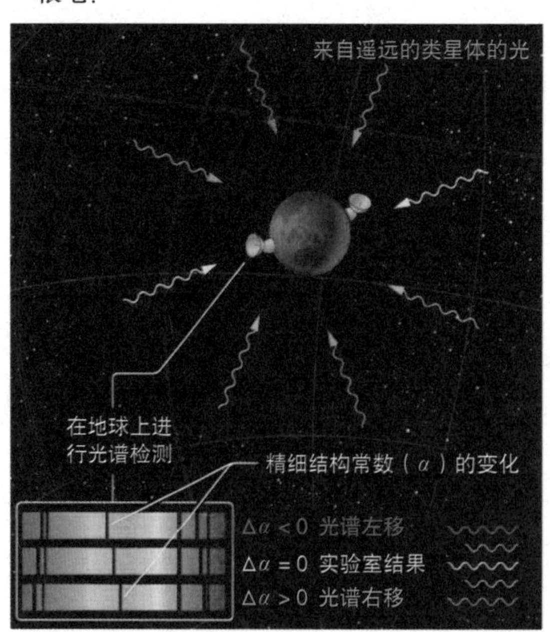

科学家通过对遥远类星体的光谱的测量，发现精细结构常数的变化。

在普通人看来，搞科学的人有时候真是偏执，十万分之一也要大惊小怪。但在物理学家眼里，只要有确凿的证据证明它不是常数，他们就又有很多问题可以研究了，比如：

更高的能量下是否还有其他粒子？

光速、电子电荷量和普朗克常数，究竟哪个会变化？

暗物质？

宇宙是开放的还是封闭的？

……

每一个问题都是诺贝尔奖级别的。你看，一个小小的奥克洛铀矿，竟然能引申出宇宙奥秘，是不是比史前文明、外星人那些有意思多了？宇宙有太多的未解之谜，我们只有通过一步一步学习，才能更深地体会到这些谜题的乐趣。

1.“手撕原子弹”的科学家是

A. 爱因斯坦　B. 玻尔　C. 斯罗廷　D. 奥本海默

2. 跟精细结构常数成正比的是

A. 电子电荷量　B. 电子电荷量的平方　C. 光速　D. 普朗克常数

3. 你认为奥克洛铀矿实际上是

A. 外星人遗迹　B. 史前文明遗迹

C. 恐怖分子秘密基地　D. 自然形成

13. 我们最近的航母在哪里

1958年，聂荣臻元帅收到一份报告，其中提到了美国最新的“鹦鹉螺”号核潜艇。这艘配备了核反应堆的潜艇从1954年初下水，就体现出了极大的优势：常规潜艇那种轰隆隆的噪声荡然全无，艇内人员甚至觉察不出与在水面上航行有何差别；常规潜艇每隔一段时间就需要“抬头”浮出水面“换气”，而“鹦鹉螺”号首次潜航就达84小时，潜航了1 300海里，是常规潜艇最大航程的10倍；更令人难以置信的是，截至1957年4月第一次更换燃料棒，它仅用了几千克铀，总航程竟达到6万多海里。要知道，常规潜艇平均每年航程只有18 000海里，要消耗大约8 000吨燃油，不说它需要多次返航补充燃料，就是为这些燃料配备的储罐、油罐车的数量也是难以想象的。

“鹦鹉螺”号如今漂在博物馆。

【参考答案】1. C　2.B　3. 略

原子能在潜艇上找到了最好的用武之地。

聂荣臻元帅立马亲笔起草了一份绝密报告——《关于开展研制导弹原子潜艇的报告》,这份报告很快得到了毛泽东、周恩来、彭德怀、邓小平等领导人的肯定和批示,尤其得到了毛主席的支持:“核潜艇,一万年也要搞出来。”

苏联造过世界上最大的战略核潜艇——台风级核潜艇

一万年太久,只争朝夕!

1968 年,我国第一艘核潜艇“长征一号”开工建造,1974 年 8 月 1 日,这艘 091 型攻击型核潜艇正式交付中国海军。从此,中国也成为世界上拥有核潜艇的国家!

要知道,截止到 2011 年,世界上拥有核武器的国家有联合国安理会五个常任理事国以及印度、巴基斯坦和朝鲜,伊朗、日本和以色列是否拥有核武器存在争议。而拥有核潜艇的国家只有六个:联合国安理会五个常任理事国和印度。

造核潜艇比造核武器还难呢?

确实如此!尤其是携带核弹头的战略核潜艇,它和陆基洲际弹道导弹、战略轰炸机并称为核力量“三位一体”,而且是最重要的一环。核潜艇身怀国之重器,却来无影去无踪,实在是最理想的二次核打击战略武器。

而把这种护国神器打造出来又是何其艰难!在 100 多米长的舰艇上,核弹头、核反应堆要做到小型化,还有深水压力对壳体材料的“变态”要求,以及固体火箭技术、阻挡辐射等。总之,能否制造出核潜艇,看的是一个国家的综合实力,工业、科技、经济以及军事,各方面缺一不可。

核潜艇的故事先按下不表,话说美国海军认识到核动力的优越性后,又决定研制核动力航母。1961 年 11 月,世界上第一艘核动力航母“企业”号建成服役,它的核动力使航母具有更大的机动性和惊人的续航力,更换一次核燃料竟可连续航行 10 年。后来,美国又在此基础上发展出了尼米兹级和福特级核动力航母,美国海军现役航母中有 10 艘为尼米兹 9 万吨级超级航母,另有 1 艘“更大、更快、更强”的福特级新型航母已经下水。由这些海上的庞然巨物领衔的航母编队是美国全球战略的支柱，就算除美国以外其他所有国家的海军联合在一起，面对美国的这些超级航母编队，也只有仰望的份儿。

中国第一艘自主研发的航母——山东号航空母舰

也难怪网友们经常搬出这个段子：

每当遇到紧急事态，美国总统最经常问："我们最近的航母在哪里？"

但是，常规动力航母和核动力航母相比，却没有那么巨大的差异。因为航母毕竟不能单独行动，那样将成为一座大型活靶子，一个大型航母编队还包括数艘巡洋舰、驱逐舰和各种支援舰艇。一艘航母"好吃好喝不用愁"，可苦了那些护航舰队的官兵哦。你总不能把那些舰载机、支援舰艇都变成核动力的吧？它们可还得"吃燃油"啊。

我国的第一艘航母"辽宁号"已于2012年服役，第二艘航母——山东号航空母舰已于2018年海试，但它们仍是常规动力航母，吨位和美国的尼米兹级航母相距甚远。

不管怎样，在浩瀚无垠的蓝色大洋上，中国人尚须努力！

冷战时期也是一个脑洞大开的时期，核动力因设备体积小、经久耐用而受工程师们青睐，除军用舰艇之外，民用船舶也尝试过使用核动力发动机。

于1959年下水的美国"萨凡娜"号揭开了核动力商船时代的序幕，这是一艘客货两用船。它最吸引眼球的是3年不需要补充燃料，然而它的建造费用太高，需要的船员也比普通商船多2~3倍，导致航运成本让人无法接受。1967年它计划停靠在日本，日本政府再三研究，考虑到如果该船在日本发生事故，日本还没有能力解决，最终未能允许其停靠。1970年，"萨凡娜"号结束了自己短暂的一生。

苏联的北极级核动力破冰船

在这之后，德国、日本也造出了核动力商船，但都未能持续进行商业载货运行。目前，世界上仅存一艘苏联时期制造的核动力商船仍在工作。

除此之外，1959年苏联的核动力破冰船"列宁"号首航，功率超过3万千瓦。后来苏联又建成了北极级核动力破冰船，这是第一艘到达北极点的水面舰船。

军事专家们不仅希望核动力“下海”，更希望它们“上天”。

美国和苏联都在冷战期间制造出试验性的核动力飞机，比如美国的 NB-36H，苏联的图 -95LAL。飞行员在驾驶它们的时候苦笑说 ：“我们是在为一枚飞行核弹护航。”幸运的是没有发生过坠机事故，再后来洲际弹道导弹制造出来，核动力飞机就显得多余了。

当然，最令科幻迷们激动的是核动力火箭。早在 20 世纪初，镭元素刚刚被发现时，俄国“航天之父”齐奥尔科夫斯基曾预言 ：“一吨重的火箭只要用一小撮镭，就足以挣断与太阳系的一切引力联系。”

想象图——猎户座核动力火箭将人类带到火星，其比“NERVA 计划”更早。

1969 年，阿姆斯特朗在月球上留下了人类第一个脚印，就在同时，美国更为远大的计划推进得如火如荼，一种叫“NERVA”的核动力火箭发动机在当年 5 月到 9 月期间进行了 25 次成功的试验。美国人宣布 : 真正的星际推进装置已经出现！一项登陆火星的计划就此提上日程，这次史诗性星际远征预定于 1981 年 11 月 12 日实施，经过 600 多天的长途旅行到达火星，宇航员们将花费 13 天的时间对火星表面进行探测，最终他们会于 1983 年 8 月 14 日返航。

可惜的是，“不争气”的苏联在登月计划上屡屡失败，大大减轻了美国在太空竞赛方面的压力。此外，“阿波罗计划”让美国政府认为这种太空探索计划实在太超前了，根本没有任何收益。20 世纪 70 年代初期，这项雄心勃勃的火星探测计划就此宣布取消，而“NERVA”热能式核动力火箭发动机计划也从此被冻结。

凯迪拉克核动力汽车

看了这么多，好像能用到核动力的地方都是大家伙。其实，早在 20 世纪初就有人想过把核动力用于汽车，但掐指一算发现一辆卡车需要先装上 50 吨铅才能抵挡核辐射。但人们的梦想并没有停止，2009 年，在通用汽车收购凯迪拉克的百年庆典上，设计师展出了基于钍的核动力概念汽车，看看这张图，拉风吧？

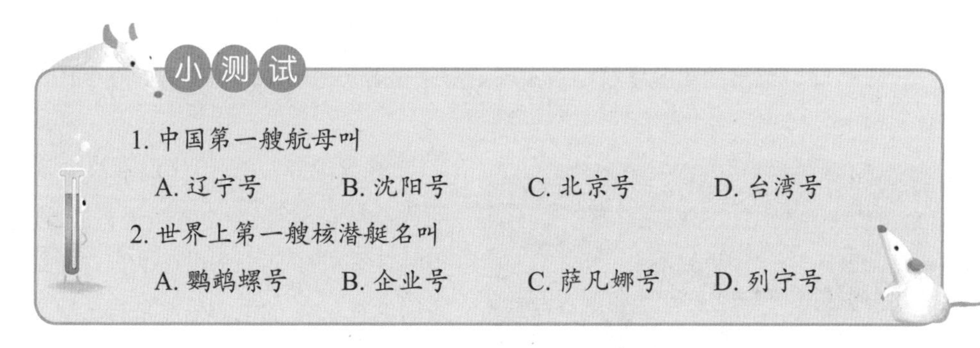

小测试

1. 中国第一艘航母叫

A. 辽宁号　　B. 沈阳号　　C. 北京号　　D. 台湾号

2. 世界上第一艘核潜艇名叫

A. 鹦鹉螺号　　B. 企业号　　C. 萨凡娜号　　D. 列宁号

14. 中国应该继续建核电站吗

之前我们提到“曼哈顿计划”造出的原子弹在广岛和长崎“怒放”,终结了二战，全世界人民目睹或听闻了原子能的伟力。如果人类能够驯服这头“猛兽”，将原子能温和、稳定、持续地释放出来，那将令全人类受益。

其实早在 1942 年，“曼哈顿计划”伊始，费米就已经制造出了第一座人工核反应堆，正是这种技术让美国人造出了钚弹。

1946 年，“曼哈顿计划”已达成目的，美国总统杜鲁门于当年 8 月 1 日签署了《1946 年原子能法令》，新的原子能委员会成立，这个机构将领导美国和平时期的原子能发展。

在美国原子能委员会的领导下，1951 年，世界上第一座实验性快中子增殖反应堆在爱达荷州落成，首次利用核能发电。

这是世界上第一次利用核能发电，灯亮了！

【参考答案】1. A　2. A

1953 年，时任美国总统艾森豪威尔在联合国安理会上做了一次关于和平利用原子能的著名报告，提到了美国的实验性核能发电，引起了世界轰动。原来原子能除了用于军事，还能让全人类享受民用核能。

1954 年，苏联建成了世界上第一座核电站，输出功率达到了 5 000 千瓦。

1956 年，英国的第一座核电站实现了商业应用，初始输出功率为 5 万千瓦。

位于加拿大休伦湖的布鲁斯核电站，1977 年开始商业运营。

20 世纪 60—70 年代堪称核电发展的黄金时期，恰逢全世界遭遇石油危机，当时日本 73% 的电力供应来自石油，而法国也有 39% 的电力供应来自石油，这些严重依赖石油的发达国家转而大力投资核电。全球核电供应从 1960 年的 10 亿千瓦猛增到 70 年代末的 1 000 亿千瓦，扩增了 100 倍，这种势头一直到两起著名的核事故发生后才有所改变。

1979 年 3 月 28 日凌晨 4 时，美国宾夕法尼亚州的三里岛核电站发生设备故障，再加上一系列管理和操作上的失误，最终导致大量放射性物质泄漏，所幸无人伤亡。事故发生后，全美震惊，核电站附近约 20 万居民紧急撤离，美国各地甚至欧洲都展开了游行示威，抵制新的核电站建设。同年 4 月 1 日，时任美国总统卡特访问事故发生地，宣布“美国不会再建设核电站”。一直到 2012 年，美国才新批准了两个核电站的项目申请。

和之后史上最严重的核事故相比，三里岛事件已经算不幸中的万幸。

切尔诺贝利事件是人类历史上最严重的核灾难。

1986 年 4 月 26 日，位于现乌克兰的切尔诺贝利核电站发生严重爆炸，导致核泄漏，接下来是持续了 9 天的火灾。爆炸产生的上升气流将大约 50 吨化为烟尘的核燃料扩散到大气里，大约 10 万平方千米的土地受到核污染。辐射尘埃飘过的区域更广，南到希腊、土耳其，北至瑞典，甚至连海峡对面的英国都检测到辐射量显著增加。

反应迟缓的苏联官方在事故发生后

48小时才开始安排疏散，由于担心引起人群恐慌，居民们并没有被告知事情的全部真相，许多人在撤离前就已经受到了致命的辐射。在这之后，共计50万人参加了事故的抢险、修补和善后工作，经济损失高达180亿卢布。

封存在“石棺”里的4号反应堆

现在，4号反应堆的残骸被封闭在一个叫“物体庇护所”的混凝土建筑里，在这座“石棺”下还封存着200吨核燃料。据专家估计，要几百万年以后，这座“石棺”里的核物质才能自然衰变到对人体无害。

关于此次事故的伤亡情况各处说法不一，世界卫生组织的报告中提到有4 000人因为辐射而患了癌症死亡，而国际原子能机构给出的数字是93 000人，甚至有一些非官方机构宣布总共有20万人死于此次事故，至于数字是怎么调查出来的，不得而知。

这些数字已经不重要了，这场人类和平利用核能史上最严重的事故将引起我们什么样的反思？人类似乎手握巨能神器，却又难以掌控，稍不留神就会伤害到自己。

切尔诺贝利事件之后，世界核能的发展陷入了前所未有的低谷，发展势头一下子减慢了下来。

然而到了21世纪，随着“温室效应”概念深入人心，用新能源发电取代火电已是大势所趋，相较技术不成熟的风电、光电，核电技术倒是非常成熟，也不像水电那样依赖自然条件，所以在很多国家，核电又被提上了议事日程。

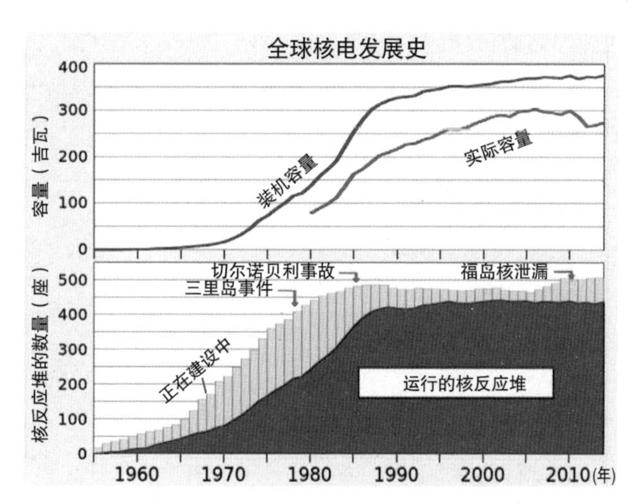

核电的发展，经过了20世纪60—70年代的快速发展，在切尔诺贝利事件之后放缓。

法国无疑是搞核电最成功的国家，在学习、消化美国西屋公司的技术以后，核电成为法国能源最主要的来源，比重已占 80% 以上。

而我国 2015 年核电仅约占总发电量的 3%，潜力巨大。还记得哥本哈根会议上我国受到的巨大压力吗？中国仍是一个发展中国家，中国人民需要过更加美好的生活，而电力是发展现代文明不可或缺的基础。就目前来看，水电、风电、光电都只能作为补充，在短期内有能力成为火电的“超级替补”的唯有核电。核燃料的能量密度比化石燃料高几百万倍，一座年发电量 1 000 万千瓦的核电站一年只需 30 吨的铀燃料，一架飞机、一辆重卡就可以一次性完成运送。

截至 2018 年 3 月，我国共拥有 38 座核反应堆，接下来还有 18 座在建核电站。发改委表示，到 2020 年，中国核电发电量占中国总发电量的比例将提高到 6%。

针对中国的核电大发展，反对的声音一直不少。

第一，核燃料开采带来的污染。

第二，裂变物质可以用来发电，更可以用来制造原子弹，如果这些核物质扩散出去，则是对世界和平的威胁。

还记得电影《红海行动》里的“黄饼”吗？为何帅气的男主角被女主角百般恳求也不变初心，坚定执行任务，但一听到女主角说恐怖分子手里有“黄饼”，便立马变身为维护世界和平的卫士，展开了一场类似“拯救大兵瑞恩”的行动？

这里的“黄饼”是氧化铀的混合物，从粉碎的天然铀矿石中经多次萃取沉淀而来，算是核燃料生产过程中的一种中间产品。它的铀含量很低，大概只有 0.7%左右。要用它去做原子弹还需要经过复杂的铀浓缩过程，一般的恐怖分子还没那个本事，但他们会将这些核材料做成一种“脏弹”。这种“脏弹”达不到临界质量，产生不了核爆炸，它只通过化学爆炸将放射性物质抛射散布到空气中，达到“所到之处寸草不生”的效果。将它命名为“脏弹”，足见其恶心至极。

低含量铀的“黄饼”尚且如此恐怖，应用于核电的核燃料中铀含量一般在 3%以上，就更让人忐忑了。所以核燃料在生产、运输中必须加强管理，防止它们流落到恐怖分子手里！

第三，核燃料用完以后的核废料处理也是一个令人头疼的问题。这些放射性物质的半衰期动辄千年万年甚至几十万年，就是说几万年以后这些废料仍可能对人类有危害。现在我们能做的是安全、永久地将核废料封闭在一个容器里，然后深埋于地下或海底，等待更有智慧的子孙们帮我们去解决。

然而，谁都不敢说这种处理方式 100% 没有风险，几万年内，地质条件不会变化吗？现在用的陶瓷、玻璃等封闭材料能耐受得了这么长时间吗？

既然如此，难怪民众对“核废料”三个字闻之色变，2016 年，连云港被列入核废料工厂选址名单，一下子引起市民的强烈抵制，这个项目最终流产。其实这也没有什么奇怪的，早在 2001 年，法、德两国人民为了一批核废料在哪里存放的问题几乎大打出手，几万名警察到场警戒，场面甚是壮观。

如果说以上三种反对的声音还只是停留在口头上，那么日本福岛核泄漏事件则是近年来鲜血淋漓的核污染案例了。

爆炸后的福岛核电站

2011 年 3 月 11 日，日本东部海域发生了里氏 9.0 级的强烈地震，并引发了海啸，这些百年一遇的天灾导致福岛县两座核电站反应堆发生故障，其中第一核电站中的一座反应堆震后发生异常导致核蒸气泄漏，并于第二天发生小规模爆炸，不计其数的放射性物质通过海水和空气散布开来。

截至 2011 年 3 月 28 日，有数据显示，此次核泄漏已经达到切尔诺贝利核电站的七级核事故水平。

福岛事件之后，德国民众又开始游行示威反对进行核能源开发，在重压之下，德国环境部长宣布，德国将于 2022 年前关闭国内所有的核电站，德国将成为首个不再使用核能的主要工业国家。

瑞士政府也跟着表态将不再新建或更新现有的核电站，目前瑞士电能近 40% 来自核电。

更多的国家仍然保持冷静，时任美国总统奥巴马表示，继续推进美国的核电站建设是本届政府的“能源国策”。核电占比最高的法国反复表态，自己的 50 多座核电站是“最安全的”！俄罗斯、英国、印度、乌克兰、意大利等国都表示不会因为福岛事件而停止自己的核电步伐。

回到我国，从 20 世纪 90 年代秦山核电站落成至今，我国还没有发生过一起核事故，但这是否意味着我们已经有能力掌控核能这枚神器呢？

我国的秦山核电站，位于浙江省嘉兴市海盐县，已安全供电多年。

1. 领导建成世界上第一座核反应堆的科学家是

   A. 费米　B. 爱因斯坦　C. 奥本海默　D. 费曼

2. 你对中国是否应该继续建核电站的看法是

   A. 大力发展，要不然如何享受现代文明

   B. 马上停止，宁可影响发展也不能给子孙留下毒药

   C. 老核电站也应该拆除

   D. 观望一段时间后再决定是否继续

3. (多选)下列选项中你同意的论调有

   A. 核电坚决不能建！危险！　B. 火电坚决不能建！污染！

   C. 水电坚决不能建！破坏生态！　D. 风电坚决不能建！影响景观！

   E. 太阳能坚决不能建！经济泡沫！

   F. 谁也不能停我的电！不要问我怎么办！你们自己想办法！反正不能停我的电！

【参考答案】1. A　2. 略　3. 略

第六十六章

人造元素

元素特写

锝：为了不辱没“首个人造元素”的称号而努力工作，在放射科疾病检查中大显身手。

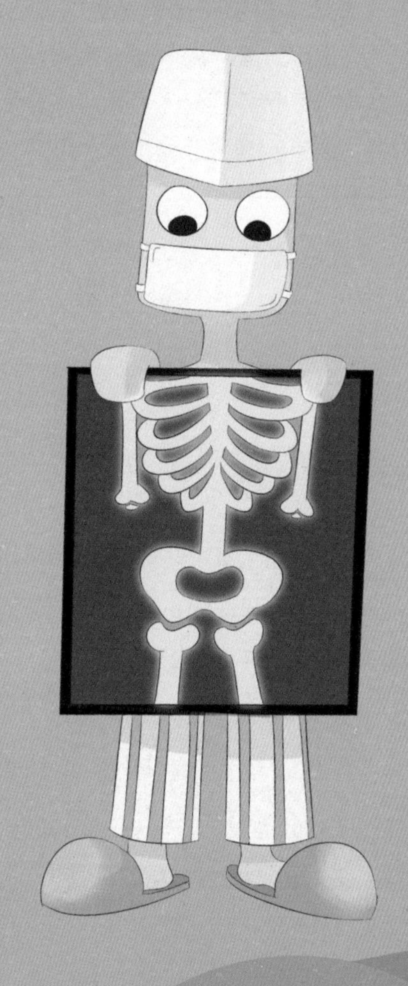

第六十六章　人造元素

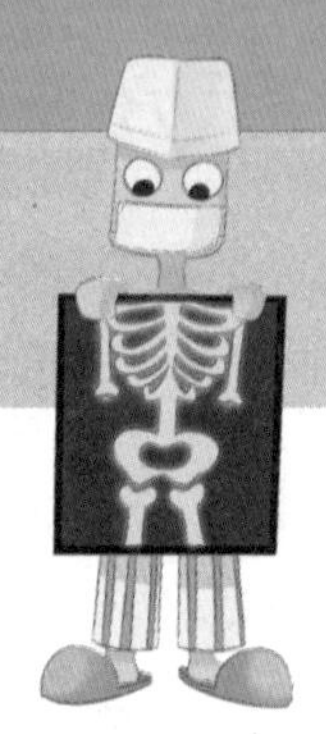

人造元素：元素相互转变的设想远在古代就已经产生了，随着科学技术的发展，特别是对原子核变化的研究有了进展以后，这一设想才得以实现。在元素周期表中，92号元素铀之后的元素在自然界中都不存在，现在科学家可通过人工核反应合成出来。此外，43号元素锝、61号元素钷、85号元素砹、87号元素钫在自然界中也几乎不存在，科学家用“原子大炮”把它们创造了出来。

1. 点石成金终于实现了

古代炼金术士的梦想就是找到可以点石成金的“哲人石”！

在前面，我们曾多次提到历史上那些可笑的炼金术士，他们那些“点石成金”的狂想成为我们的笑料。因为我们知道，金是一种元素，石头是由另外几种元素组成的，根据那伟大的“物质不灭定律”，要用化学方法让一种元素变成另一种元素是不可能的！

然而，随着对放射性元素的研究逐渐深入，科学家们发现很多放射性元素，比如镭、铀等，自身就在不停地进行衰变，变成其他元素。如果人类掌握这门“技术”，那岂不是可以将宇宙里的所有元素打散重组，在元素周期表上进行自由的排列组合，得到我们真正需要的东西，“点石成金”也将不是梦想！

打响第一炮的是“诺贝尔奖幼儿园园长”卢瑟福，他在1919年用镭元素释放

的 α 粒子“照射”纯的氮气，发现氮元素竟然变成了氧元素。这是人类历史上第一次在元素周期表上变戏法，操纵元素的变化不再是梦想！从这之后，科学家们开始用各种射线轰击原子，看看是否有什么新东西出现，一个伟大的亚原子时代即将拉开帷幕！

前面我们还提到居里夫人的女儿伊蕾娜，她和丈夫弗雷德里克·约里奥也是诺贝尔奖获得者，但他们的获奖之路堪称崎岖。

1932 年，小居里夫妇研究了一种中性粒子射线，草率地将它当成一种超强 γ 射线。然而查德威克仔细一看，这哪是什么 γ 射线啊，明明是中子，于是查德威克因发现中子而获得了 1935 年诺贝尔物理学奖。

1932 年，安德森发现了第一个反粒子——正电子，印证了狄拉克方程的预言，因此获得了 1936 年诺贝尔物理学奖。论文传到小居里夫妇那里，他们发现这正电子的轨迹图怎么那么眼熟呢？于是他们立马翻出之前拍摄的各种云室里的图片，发现他们老早就得到了正电子的轨迹图，却错把它当成向放射源回流的电子，就此再度华丽错过诺贝尔奖。

老年的小居里夫妇，其中伊蕾娜受到了钋元素的核辐射后变得尤其苍老。

俗话说“事不过三”，但那是对平凡人说的，小居里夫妇明显不是平凡人。话说 1938 年，小居里夫妇做了用中子轰击铀元素的实验，后面的事情我们都知道了，迈特纳女士帮助哈恩发现了核裂变现象，并让哈恩获得了 1944 年的诺贝尔化学奖，据说小居里夫妇得知这一消息后闭门思过了好几天。

对于勤奋用心的人，上帝为他们关上一道门时，必定会为他们打开一扇窗。

1934 年，小居里夫妇在研究钋元素时发现这种元素会以极高的速度射出 α 粒子，他们就用 α 粒子作为“炮弹”，轰击铝箔，结果发现铝箔竟然“沾染”了放射性。仔细研究后他们发现，原来铝原子受到 α 粒子（氦核）的撞击，变成了具有放射性的磷 30，磷 30 非

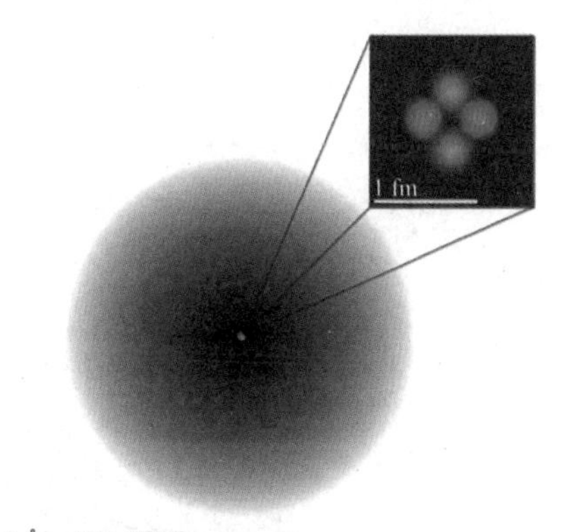

在原子的核式模型中，原子核位于正中，体积很小。

常不稳定，逐渐释放出正电子，衰变成硅 30。

这次小居里夫妇终于得偿所愿，第二年就因发现了人工放射现象而获得了诺贝尔化学奖。

在这之前，卢瑟福用著名的金箔实验证明了原子的核式模型，原子核的截面面积大概只有整个原子截面面积的百亿分之一。用小居里夫妇的方法效率不高，本身“炮弹”就很难命中如此小的截面面积，更不用说再加上库仑力的排斥作用了。在卢瑟福的人工核反应实验里，成功打中氮原子核引起核反应的概率只有十万分之一。更何况，天然放射性物质的射线本身就是射向四面八方的，“火力”严重浪费，那么能不能设计一种定向的“原子大炮”，提高核反应的效率呢？

1929 年的一个晚上，一位年轻的小伙子坐在加利福尼亚大学的图书馆里查阅一些文献。他被其中的一个图表深深吸引了，图片上描述了一种粒子加速器，在一条直线上铺设越来越长的电极当作粒子“跑道”，这一系列小的“推力”最终将粒子加速到极高的能量状态。

小伙子笑了，这实在是一个笨拙的设计，要产生更高能量的粒子，这样的粒子加速器就必须将“跑道”设计得很长，但任何实验室都摆不下这么长的设备。就好像运动会上，100 m 的跑道是直的大家都能接受，但如果 800 m 的跑道也是直的，那赛场的长度将因此而延长 7 倍，那如果跑 10 000 m 呢？

早在古希腊时期，智慧的先人就设计了圆形跑道，为何 20 世纪的科学家不能借鉴呢？

年轻人立马在纸上画起了“跑道”，他用磁场约束带电粒子，让带电粒子做圆周运动，每过半圈再经过一个加速电场，用交流电来控制正负极。每加速一次，粒子速度就会越快，圆周运动的半径越大，经过足够多次数的旋转，粒子就会加速到极高的能量射出去“轰击”目标。原本需要跑一个直线马拉松的粒子在这个精心设计的电场和磁场组合里跑了好多圈，达到了同样的加速目的！

希腊首都雅典，复原的古代奥运会赛场

小伙子兴奋地对身边的同事说：“我要用它来轰碎原子！”是的，真正的“原子大炮”——回旋加速器诞生了！这个小伙子就是劳伦斯！

劳伦斯因为发明了回旋加速器而获得1939年诺贝尔物理学奖，而他的发明带来的诺贝尔奖何止这一个？无数的新元素、亚原子粒子都诞生于他的伟大发明中，接下来一连串的精彩在等着我们！

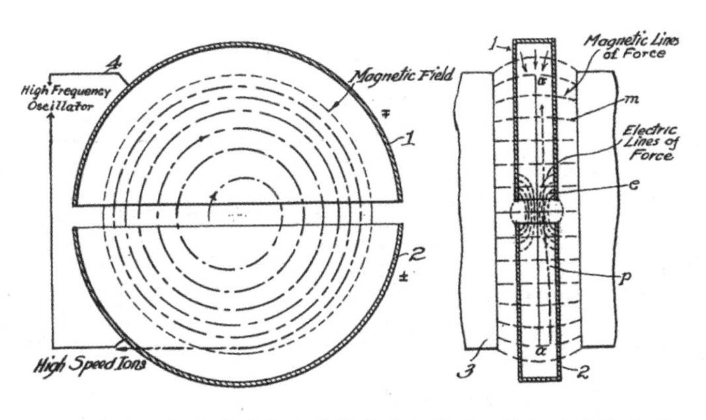

图片为1934年劳伦斯申请的专利上关于回旋加速器的说明，其借鉴了圆形跑道的思路。

1939年诺贝尔物理学奖得主劳伦斯

随着人们对原子、原子核内部的了解越来越深入，“点石成金”也只是过气的梦想了。曾经有一位日本科学家用高能 γ 射线长时间照射水银，果真得到了一些金元素，这真可算得上是“点汞成金”了。但在这个实验里，得到的并不是真正的黄金，而只是金元素的不稳定同位素，半衰期很短，很快就又变成其他元素了，因此几乎没有任何意义。但很快我们就会看到，回旋加速器的神奇会给我们带来多少更有价值的新元素，那都是人类甚至宇宙的造物主从来没见过的！

这就是发展吧！当人类还处于低级的认知阶段，会为一些问题所吸引或困扰，等到越过那个认知阶段，就会发现本来的问题根本不是问题，或者根本不值得关注了，因为我们已经发现了更多的精彩！

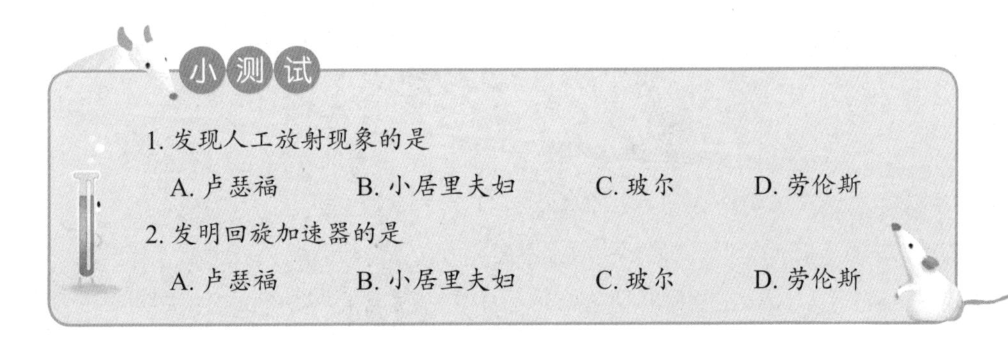

小测试

1. 发现人工放射现象的是

A. 卢瑟福　　B. 小居里夫妇　　C. 玻尔　　D. 劳伦斯

2. 发明回旋加速器的是

A. 卢瑟福　　B. 小居里夫妇　　C. 玻尔　　D. 劳伦斯

【**参考答案**】1. B　2. D

2. 第一个人造元素——锝

奥萨恩，第一个43号元素的乌龙发现者。

元素周期表中第四周期里的过渡元素有钪、钛、钒、铬、锰、铁、钴、镍、铜、锌，19世纪时，第五周期里它们的很多同族“兄弟”都一一被找到了,但是锰的“兄弟”——第43号元素一直到20世纪也没有被发现。它虽没被发现，但化学江湖中却一直有它的传说。

1828年，奥萨恩投奔瑞典大师贝采里乌斯，他俩来到乌拉尔山脉，发现了一座铂金矿。他俩将粗铂金溶于王水，处理后将残渣保存下来，分别带回去研究。几个礼拜以后，贝采里乌斯什么也没有发现，奥萨恩却声称他在残渣中发现了三种新元素，第一种他命名为“Pluranium”，意思是乌拉尔山上的铂金，第二种叫“Ruthenium”，就是现在的钌，第三种叫“Polinium”。

在当时，门捷列夫的元素周期律还未诞生，奥萨恩只是告诉我们“Polinium”跟锰很类似。

然而，奥萨恩提炼出的“新元素”实在是太少了，没有人承认他的新发现，他自己也失去了信心,将自己的“新发现”撤回了。现在我们知道,他可能真的发现了钌，但第三种“Polinium”并不是什么新元素，而是钇。

1846年，俄国人赫尔曼宣布发现了一种类锰元素“Ilmenium”，但很快被证明这不过是铌和钽的混合物。

1846年，德国人罗斯也宣布发现了新元素，并用坦塔罗斯的儿子之名来命名其为“Pelopium”，很快他自我否定了，这不过是铌的另一种价态。

1869年门捷列夫提出了元素周期律，将已经发现的各种元素归位，在42号元素钼和44号元素钌中间留有一个空格，跟之前的镓和锗一样，门捷列夫给43号元素起名“艾卡锰”。化学家们更加明确了研究方向,希望尽快将这个“艾卡锰”找出来。

1877年，俄国工程师科恩宣布他从铂矿中发现了一种新元素，相对原子质量约为100，正好可以填补钼和钌之间的空格，他是戴维的粉丝，因此给新元素起名“Davium”。但没过几年就被证明这只是铱和铑等的混合物。

1908 年，日本的小川正孝博士宣布他从方钍石中发现了一种新元素，相对原子质量近似 100。他用祖国的名字来命名新元素为“Nipponium”，但也很快被证伪。事实上小川确实发现了新元素，100 年后，他的同胞复查了小川的数据和样品，发现他提纯出来的实际上正是 75 号元素铼，而当时铼还没被发现。日本人就这样错失了将国旗挂在元素周期表上的机会。

铼真的被发现是在 1925 年，三名德国化学家共同提出他们发现了两种新元素，一种用莱茵河的名字命名为“铼”，排在周期表里第 75 号，另一个用马祖里湖的名字命名为“钨”，正是苦苦寻找的 43 号元素。德国人的民族自豪感过于强烈，莱茵河跟马祖里湖都是一战中德国人打过胜仗的地方。但是要知道，1925 年德国可是战败国，全世界显然接受不了战败国如此嚣张的做法，开始严格调查德国人的数据。铼的数据经受住了考验，而关于“钨”的论文里则有一些很明显的错误。所以，43 号元素的发现又一次流产了。

1934 年，居里夫人的女儿和她的丈夫在巴黎研究所里研究居里夫人发现的元素，钋的放射性很强，会以极高的速度放射出 α 粒子。他们随便拿了一块铝板来阻挡这些射线，结果出现了奇迹，铝竟然变成了磷！

元素竟然可以“做加法”，13 号元素 +2 号元素 =15 号元素。

这一发现传播出去以后，人工制造新元素不再是梦想。同年，意大利传奇物理学家费米用中子轰击铀，宣布发现了新的“超铀元素”，虽然事后证明他是错的。

在这之前，美国物理学家劳伦斯已经发明了回旋加速器，这种神器可以多次加速粒子，理论上可以将粒子加速到任意高的能量，被称为“原子大炮”。

官方承认的 43 号元素发现者之一塞格雷

但当时，劳伦斯没有将这一神器用于制造新元素，而是对制造已知元素的同位素更感兴趣。1937 年，意大利科学家塞格雷来到美国，拜访了劳伦斯，看到加速器里有用到钼。他回国以后，猛然一想，说不定钼元素会和其他元素做加法，生成未知的 43 号元素呢。他没有将自己的大胆想法告诉劳伦斯，只是请求劳伦斯邮寄一些加速器的废料，劳伦斯想都没想就将一些用过的废弃钼条邮寄到了意大利。

塞格雷的直觉非常正确，他和另一个意大

利科学家佩里尔一起仔细分析了这些钼条，长久以来未被找到的43号元素终于被发现了！这是第一种人工制造的新元素！

锝金属

为什么43号元素如此难找，直到此时才通过回旋加速器找到呢？原来，43号元素的同位素都具有放射性，而且半衰期很短，最长的也就400万年。在漫长的地质时期中，早已衰变成了其他元素。

当然，也不能说43号元素完全不存在于自然界中，后来吴健雄就在铀裂变的产物中发现了它的光谱。相对原子质量更大的元素在衰变过程中会产生它，但是随后它又会继续衰变成其他元素，在这个平衡中还是有一些痕量的43号元素留存，比如1吨铀矿中会存在1 mg锝。

塞格雷当时在意大利的巴勒莫大学工作，大学官员要求他将新元素依据巴勒莫命名为“Panarmium”，但之前德国人命名的“钨”已经让大家对民族主义很反感了。最终塞格雷和佩里尔根据希腊文里的“人造”一词给新元素起名“Technetium”，翻译成中文是“锝”。

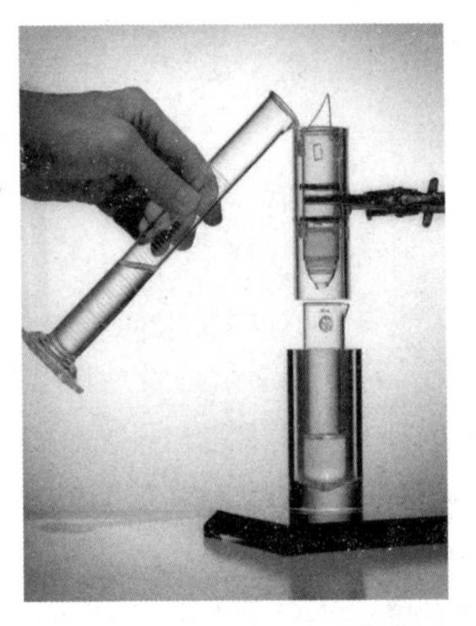

这是较早的锝-99 m发生器。现在锝-99 m被用来治病。

很多人认为真正发现43号元素的应该是劳伦斯，更有好事者提出，劳伦斯对塞格雷的“偷窃”行为大为恼火。后来塞格雷来到美国给劳伦斯打工，劳伦斯一开始开出的薪水是每月300美金，后来又压低到每月116美金。

其实，作为后来人，我们需要关注的是科学史上精彩的发现，对于这些鸡毛蒜皮的细节，当成逸闻谈资就好了。

小测试

官方承认的43号元素发现者之一是

A. 塞格雷　　B. 劳伦斯　　C. 费米　　D. 居里夫人

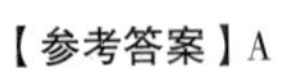

【参考答案】A

3. 做加减法发现的新元素

原子大炮——回旋加速器被发明出来的时候，元素周期表上只剩下了 4 个空格：43、61、85、87 号元素。科学家们首先将目标对准了 43 号元素，这个故事我们在上节已经说过了，塞格雷从劳伦斯的加速器里搞了点钼，在其中发现了第一个人造元素——锝。

接下来，“炮管”将对向哪里呢？

早在门捷列夫的第一张元素周期表里，两种未知元素——艾卡碘（类碘）和艾卡铯（类铯）就赫然在目。它们分别位于碘和铯的下面，前者是相对原子质量最大的卤素，而后者是活性最强的碱金属。后来，这俩分别被确定为 85 和 87 号元素。

Reihen	Gruppe I. — R^2O	Gruppe II. — RO	Gruppe III. — R^2O^3	Gruppe IV. RH^4 RO^2	Gruppe V. RH^3 R^2O^5	Gruppe VI. RH^2 RO^3	Gruppe VII. RH R^2O^7	Gruppe VIII. — RO^4
1	H=1							
2	Li=7	Be=9.4	B=11	C=12	N=14	O=16	F=19	
3	Na=23	Mg=24	Al=27.3	Si=28	P=31	S=32	Cl=35.5	
4	K=39	Ca=40	—=44	Ti=48	V=51	Cr=52	Mn=55	Fe=56, Co=59, Ni=59, Cu=63.
5	(Cu=63)	Zn=65	—=68	—=72	As=75	Se=78	Br=80	
6	Rb=85	Sr=87	?Yt=88	Zr=90	Nb=94	Mo=96	—=100	Ru=104, Rh=104, Pd=106, Ag=108.
7	(Ag=108)	Cd=112	In=113	Sn=118	Sb=122	Te=125	J=127	
8	Cs=133	Ba=137	?Di=138	?Ce=140	—	—	—	— — — —
9	(—)	—	—	—	—	—	—	
10	—	—	?Er=178	?La=180	Ta=182	W=184	—	Os=195, Ir=197, Pt=198, Au=199.
11	(Au=199)	Hg=200	Tl=204	Pb=207	Bi=208	—	—	
12	—	—	—	Th=231	—	U=240	—	— — — —

门捷列夫元素周期表上留给类碘和类铯的位置

化学家们为这俩元素可没有少花时间，一开始，他们觉得这两种元素应该很好找啊，一个是卤素，一个是碱金属，都是极易成盐的物质，就只要像本生和基尔霍夫一样，找到各种矿泉水，然后上分光镜一个个查“身份证”呗。

一大批化学家绞尽脑汁，甚至有人跑到死海带回去一大批湖水，也没有找到一条新的谱线。

等到人们发现了放射现象，这才知道 85 和 87 号元素都位于放射性元素区域。人们想肯定是因为它俩的半衰期都太短了，经过漫长的年代，它们早就不存在于自然界了。看来，不能用传统化学的分析方法，得用放射性元素那一套。

女化学家佩雷，第一个法国科学院女院士，居里夫人都没能得到这个头衔。

1939年，居里夫人的女弟子佩雷正在研究锕元素，她得到一份锕227的样品，并将这份样品提纯。根据之前的报道，锕元素会不断衰变，同时释放出220 keV的射线。但这份锕227不一样，它释放出的一种射线能量只有80 keV。困惑的佩雷仔细寻找这其中的错误，最终发现她没有错。锕227有两种衰变方式：一种是发生β衰变，变成钍227；另一种是发生α衰变，变成一种相对原子质量为223的未知元素。

做一个简单的减法，锕是89号元素，发生α衰变释放出一个氦核（氦是2号元素），89–2=87。

你看，87号元素就这么被发现了。

佩雷用自己的祖国——法国（France）来命名新元素“Francium”，我国译为“钫”。还记得之前的镓元素吗？用的是法国的古称“高卢”来命名，因此，法国在元素周期表上占了两个位置。

就化学性质来说，钫应该是最活泼的碱金属，甚至超过铯。有人说，如果你得到1 g钫，把它扔进水里，那将是一场空前的大爆炸。也有人提出，钫是一种重元素，考虑到相对论效应，钫的第一电离能高于铯。因此，铯和钫甚至可以形成钫化铯一类的化合物，即钫竟然如同非金属，夺取铯的电子。

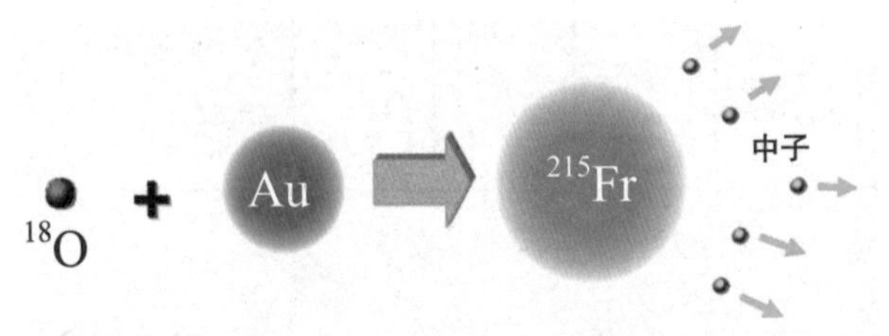

后来发现，用氧18去撞击金也可以得到钫，这也太费“金”了。

钫落到水里的幻想图

但是已经没有人关注这一点了，钫毕竟是一种放射性元素，钫223的半衰期只有21.8分钟，在自然界中的含量极低，要得到1 g钫简直就是天方夜谭。就算真的花费大成本得到了1 g钫，它的辐射危险性也严重大于化学危险性。

如果说做减法得到了钫，那85号元素就是做加法得到的。

1940 年，美国科学家科森、麦克肯齐和发现锝元素的塞格雷用 α 粒子轰击铋，得到了 85 号元素。铋是 83 号元素，83+2=85，很简单不是吗？

然而在当时，人工元素毕竟是个新玩意儿，三位科学家并没有足够的信心给新元素命名。于是他们找来一头猪，将含新元素的样本注射进猪的体内。他们可不是卖“注水猪肉”的无良商家，而是因为 85 号元素位于碘元素的下方，应该具有类似碘的化学性质。最终，新的放射性元素果然和碘类似，聚集在猪的甲状腺，新元素被一头猪证实了！

三位科学家最终用希腊语里的“astatos”（不稳定的）来命名新元素“Astatine”，我国翻译成“砹”。

砹的半衰期比钫还长一点，约为 400 分钟，但在自然界里，砹堪称最稀少的元素之一。偌大一个地球，地壳中大约存在着 0.28 g 砹，相比于地壳中含量为 24.5 g 的钫，都显得太少，因此如此之晚被发现不是没有原因的。铀这些丰度较高的元素衰变时恰好能产生钫，钫很少发生 α 衰变得到砹，而更容易发生 β 衰变得到镭。88 号镭元素发生一系列的 α 衰变，恰好又跨过了砹，这就是砹元素如此稀少的原因。

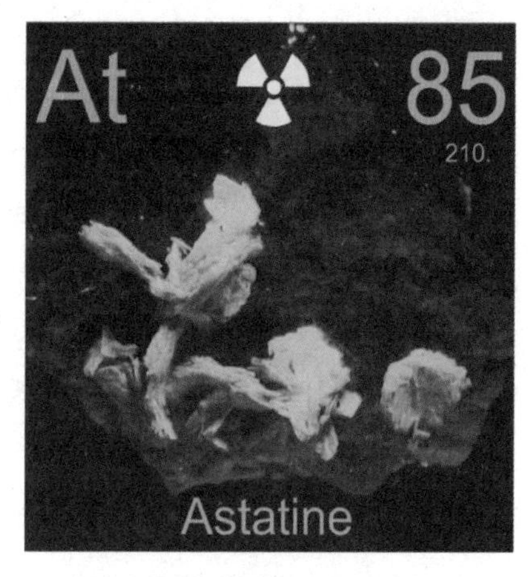

砹究竟是金属还是非金属，其实不重要，可以肯定的是，它是一种稀有的放射性元素。

关于砹元素的化学性质，也有过一些争议，它在发现时被当作一种金属。发现者之一的科森也有一段记录：“砹的化学性质和碘类似，但也有金属的特征，尤其接近钋和铋。”

看来，砹的这个石头偏旁也值得商榷。

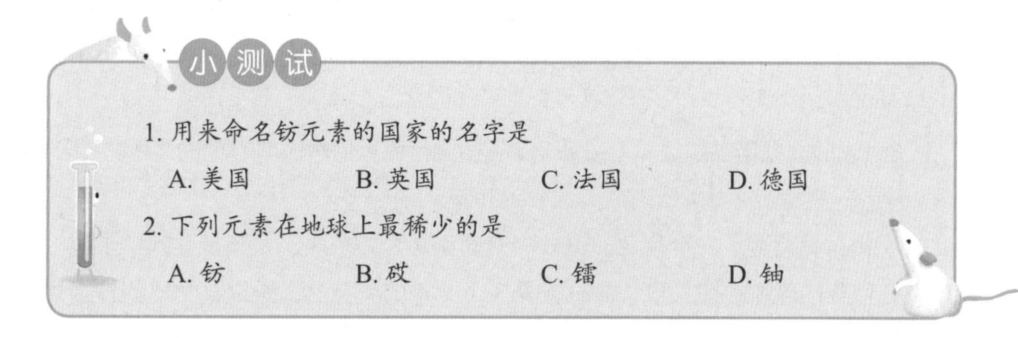

小测试

1. 用来命名钫元素的国家的名字是

A. 美国　　B. 英国　　C. 法国　　D. 德国

2. 下列元素在地球上最稀少的是

A. 钫　　B. 砹　　C. 镭　　D. 铀

【参考答案】1. C　2. B

4. 海王星元素、冥王星元素

1934年，德国一家化学杂志上发表了一篇捷克斯洛伐克工程师科帕里克的文章。这位科帕里克先生一直在当时最大的铀矿——波希米亚铀矿工作，居里夫妇曾经从这里的沥青铀矿里找到了镭，而他则发现了一种新元素的银盐，这种新元素的相对原子质量为240，原子序数是93，位于铀之后。他希望将新元素用发现地波希米亚来命名，即"Bohemium"，可是没过多久，科帕里克又发表了一份声明，说自己弄错了，收回了这个发现。

早在门捷列夫的第一张元素周期表上，92号元素铀就位于末尾，超铀元素一下子还不能让人接受，也许还包括发现者自己吧。

同年，小居里夫妇发现的人工放射现象启发了费米。他想，带电的 α 粒子遇到原子核会受到强大的库仑力，如果用不带电的中子流去轰击原子核，可能会更容易。于是他开始用中子照射水、石蜡等各种物质，发现很多元素经过中子撞击后都变成具有 β 放射性的同位素，它们经过 β 衰变后就变成了比原来原子序数大一的新元素。

他决定用中子照一照92号元素铀，那不就可以得到93号元素了吗？实验结果很快出来了，费米得到了4种同位素，半衰期分别是10秒、40秒、13分钟和90分钟，和任何已知的元素都不匹配。于是他发表了一篇论文——《发现原子序数为93的超铀元素》，文章里，他给新元素命名"Ausonium"（Ao）。

科学界为之振奋，终于发现了超铀元素，元素周期表还将被继续扩展吗？费米也因此获得了1938年诺贝尔物理学奖。

然而，费米领奖后才一个月，小居里夫妇、哈恩、迈特纳等人就断定，费米并没有做加法，而是把原子核撞碎了，这实际上是核裂变。费米发现的超铀元素不过是镧、钡等常见元素的放射性同位素，大物理学家费米在元素周期表上搞出了一个大乌龙！

虽然如此，但诺贝尔委员会并没有纠错机制，费米仍然保留着他的"乌龙"诺奖。

费米虽然制造了一个乌龙，但核裂变确实是个好东西，尤其是受到中子撞击后产生各种各样碎片的铀元素，简直就是一个元素的聚宝盆，所以科学家们都来到这个聚宝盆里寻找宝藏。

1939年，加利福尼亚大学伯克利分校的麦克米伦使用了劳伦斯制作的"原子大炮”——回旋加速器进行了一项轰击铀的实验。在反应后的碎片里，找到了一个铀 239 的碎片，还有一个半衰期为 2.3 天的同位素，其和已知元素都不吻合。他找到了塞格雷，两人一开始以为新元素和刚发现的铼元素比较相似，然而当使用氢氟酸“拷问”这种新元素后，又发现其实它更像稀土元素。

劳伦斯建造的 60 英寸回旋加速器

一切似乎没有进展，就这样到了第二年，麦克米伦发现无论是自己还是塞格雷在化学方面都太弱了，他需要一名化学分析专家帮助自己。恰好刚刚获得剑桥大学化学系研究生学位的艾贝尔森来到伯克利分校度假，麦克米伦便找到这位化学分析专家，请他帮忙分析之前实验的样品。艾贝尔森一番劳作之后，笑嘻嘻地告诉麦克米伦："恭喜你，可能发现新物质了！”因为它和任何已知元素的化学性质都不一样，如果硬要说它和某种元素比较接近的话，那也是铀，而不是之前说的稀土元素。

镎元素的发现者——麦克米伦（左）和艾贝尔森（右），后者度了一个假，一个新元素在手，太精彩了！

两人都振奋起来，立马一起开展工作，做了一次规模更大的实验，得到了更多的样本，最终他们发现在这份样本里，半衰期为 23 分钟的铀 239 越来越少，而那种半衰期为 2.3 天的新物质越来越多。这就证明了，新元素来自铀的衰变，而不是

用镍外壳包裹的镎（银白色）半球，用于“斯罗廷们”测量临界质量。

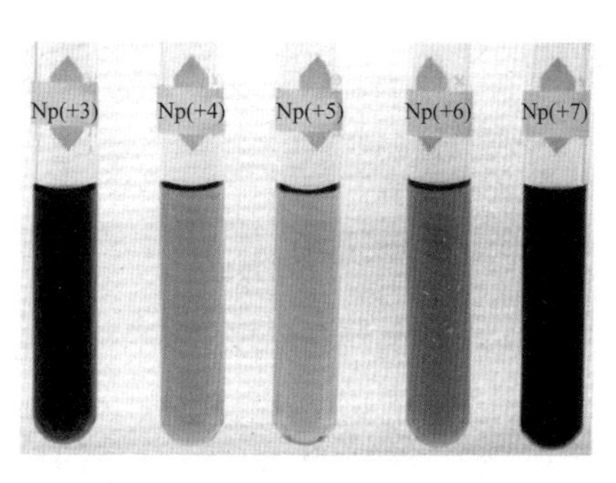

不同价态的镎在溶液里呈现出不同的颜色。

中子诱发的核裂变。

这个核反应可以写成：

$^{238}_{92}U+^{1}_{0}n$（快）$\longrightarrow ^{239}_{92}U \longrightarrow ^{239}_{93}Np$

1940 年 5 月 27 日，麦克米伦和艾贝尔森在一篇题为《放射性元素 93》的论文中发表了他们的研究成果。不久后，他们决定用“海王星”（Neptune）给新元素起名，即“Neptunium”，译为中文是“镎”。因为铀是天王星元素，所以排在铀后面的当然是海王星元素喽。

这时回想起来一开始提到的科帕里克先生，他发现的 93 号元素可能是真的，就在沥青铀矿里，难保不会有铀 238 受到中子轰击变成铀 239，然后衰变成镎 239。在科学的道路上，没有坚持真理的精神哪行？

纯净的镎是一种银白色的金属，溶于盐酸。它最迷人的一点是在水溶液里呈现出五颜六色的价态。

镎的化学性质可以基本忽略，它更重要的用途是生产 94 号元素钚。

同样在 1940 年，麦克米伦又加入西博格的团队，和肯尼迪、沃尔、西博格一起使用回旋加速器，用高能量的氘核撞击铀，得到了镎 239，它很快发生 β 衰变，得到 94 号元素。天王星、海王星后面是当时的第九大行星冥王星，94 号元素很自然地被称为冥王星元素“Plutonium”，译为中文是“钚”。

“新地平线”号探测器拍摄的冥王星照片，巨大的爱心看到没？

钚的化学性质很活泼，在潮湿的空气甚至潮湿的氩气中，就会迅速氧化，同时产生氧化物和氢化物。粉末状态的钚、钚的氢化物以及三氧化二钚都容易自燃，因此它们一般只能保存在干燥的氮气或氩气气氛中。和镎元素一样，钚在水溶液里也表现出五种价态，外观甚是华丽。

正在自燃的钚

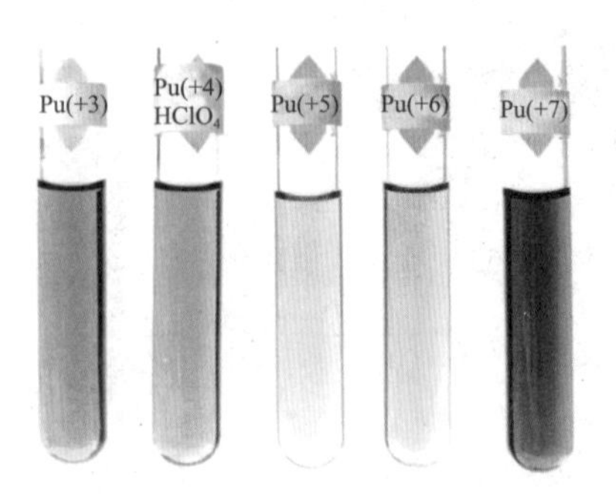

不同价态的钚在溶液里表现出不同的颜色。

钚的发现恰逢二战，在“曼哈顿计划”中，科学家们发现钚239也容易发生链式反应，是一种理想的原子弹核材料。1943年，和铀235并列的“钚计划”也被制订出来。在长崎上空爆炸的原子弹“胖子”就是一枚“钚弹”。因此这个涉及核反应的消息被封锁了起来，一直到二战结束才公布出来。

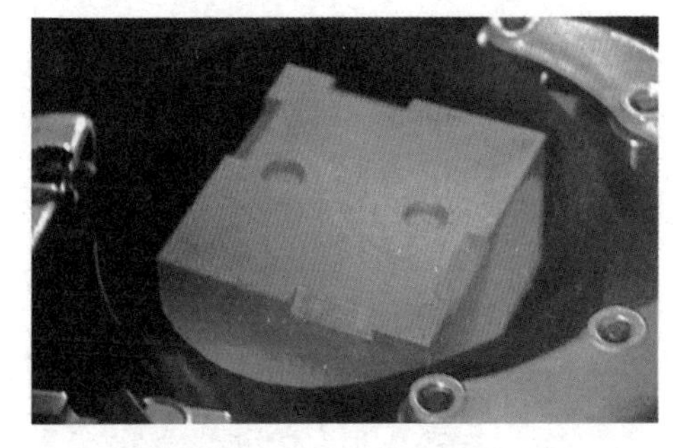

“好奇”号火星探测车上的钚电源

二战后，随着核能从军用转到民用，科学家们发现钚238是一种理想的核材料。它的半衰期有87.74年，此外它只释放出低能 γ 射线和中子以及微弱的 α 射线，只要用一张纸就能阻挡住钚238的辐射，所以它是一种安全的核反应堆材料。

目前，很多航天器已经搭载了钚238核电源，比如“好奇”号火星探测车就装载了4.8 kg钚238。

1. 镎号称

A. 天王星元素　B. 海王星元素　C. 冥王星元素　D. 木星元素

2. 钚号称

A. 天王星元素　B. 海王星元素　C. 冥王星元素　D. 木星元素

3. 获得乌龙诺贝尔奖的大科学家是

A. 费米　B. 费曼　C. 塞格雷　D. 西博格

5. 什么学校如此厉害，留名元素周期表

1945年11月11日是第一次世界大战的停战纪念日，在美国一家电视台举办的《聪明孩子》的节目上，一个孩子向一位嘉宾发问：“还能发现像钚和镎一样的新元素吗？”嘉宾回答：“会的，我们已经发现了95号和96号元素！你们的元素周期表要修改了！”

【参考答案】 1. B　2. C　3. A

年轻的西博格

这位“神秘”嘉宾就是人造元素之王——西博格！他就是这样在一个电视节目上第一次向世界宣布了新元素的发现！

上节我们已经提到，1940 年西博格和麦克米伦一起发现了钚元素，4 年后他又领导自己的团队控制劳伦斯的 60 英寸回旋加速器，用中子轰击钚，得到了 95 号元素。

这个核反应可以这样描述：

$$^{239}_{94}Pu + ^{1}_{0}n \longrightarrow ^{240}_{94}Pu$$

$$^{240}_{94}Pu + ^{1}_{0}n \longrightarrow ^{241}_{94}Pu \xrightarrow{-\beta} ^{241}_{95}Am$$

不要以为西博格只会做实验，他在化学理论上也有较高的造诣。20 世纪中叶之前，元素周期表可不是现在这副模样，镧系元素被作为一个特殊的存在独立在外，或者蜗居在一个格子里。而一帮放射性元素排在哪里也有争议，比如铀被排在钨的下面，但两者化学性质差距也太大了，反而是铀和它前后的几种元素的化学性质非常相似。

西博格于是提出了“锕系”的概念，元素周期表上绝非只有“镧系元素”一种特殊的存在，好了，加上锕系元素，元素周期表完美了，终于成了我们目前熟悉的样子。这更是给化学家们指明了方向，还有一大批锕系元素未被发现呢！

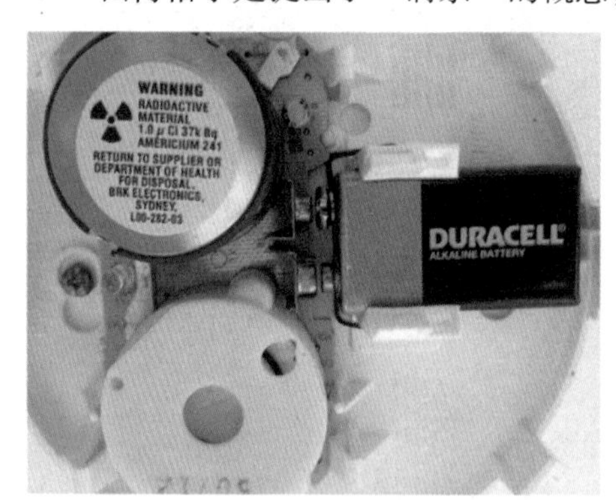

在美国的烟雾报警器里可以找到镅元素。

元素周期表上，锕系元素被列在镧系元素下方，95 号元素的上面是 63 号元素铕，用“欧洲”命名，因此西博格将 95 号元素命名为“美洲”（America→Americium），译为中文是“镅”。

几乎同时，西博格团队又用 α 粒子撞击钚 239，得到了 96 号元素，帮助他的依然是劳伦斯的神器——回旋加速器！他们将新元素命名为“Curium”，以纪念居里夫妇，译为中文是“锔”。

这个核反应是这样的：

$^{239}_{94}Pu+^{4}_{2}He \longrightarrow ^{242}_{96}Cm+^{1}_{0}n$

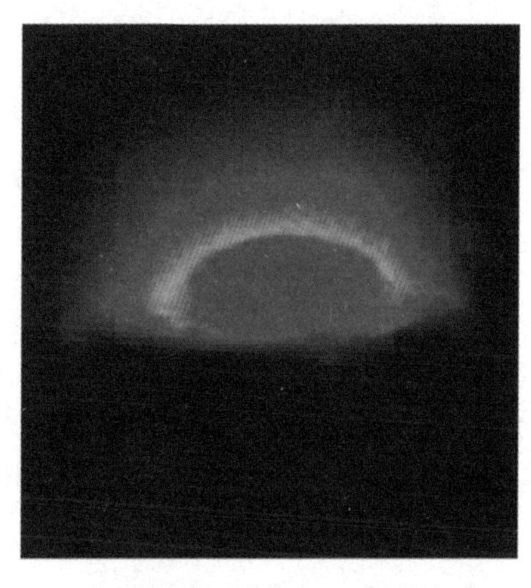

锔的辐射非常强，放在暗室里会看到它闪耀着紫光。

似乎都很简单啊，就是不断用中子、α 粒子去轰击新元素，不就可以得到更重的元素了吗？

你太天真了！

看似用钚 239 很容易就得到了 95 号、96 号元素，但这种核反应的产率其实极低，如果要得到更重的元素，那必须要有足够多的镅和锔，这又需要更多的钚，而钚本身也是人工合成的，最终还需要海量的铀原材料呢。

我们在纸上写一个核反应看似和写一个化学方程式一样简单，其实，制造一个成功的核反应比完成化学反应要困难得多。首先是需要更高的能量，这能量也不是越高越好，在量子的世界里，还需要仔细地完成理论计算，才能找到发生核反应的最佳条件；其次，在发生核反应后，科学家们还必须在数以亿计的粒子中找到目标产物；更何况，核反应会产生各种辐射，操作人员的保护级别也要更高。

这已经不是 19 世纪的化学了，不是“戴维爵士”一个人单打独斗就能一举发现多种元素的那个时代了，以上一切的一切都需要一个强有力的团队才能执行到位！

经过了 5 年的准备工作，西博格团队终于积攒了足够的镅。1949 年底，他们用 α 粒子轰击镅 241，得到了 97 号元素。他们看 97 号元素的上面是镧系元素里的铽，意为“于特比小城”。还记得吗？那是元素之城！因此他们用 97 号元素的诞生地——加利福尼亚大学伯克利分校（Berkeley）来命名，即“Berkelium”，译为中文是“锫”。

美国橡树岭国家实验室，为了运送 1 g 锎，准备了 50 吨重的大桶。

这个核反应是：

$^{241}_{95}Am+^{4}_{2}He \longrightarrow ^{243}_{97}Bk+2^{1}_{0}n$

第二年，西博格团队又用 α 粒子轰击锔，得到了 98 号元素，他们用美国加利福尼亚州（California）来命名，即“Californium”，译为中文是“锎”。

这个核反应是：

$$^{242}_{96}Cm+^{4}_{2}He \longrightarrow ^{244}_{98}Cf+2^{1}_{0}n$$

锎堪称最昂贵的元素，1999 年它的价格是 60 美元 / 微克，这还不含包装费和运输费，是黄金的 600 万倍！

你可能会想，这美国人也太霸道了吧，搞个“美洲”元素我也就不说什么了，竟然用学校的名字和美国一个州的名字来命名新元素！

那就让我们来看看，这究竟是一所什么样的大学！

西博格团队发现新元素使用的神器——回旋加速器就位于加利福尼亚大学伯克利分校。

截至 2018 年，伯克利分校总共诞生了 107 名诺贝尔奖获得者（世界第三，仅次于哈佛大学和剑桥大学），25 位图灵奖获得者（世界第二），14 位菲尔斯奖获得者（世界第四）！

在西博格的时代，伯克利分校不仅有劳伦斯建造的“原子大炮”，还有“原子弹之父”奥本海默成立的“奥本海默理论物理学中心”。此中心成立于“曼哈顿计划”之前，吸引了大批顶尖理论物理学家来到这里，号称“伯克利物理学派”。奥本海默之所以能成为“曼哈顿计划”的领导者，当然来自他之前在伯克利分校的号召力。

加利福尼亚大学伯克利分校一景

西博格的人造元素之路走得如此顺畅，也算是站在了劳伦斯和奥本海默的肩膀上。

在伯克利分校待过的人物岂止这几位呢，让我们随意列举一些名人：

物理学（世界排名第五）：

爱德华·泰勒（氢弹之父）

吴健雄（“中国的居里夫人”）

施温格（量子电动力学创始人，1965 年获诺贝尔奖）

温伯格（提出弱电统一理论，1979 年获诺贝尔奖）

李政道（提出宇称不守恒理论，1957 年获诺贝尔奖）

加来道雄（著名科普作家，我的偶像）

朱棣文（1997 年获诺贝尔奖，美国第 12 任能源部长）

数学（世界排名第六）：

陈省身（数学大师，微分几何之父）

丘成桐（数学大师，1982 年菲尔兹奖获得者）

佩雷尔曼(证明了庞加莱猜想,仅此一条够了吧？菲尔兹奖我都不想写了。)

化学（世界排名第二）：

哈罗德·克莱顿·尤里（发现了氘，1934 年获诺贝尔奖）

威拉得·利比（发明了碳 14 年代测定法，1960 年获诺贝尔奖）

卡尔文（发现了卡尔文循环，1961 年获诺贝尔奖）

李远哲（1986 年获诺贝尔奖）

钱永健（钱学森堂侄，2008 年获诺贝尔奖）

生物学（排名不详）：

赛尔曼·A. 瓦克斯曼（发明了链霉素，1952 年获诺贝尔生理学或医学奖）

卡罗尔·格雷德（2009 年获诺贝尔生理学或医学奖）

计算机科学（世界排名第四）：

戈登·摩尔（提出摩尔定律）

肯·汤普逊（创立了 UNIX 系统，1983 年图灵奖获得者）

道格拉斯·恩格尔巴特（发明了鼠标，1997 年图灵奖获得者）

姚期智（2000 年图灵奖获得者）

伦纳德·阿德曼（提出 RSA 加密法，2002 年图灵奖获得者）

佩雷尔曼，证明世纪难题，人生如愿以偿。

因发现绿色荧光蛋白而获 2008 年诺贝尔化学奖的钱永健

发明鼠标的道格拉斯·恩格尔巴特

文学（世界排名第四）：

张爱玲（不用介绍了吧）

赵元任（国学大师，中国现代语言学之父）

杰克·伦敦（美国著名小说家）

罗伯特·佩恩·沃伦（20 世纪后半叶美国最重要的诗人，3 次获普利策奖）

她也在这个学校待过。

其他：

珍妮特·耶伦（美联储首位女主席）

阿里·布托（巴基斯坦前总理）

孙科（孙中山之子，曾任南京国民政府行政院院长、立法院院长）

宋楚瑜（不用介绍了吧）

孙正义（日本首富）

贾森·基德（NBA 巨星）

格利高里·派克（奥斯卡影帝，《罗马假日》男主角）

《罗马假日》男主角——格利高里·派克

能拥有这种名校的地方自然有其过人之处，将自己的名字也写入元素周期表的加利福尼亚州绝非浪得虚名。

1848 年人们在加州发现了金矿，引发了加州淘金热，全世界几十万人涌入这片不毛之地。真正找到金矿的人很少，但加利福尼亚迅速成为美国乃至世界范围内最有吸引力的地方。在这里，没有历史的包袱，没有繁重的税务，只要你努力工作，加上一点好运气就有可能成功。这就是当时的“加州梦”！无数百万富翁被造就出来！

进入 20 世纪，多样化的人口构成、自由开放的文化，让加州成为一个经济发达、文化高度发展的地方，这里的好莱坞成为全世界的影视中心，硅谷成为全球高科技和信息产业的中心，其教育产业、航空业、农业等都是美国最牛的。这里是人间天堂的代名词，那明媚的阳光、干爽的气候和自由的文化至今仍让无数人心驰神往。2016 年，加利福尼亚州的 GDP 约占美国的 13%，如果加利福尼亚州独立出来，它将是世界第六大经济体。

将加利福尼亚州列入元素周期表，你还有意见吗？

1. 伯克利分校位于

A. 新墨西哥州　　B. 纽约州　　C. 密歇根州　　D. 加利福尼亚州

2.（多选）下列名人在伯克利分校待过的有

A. 奥本海默　　B. 吴健雄　　C. 张爱玲　　D. 朱棣文

3. 文中提到了一位著名的科普作家，是作者的偶像，他是

A. 加来道雄　　B. 温伯格　　C. 朱棣文　　D. 丘成桐

6. 人造元素之王

西博格因为不断发现新的化学元素而与之前的麦克米伦一起获得了 1951 年诺贝尔化学奖，但他的故事还远未结束呢。

1942 年，西博格应邀来到芝加哥参与“曼哈顿计划”中的一个项目，他带了几个学生和一名“管家”。西博格和这位“管家”真可谓是对比鲜明，西博格永远穿着西装，在实验室也不例外，而“管家”特别讨厌穿正装，就算出席一些重要场合也总想把衬衣的第一颗扣子给解开。

接线“管家”吉奥索后来成为西博格的传人。

这位“管家”从伯克利分校本科毕业，之后没读研究生，理由很简单：“不想读，找点活儿干多好！”西博格正是看中了他这一点，才让他加入自己的团队，他的主要工作就是设计各种设备、实验方法以及给放射性探测器接线。这位“管家”实在厌烦了在伯克利每天接线、接线还是接线，于是跟西博格抱怨，西博格说：“好吧，小伙子，跟我去芝加哥吧。”“管家”似乎看到了希望，终于不用接线了，于是跟去了芝加哥。刚到实验室，还没放

【参考答案】1. D　2. ABCD　3. A

下行李，西博格就习惯性地把他找去：“吉奥索，帮我把放射性探测器接一下线。”

含 300 μg 锿的溶液在黑暗中闪耀。

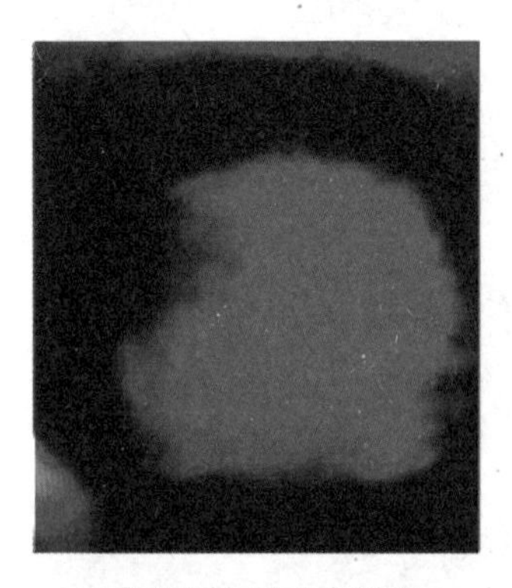
三碘化锿在黑暗中闪耀。

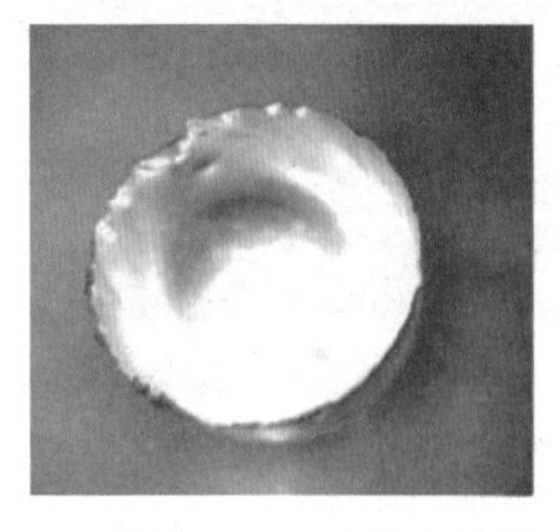
镄镱合金，被用来测量镄元素的汽化焓。

接线好几年之后，“管家”吉奥索先生终于走上前台，成为西博格的得力助手，上一篇我们提到的 4 个新元素——锎、锔、锫、镅的发现中，都有吉奥索的身影，今天的故事也不例外。

1952 年 11 月 1 日，美国在太平洋恩尼威托克岛试验场试爆了一枚氢弹——“迈克”，军方从爆炸地点搜集了几百千克土壤（另一说法为搜集的尘埃）运回美国。吉奥索研究了这些“聚宝盆”，发现其中有一种相对原子质量为 253 的 99 号元素，半衰期为 20 天；还有一种相对原子质量为 255 的 100 号元素，半衰期为 22 小时。

怎么回事？一枚氢弹怎么会炸出这些“幺蛾子”？

大家还记得“人类的终极武器——氢弹”里的 T-U 构型吗？氢弹由一枚铀原子弹或钚原子弹引发核聚变，在核聚变反应中，产生了大量的中子，这些中子被铀或钚吸收，形成了超重的原子核，它们极不稳定，很快发生 β 衰变，每衰变一次，原子序数增加 1，99 号元素和 100 号元素就是这样在氢弹的毁灭性爆炸里诞生的。

两年后，西博格、吉奥索和其他同事们用回旋加速器让氮原子撞击铀 238，也得到了 99 号元素，核反应式如下：

$$^{238}_{92}U+^{14}_{7}N \longrightarrow ^{246}_{99}Es+6^{1}_{0}n$$

紧接着，他们又用中子撞击 99 号元素，得到了 100 号元素。

同年瑞典诺贝尔研究所用氧原子核轰击铀 238，也得到了 100 号元素。

上面我已经剧透了 99 号、100 号元素的名字了。1955 年 8 月，伯克利的西博格团队建议将 99 号和 100 号元素分别用大科学家爱因斯坦（Einstein）和费米

（Fermi）的名字来命名，分别为“Einsteinium”（锿）和“Fermium”（镄）。

西博格团队不会停止脚步，他们还将继续前行，向超越 100 号的元素进发。然而他们掐指一算，又遇到了老问题，既然要合成 101 号元素，就需要有足够的锿或镄，可是，就算用中子对着钚照射一年，也只能得到 10 亿个锿 253 原子，跟阿伏加德罗常数相比，实在太少了。

仔细计划一番之后，西博格开始给团队成员分配任务：

老大西博格负责拉赞助找资金，升级劳伦斯的加速器。是啊，从 1930 年到现在，“原子大炮”已经老了。

哈维研究锿元素各方面的性质。

汤普森和肖邦去研究如何将各种化学元素分离出来。肖邦发明了一种用 α－羟基异丁酸来快速分离锕系元素的方法，在后面我们能看到这种技术多么重要。

吉奥索则负责合成新元素的核心工艺。他发明了一种反冲技术，将仅有的 10 亿个锿 253 原子涂敷在一张极薄的金箔上，然后用高能 α 粒子从背面撞击金箔，发生核反应的原子受到冲击就会离开金箔，再用一层金箔阻挡，最终得到核反应产物。只要再用化学方法处理最后一张金箔，就可以分析出有没有得到 101 号元素了。

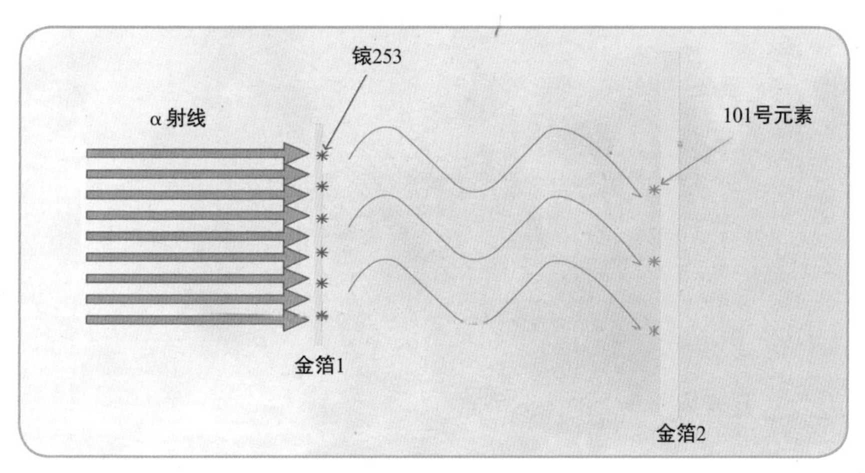

吉奥索发明的反冲技术，α 射线从背面轰击镀在金箔 1 上的锿 253，核反应产物受到冲击，“反冲”并沉积到金箔 2 上。

一切准备就绪，1955 年 2 月 19 日，α 粒子加速、撞击，得到了沾上放射性物质的金箔。吉奥索立马将金箔交给哈维，哈维马上用王水溶解金箔，用离子交换树脂柱分离出超铀元素、金和其他物质。当时，回旋加速器在伯克利，而辐射实验室在另一座山上，放射性元素的半衰期可等不了你的拖延症。当然他们早有准备，吉奥索和肖邦一拿到试管就立马“极品飞车”前往辐射实验室，超速违章都被他们忘到九霄云外了，因为他们是在跟宇宙终极规律赛跑啊！

最终，他们得到了 17 个新元素的原子，没错，只有 17 个。原子根本看不见，也无法称量，但西博格他们还是想办法确定了新元素的原子序数、相对原子质量、半衰期等。

西博格建议用门捷列夫（Mendeleev）给 101 号元素命名为“Mendelevium”，译为中文是“钔”。是啊，元素周期表上怎能没有发明者的名字？

这就是西博格团队，后面还有很多关于他们的精彩的故事。西博格团队总共发现了钚、镅、锔、锫、锎、锿、镄、钔等 9 种元素，这已经超越了戴维发现的 7 种。西博格本人也因为众多新元素的发现而走上了政界，成为美国原子能委员会主席，之后还成为肯尼迪、约翰逊、尼克松、卡特、里根、老布什等美国历任总统的顾问。他获得了各种荣誉和名号，但要问他最在意的是哪个？他一定会说是 106 号元素用他的名字来命名，他曾得意地说：“从现在到 1 000 年以后，自己的名字都将作为 106 号元素的符号，留在元素周期表上，而诺贝尔奖每年都有，在历史上只占一个很小的位置。”

1. 史上“创造”元素最多的人是

A. 牛顿　B. 戴维　C. 爱因斯坦　D. 西博格

2. 99 号元素锿和 100 号元素镄最早被找到是在

A. 氢弹爆炸　B. 原子弹爆炸　C. 宇宙射线　D. 回旋加速器

7. 元素周期表上的美苏争霸

1946 年 3 月 5 日，英国前首相温斯顿·丘吉尔发表了“铁幕演说”，正式拉开了冷战序幕，美苏争霸的时代到来了。两个超级大国悄无声息地进行着全方位的竞争，带动了第三次科技革命，从海底到太空，从原子核到电子计算机。在元素周期表上争夺元素发现国的席位方面，美苏也不例外，惊心动魄的程度不亚于太空竞赛！

【参考答案】1. D　2. A

前面的故事里，一直是伯克利分校的西博格团队在元素周期表的尾部独领风骚。1956年，杜布纳联合核子研究所在莫斯科北部郊外的杜布纳成立，主要研究高能物理，带头人是费廖洛夫。接下来的几十年里，元素周期表上终于要上演伯克利和杜布纳的“双人舞”，故事更加精彩！

冷战中竞争与合作的代表事件：1975年，美国的“阿波罗”号和苏联的“联盟”号对接。

没想到的是，故事的开头就被第三者捷足先登。1957年，瑞典的诺贝尔研究所用碳13离子撞击锔，得到了102号元素。他们迫不及待地宣布了这一消息，并将新元素用诺贝尔（Nobel）的名字来命名为“Nobelium”，缩写是“No”，译为中文是“锘”。

很快，伯克利分校的西博格团队和苏联的杜布纳研究所重复了他们的实验，最终都以失败告终，他们都对新元素No说“no”了。

杜布纳联合核子研究所

故事很平淡是吗？俗话说：“外行看热闹，内行看门道。”

之前的核反应都是用中子或者α粒子来撞击重原子核，这次怎么用碳13这么大的原子核来作“炮弹”了？

原因很简单，当科学家追求更高能量的时候，回旋加速器遇到瓶颈了！

在回旋加速器里，粒子速度越来越快，达到光速的5%以上，就会明显地出现相对论效应，粒子质量变大，绕行周期变长，从而逐渐偏离了交变电场的加速状态。如果不校正时间将无法继续加速。所以1945年又调整方案设计出了“同步回旋加速器”，可以让氘原子核加速到195 MeV，让α粒子加速到390 MeV。

后来又有了“等时性回旋加速器”，它保持恒定的电场振动频率，通过增加磁场的半径来补偿相对论效应，可以得到更高能量的粒子。

然而，回旋加速器毕竟要“回旋”，圆周运动是一种加速运动，粒子在“回旋”的时候，将不可避免地发出电磁辐射。一方面要扩大磁场半径以得到更高能量的粒子，另一方面能量又在不断损耗，能量越高损耗越快。回旋加速器越建越大的同时，也像一个能量无底洞，所以费米曾经开玩笑：干脆把回旋加速器建到赤道上算了。

为了回避回旋加速器的缺点，一方面，不再使用 α 粒子这种低质量的带电粒子，而是使用相对原子质量更大的元素的离子，在同样的速度下，它们将携带更多动能。

欧洲的大型强子对撞机（LHC），结合了回旋加速器和线性加速器。

吉奥索和同事们一起发现了 103 号元素铹（Lr）。

另一方面，不再用中子或 α 粒子误打误撞，科学家们开始挖掘原子核更深处的秘密，看看一些较轻的元素和重元素在低能量状态下是否具有“黏合力”。虽然这种方法需要碰运气，能量大了可能会把靶原子核撞碎，能量小了又无法克服库仑力接近靶原子核。但科学家们觉得值得试试运气。

最后，科学家们又回到了劳伦斯之前的选择，既然不需要那么高的能量，线性加速器还是可以考虑的。虽然直线加速运动也有电磁辐射，但相比回旋加速器，它避免了圆周运动中的电磁辐射。

总之，科学家们可以采用重元素离子 + 线性加速器或同步等时回旋加速器 + 碰运气，嗯，完美！

所以，这场新元素的争夺战已经演变成了一场赌博，就看谁运气更好了。

一直以来，美苏科学家们心中仍有对 102 号元素的执念，他们屡屡尝试，甚至多次宣布自己合成了 102 号元素，但后来都被证伪了。反而是 103 号元素率先诞生了，1961 年 2 月，吉奥索带头的团队在线性加速器上用硼 10、硼 11 的离子照射 3 μg 的锎 250 和锎 249，得到了 103 号元素。他们用发明回旋加速器的劳伦斯（Lawrence）来命名新元素为“Lawrencium”，译为中文是“铹”。

相关核反应：

$^{250}_{98}Cf + ^{10}_{5}B \longrightarrow ^{257}_{103}Lr + 3^{1}_{0}n$

$^{249}_{98}Cf + ^{11}_{5}B \longrightarrow ^{256}_{103}Lr + 4^{1}_{0}n$

1964 年，苏联人也用氧离子撞击镅得到了 103 号元素，所不同的是，他们用了当时最强大的 3 米同步回旋加速器，而非线性加速器，但已姗姗来迟。相关核反应如下：

$^{243}_{95}Am + ^{18}_{8}O \longrightarrow ^{256}_{103}Lr + 5^{1}_{0}n$

1964 年，杜布纳研究所拔取头筹，用氖离子照射钚，得到了 104 号元素。苏联人用苏联著名核物理学家库尔恰托夫来命名，译为中文是“锌”。1969 年，伯克利的吉奥索团队用碳离子照射锎，也得到了 104 号元素，他们提议用卢瑟福来命名，即“钅卢”。

1966 年，苏联人再接再厉，他们用氖离子照射铀，终于得到了 102 号元素。他们提议用约里奥·居里来命名新元素，美国人不同意，还是坚持用之前瑞典人起的名字“Nobelium”，译为中文是“锘”。至此，锕系元素全部找到。

美苏双方的竞争处于白热化状态，1968 年，杜布纳研究所率先发现了 105 号元素，他们提议用尼尔斯·玻尔来命名。而吉奥索团队 1970 年也发现了 105 号元素，他们希望用哈恩的名字来命名。

最激烈的竞争在 1974 年，双方都在这一年发现了 106 号元素，苏联人希望用杜布纳来命名新元素，而美国人建议用西博格的名字来命名，一下子引起了轩然大波。苏联人叫道：“这不合法！怎能用一个还活着的人来命名新元素？”西博格的“大管家”吉奥索反唇相讥：“真荒唐！我们给锿和镄命名的时候，你们怎么不说话呢？”（1952 年，爱因斯坦和费米仍然健在。）

这段时间的发现一个接一个，美苏双方针对命名的争吵越演越烈，最后究竟如何解决呢？请看下节。

1. 苏联发现众多新元素的研究所在

A. 杜布纳　　B. 伯克利　　C. 达姆斯塔特　　D. 剑桥

2. 用来给 102 号元素命名的科学家的名字是

A. 卢瑟福　　B. 诺贝尔　　C. 西博格　　D. 门捷列夫

8. 填补完元素周期表

上一节里，美苏争霸非常激烈，从 102 号元素一直打到 106 号元素，但 106 号元素的合成，两个团队所采用的方法并不一样。

美国吉奥索团队使用的是老方法：用氧 18 离子照射锎 249，反应式如下：

$^{249}_{98}Cf+^{18}_{8}O \longrightarrow ^{263}_{106}Sg+4^{1}_{0}n$

而杜布纳研究所的领导人已经从弗廖洛夫换成了奥格涅斯扬，奥格涅斯扬堪称元素周期表上最后一位大师，在他的带领下，苏联人使用铬离子照射铅，也得到了 106 号元素。

$^{207}_{82}Pb+^{54}_{24}Cr \longrightarrow ^{259}_{106}Sg+2^{1}_{0}n$

有没有看出什么门道？

在这之前，科学家们一直用较轻的离子——从氘核、α 粒子到碳、氧、氖等元素的离子——撞击超重的放射性元素，如钚、锔、锿、锎，得到一个具有很高激发能的复合核，再通过释放几个中子带走激发能，这个过程产生的热量较大，因此称为“热熔合”过程。

而奥格涅斯扬发明的方法第一次将“靶子”改成铅这种非放射性元素，而“炮弹”则是质量很大的铬，在之前是不可想象的。“炮弹”和“靶子”发生“熔合”，得到一个激发能较低的原子核，只释放 1~2 个中子，这被称为“冷熔合”过程。

毫无疑问，“冷熔合”过程的效率更高，“炮弹”和“靶子”更便宜易得，因此 106 号元素以后的元素大都来自“冷熔合”过程。伯克利的美国人在这方面后知后觉，因此差距慢慢地被苏联人拉开，以至再无建树。

1976 年，奥格涅斯扬用铬离子照射铋，得到了 6 个 107 号元素的原子。

【参考答案】 1. A　2. B

$^{209}_{83}Bi+^{54}_{24}Cr \longrightarrow ^{261}_{107}Bh+2^{1}_{0}n$

正当苏联人以为可以一统天下之时，却半路杀出个“程咬金”。

1981 年，当时西德黑森省达姆斯塔特重离子研究中心实验室的明岑贝格宣布他们也得到了 107 号元素，方法如下，不一样的是只释放出一个中子。

$^{209}_{83}Bi+^{54}_{24}Cr \longrightarrow ^{262}_{107}Bh+^{1}_{0}n$

德国人明岑贝格与德国的达姆斯塔特重离子研究中心

1982 年，德国人又用铁离子照射铋，得到了 109 号元素，苏联人 3 年以后才做了同样的实验。

$^{209}_{83}Bi+^{58}_{26}Fe \longrightarrow ^{266}_{109}Mt+^{1}_{0}n$

从 1978 年一直到 1983 年，苏联人一直在尝试合成 108 号元素，可是要么数据不确定，要么得到的原子数太少。

1984 年，德国人一锤定音，用铁离子照射铅，得到了 108 号元素的 3 个原子，并测出这种同位素的半衰期是 80 毫秒。

$^{208}_{82}Pb+^{58}_{26}Fe \longrightarrow ^{265}_{108}Hs+^{1}_{0}n$

到这里，元素周期表已是乱作一团，美国、苏联加上后来的德国各执一词，纷纷提出自己为新元素的命名，全世界竟然出现了好几个版本的元素周期表。

在这种情况下，国际纯粹和应用化学联合会（IUPAC）出来主持公道了，他们派了一个 9 人委员会，听取各方意见。但由于美国人特别坚持自己的命名，这件事情拖延了好久，一直到 1997 年，IUPAC 向美国人妥协，出具了一个方案：

104 号元素：Rutherfordium（铲），纪念核物理学家卢瑟福。苏联人提出的库尔恰托夫由于名气太小而被放弃。

105 号元素：Dobnium（𨧀），纪念杜布纳联合核子研究所。美国人建议的纪念哈恩的方案被否定，历史自有公论，大家都懂得。

106 号元素：Seaborgium（𨭎），纪念西博格。苏联人提出的杜布纳方案被移到 105 号元素。

107 号元素：Bohrium（𨨏），纪念玻尔家族。

108 号元素：Hassium（𨭆），纪念德国黑森省，因为达姆斯塔特研究所位于黑森省。

109 号元素：Meitnerium（䥑），纪念奥地利女物理学家迈特纳，还是那句话，历史自有公论！在元素周期表上占个位置比一个诺贝尔奖有价值得多！

这一方案经过 40 多个成员国讨论，最终以 64 票赞成，5 票反对，12 票弃权而通过。

争论期间，德国人并没有停下他们的脚步，而是在元素周期表上继续前行。仅仅在 1994 年到 1996 年的三年内，德国人又以惊人的效率用“冷熔合”方法得到了 110、111 和 112 号元素，分别被命名为：

110 号元素：Darmstadium（𫟼），以纪念新元素发现地达姆斯塔特。

111 号元素：Roentgenium（𬬭），以纪念德国物理学家伦琴。

112 号元素：Copernicium（鿔），以纪念波兰天文学家哥白尼。

从 1999 年开始，奥格涅斯扬再度出山，他带领团队找到了一种非常好的“炮弹”——钙 48，1 g 价值 20 万美元。有了这种超级“炮弹”，奥格涅斯扬又回到了“热熔合”的道路上：用钙 48 轰击超铀元素。

杜布纳联合核子研究所的创始人——费廖洛夫

当年，他用这种“炮弹”去照射钚，得到了 114 号元素。他用杜布纳联合核子研究所的首位领导人费廖洛夫（译成英文为“Flerov”）来命名新元素为“Flerovium”（𫓧），得到了美国人和 IUPAC 的同意。

大约半年后，他的团队再次用钙48照射锔，得到了116号元素。由于这次实验得到了位于美国加州的劳伦斯－利弗莫尔国家实验室的帮助，因此用利弗莫尔（Livermore）来命名它，即“Livermorium”，中文是“𫟷”。

2002年，奥格涅斯扬团队用钙48照射锎249，得到了118号元素。这种新元素用奥格涅斯扬（Oganessian）本人的名字来命名，即“Oganesson”，后缀“-on”表明它是一种非金属元素，中文译成“鿫”（ào，奥加一个气字头）。在元素周期表上，它位于氡的下面，理论上应该是最重的稀有气体。但这已经不重要了，这种放射性元素的半衰期只有1毫秒左右。

图片为亚美尼亚2017年邮票。奥格涅斯扬让自己的名字也留在了元素周期表上。

2003年，奥格涅斯扬团队用钙48照射镅，得到了115号元素，用杜布纳研究所所在地莫斯科（Moscow）来命名，即“Moscovium”，中文是“镆”。

113号元素被命名为“日本元素”。

2004年，奥格涅斯扬团队和日本物理化学研究所几乎同时得到了113号元素，最终该元素被命名为“Nihonium”，来自日本的古称“Nihon”，中文译为“鉨”（nǐ）。还记得1908年小川差点发现了铼元素，还准备用自己的祖国日本为其命名吗？100年之后，日本人终于在元素周期表上刻上了自己的国名，这是亚洲唯一的一个。

2009年，奥格涅斯扬联合了好几方的力量，包括杜布纳联合核子研究所、美国橡树岭国家实验室、劳伦斯－利弗莫尔国家实验室、意大利原子反应堆、范德比尔特大学、田纳西大学、内华达大学等，用钙48照射锫249，得到了117号元素。

由于提供这次实验最关键的原料——锫的汉密尔顿先生来自田纳西州的范德比尔特大学，因此用田纳西州（Tennessee）来命名新元素，即“Tennessine”。它的后缀“-ine”表明它是一种卤素，因此译为中文是“鿬”。

至此，元素周期表上第七周期被填满，总共118种元素在列。人类对化学元素的认知达到了一个新的高峰，问题是，还会有第八周期的新元素吗？

1. 根据本文，元素周期表上最后一位大师是

   A. 戴维　　B. 西博格　　C. 吉奥索　　D. 奥格涅斯扬

2. 人工合成最后几种元素所使用的关键技术工艺是

   A. 低温核聚变　　B. 冷熔合　　C. 回旋加速器　　D. 强子加速器

3. 你对还能否发现新元素的看法是

   A. 必须的，探索永无止境

   B. 没了，118 相当圆满了

   C. 半衰期越来越短，发现也没啥意义了

   D. 酱油党

9. 还会有新元素吗

上一节最后的问题“还会有第八周期的新元素吗？”你怎么看？

其实，到了第七周期的尾部，元素的半衰期越来越短，115 号元素“镆”以后，

族

周期	IA	IIA	IIIB	IVB	VB	VIB	VIIB	VIII	VIII	VIII	IB	IIB	IIIA	IVA	VA	VIA	VIIA	0
1	1 H																	2 He
2	3 Li	4 Be											5 B	6 C	7 N	8 O	9 F	10 Ne
3	11 Na	12 Mg											13 Al	14 Si	15 P	16 S	17 Cl	18 Ar
4	19 K	20 Ca	21 Sc	22 Ti	23 V	24 Cr	25 Mn	26 Fe	27 Co	28 Ni	29 Cu	30 Zn	31 Ga	32 Ge	33 As	34 Se	35 Br	36 Kr
5	37 Rb	38 Sr	39 Y	40 Zr	41 Nb	42 Mo	43 Tc	44 Ru	45 Rh	46 Pd	47 Ag	48 Cd	49 In	50 Sn	51 Sb	52 Te	53 I	54 Xe
6	55 Cs	56 Ba	*	72 Hf	73 Ta	74 W	75 Re	76 Os	77 Ir	78 Pt	79 Au	80 Hg	81 Tl	82 Pb	83 Bi	84 Po	85 At	86 Rn
7	87 Fr	88 Ra	**	104 Rf	105 Db	106 Sg	107 Bh	108 Hs	109 Mt	110 Ds	111 Rg	112 Cn	113 Nh	114 Fl	115 Mc	116 Lv	117 Ts	118 Og

*镧系	57 La	58 Ce	59 Pr	60 Nd	61 Pm	62 Sm	63 Eu	64 Gd	65 Tb	66 Dy	67 Ho	68 Er	69 Tm	70 Yb	71 Lu
**锕系	89 Ac	90 Th	91 Pa	92 U	93 Np	94 Pu	95 Am	96 Cm	97 Bk	98 Cf	99 Es	100 Fm	101 Md	102 No	103 Lr

根据半衰期不同将元素涂成不同的颜色，紫色部分元素的半衰期非常短。

【参考答案】1. D　2. B　3. 略

已发现的最稳定同位素的半衰期没有超过1秒的，118号元素“氭”的最稳定同位素Og294的半衰期只有0.69毫秒。按照这个规律，更重的元素半衰期将更短，瞬间就会发生衰变。那么，再继续去寻找新元素，还有意义吗？

1963年诺贝尔奖典礼上，梅耶女士和瑞典国王在一起。

现在我们知道，一种同位素半衰期的长短，来自这种同位素原子核内部的性质。最早去研究原子核内部规律的，是一位女科学家——梅耶。

梅耶有幸参加了“曼哈顿计划”中的一个边缘项目，她开始对宇宙中各种元素的丰度产生兴趣。她观察分析了各种同位素的半衰期，发现钙这种20号元素竟然丰富到与它的原子序数不成比例。于是，她脑洞大开，提出了“幻数理论”，在质子数或中子数中有“幻数”时，原子核就比较稳定，而当两者均中有“幻数”时，这种“双幻数”的原子核具有双倍的“魔力”，因此更加稳定。

根据她的观察，2、8、20、28、50、82都是幻数，后来发现126可能也是一个幻数，现在又发现了很多新的幻数，比如6、14、30，看来原子核里还有不少秘密等待我们去发掘呢。

在“幻数”脑洞的基础上，梅耶提出了原子核的“壳式模型”。

在此之前，科学界对于原子核结构的理解来自伽莫夫的“液滴模型”，原子核就是一团质子液体和中子液体组成的液滴，和最早汤姆逊的“梅子布丁模型”有一比。

而梅耶的“壳式模型”指出，和原子里的电子类似，原子核里也有很多的壳层，质子和中子位于不同的壳层上运动，它们也满足泡利不相容原理。

看看吧，卢瑟福用“金箔实验”打开了原子世界的大门之后，经过玻尔、薛定谔、狄拉克、泡利等人的努力，终于认识了原子内部结构，懂得了如何让电子排排队。而梅耶一人就将原子核内部结构推进了一大步，她的贡献至少相当于卢瑟福+玻尔+泡利的贡献之和，可是给予她的只有一个诺贝尔奖——1963年诺贝尔物理学奖。

基于梅耶的“壳式模型”，西博格提出了“稳定岛理论”。将质子数和中子数作为x、y轴，所有同位素都将找到自己的“坐标”，根据已有的数据，质子数、中子数越大，同位素越不稳定。但“稳定岛理论”预言：可能在114号、120号、126号元素附近，由于它们符合“幻数”理论，将会有稳定的同位素存在。

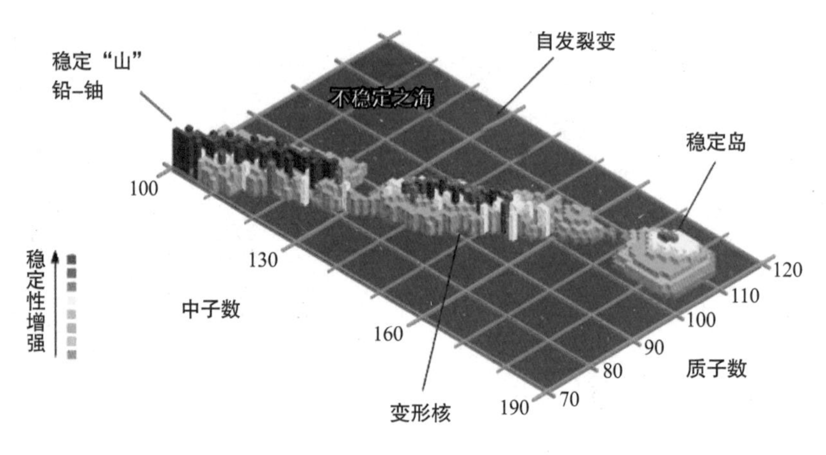

“稳定岛理论”示意图

如果你细心看了上一节文章，可能要问：“114号元素不是已经发现了吗？稳定岛不稳定岛什么的，应该可以验证了吧。”

事情远没这么简单！

到目前为止，科学家们已经得到了7种114号元素𫓧的同位素，相对原子质量最小的是284，最大的是290，最稳定的是𫓧289，半衰期也只有1.9秒。而按照“稳定岛理论”的预言，𫓧298才算符合“幻数”理论，拥有较长的半衰期。

既然如此，那就把𫓧298制造出来呗。

这又谈何容易！

前面我们已经提过，原子序数越大，稳定的原子核内需要的中子就越多。比如碳、氧这些轻元素，质子数和中子数比为1∶1；到了铁、铜，中子数就要多一点，质子数和中子数比达到了1∶1.15；而到了放射性元素，比如铀、镭，质子数和中子数比就达到1∶1.5。你算算𫓧298的质子数和中子数比？是1∶1.6。

那么，用没有多余中子的轻元素，如何能合成需要很多多余中子的超重元素呢？

如果你足够聪明，应该可以理解上一节里，为何奥格涅斯扬选择了钙48这种“超级炮弹”。

钙48有20个质子和28个中子，恰好符合“幻数”理论，是一种双幻数同位素。虽然它的质子数和中子数比已经严重偏离了正常的钙 40，但依然非常稳定，半衰期比宇宙年龄还长，它真是“幻数”理论的铁证！之所以使用这种“超级炮弹”，还因为它能带来多余的中子。

虽然如此，钙 48 里多余的中子还是太少了，要合成铁 298 还是力有不逮。有科学家估计,如果真的要合成铁 298,得用铀 238 来当“炮弹”,预计的核反应式如下：

$$^{248}_{96}Cm+^{238}_{92}U \longrightarrow ^{298}_{114}Fl+^{186}_{74}W+2^{1}_{0}n$$

在目前，这还是天方夜谭，先想想如何得到足够多的锔 248 吧。

20 世纪西博格的“稳定岛预言”还未实现，奥格涅斯扬又开始新的脑洞。2008 年，他提出，164 号元素可能会是第二个“稳定岛”，它的相对原子质量为 482 的同位素可能会超级稳定。

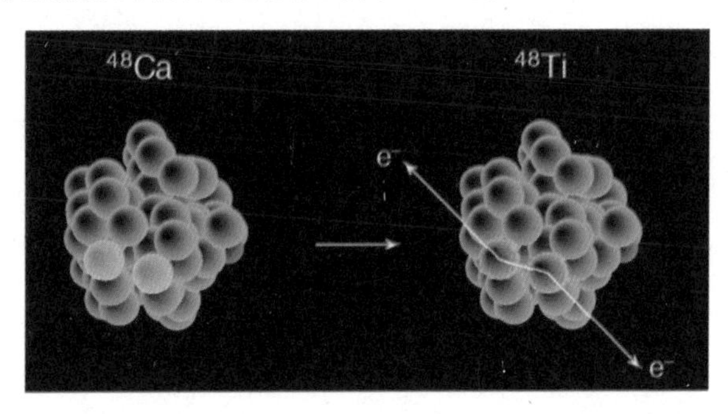

钙 48 发生 β 衰变，也会衰变成钛 48，只不过半衰期比宇宙年龄还长。

基于科学理论的幻想可能不值一提，可能错漏百出，但这是人类最宝贵的想象力和探索精神！

我相信，一个世纪后的新新人类将拥有一个完全不一样的元素周期表，他们一定会写出更加精彩的“元素家族”！

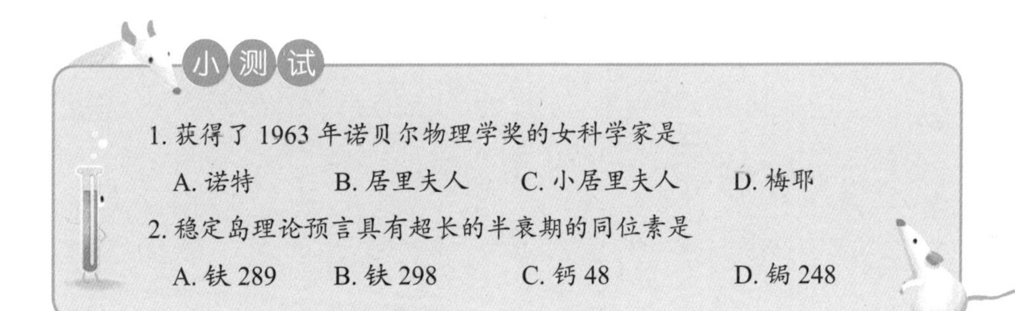

小测试

1. 获得了 1963 年诺贝尔物理学奖的女科学家是

A. 诺特　　B. 居里夫人　　C. 小居里夫人　　D. 梅耶

2. 稳定岛理论预言具有超长的半衰期的同位素是

A. 铁 289　　B. 铁 298　　C. 钙 48　　D. 锔 248

【参考答案】1. D　2. B

元素周期表的实质

说完了 118 种化学元素，也介绍了门捷列夫是如何将元素周期表创造出来的。但是，这张表背后深层次的道理是什么，我还没来得及说呢。

让我们仔细看看这张表，从上到下分为七行，我们称为七个周期。

第一个周期只有氢和氦两个元素。

第二、三个周期各有八个元素，它们所在的八列被称为“主族”，“主族元素”的周期性体现得最为明显。比如戴维发现的钾、钠兄弟和本生、基尔霍夫发现的铷、铯兄弟，它们的性质非常相似，类似的元素系列还有戴维发现的碱土金属——镁、钙、锶、钡，贝采里乌斯整理出的卤素四元素——氟、氯、溴、碘。门捷列夫等人正是从这些主族元素的周期性中找到思路，总结出了元素周期表。

玩纸牌的化学家门捷列夫

第 IA 族元素有氢、锂、钠、钾、铷、铯、钫，除了氢元素以外，其他都是碱金属元素，化学性质活泼，是最典型的金属，它们在化合物中总是体现出 +1 价。

第 ⅡA 族元素有铍、镁、钙、锶、钡、镭，都是碱土金属元素，它们也有比较强的反应活性，但跟碱金属相比还是甘拜下风，它们在化合物中总是体现出 +2 价。

第 ⅢA 族叫硼族元素，里面有硼、铝、镓、铟、铊、鉨这几种元素，硼是非金属元素，其他都是金属元素，它们大多数体现出 +3 价。

第ⅣA 族是碳族元素，有碳、硅、锗、锡、铅、𫓧，其中碳和硅是非金属元素，锗以后的元素金属性逐渐增强，它们都有 4 个价电子。

第 ⅤA 族是氮族元素，有氮、磷、砷、锑、铋、镆，它们的原子核外电子层的最外层都有 5 个电子，最高可以体现出 +5 价。

第ⅥA 族是氧族元素，有氧、硫、硒、碲、钋、𫟷，除了钋和人造元素𫟷以外，其他都是非金属元素，它们大多体现出 –2 价。

第ⅦA族是卤族元素，有氟、氯、溴、碘、砹，加上不知是金属元素还是非金属元素的砌。它们喜爱夺取别人的电子，单质都是强氧化剂，均有刺激性气味，强烈刺激眼、鼻、气管等。

第0族是稀有气体元素，有氦、氖、氩、氪、氙、氡、鿫。它们几乎没有反应活性，至今还没发现常温常压下稳定存在的氦、氖的化合物。

第1周期	1 H 1.0							2 He 4.0
第2周期	3 Li 6.9	4 Be 9.0	5 B 10.8	6 C 12.0	7 N 14.0	8 O 16.0	9 F 19.0	10 Ne 20.2
第3周期	11 Na 23.0	12 Mg 24.3	13 Al 27.0	14 Si 28.1	15 P 30.1	16 S 32.1	17 Cl 35.5	18 Ar 40.0
第4周期	19 K 39.1	20 Ca 40.1	31 Ga 69.7	32 Ge 72.6	33 As 74.9	34 Se 79.0	35 Br 79.9	36 Kr 83.8
第5周期	37 Rb 85.5	38 Sr 87.6	49 In 114.8	50 Sn 118.7	51 Sb 121.8	52 Te 127.6	53 I 126.9	54 Xe 131.3
第6周期	55 Cs 132.9	56 Ba 137.3	81 Tl 204.4	82 Pb 207.2	83 Bi 209.0	84 Po [209]	85 At [210]	86 Rn [222]
第7周期	87 Fr [223]	88 Ra [226]	113 Nh [284]	114 Fl [289]	115 Mc [288]	116 Lv [293]	117 Ts [294]	118 Og [294]

主族元素的周期性最为明显。

从第四周期开始，加入了过渡元素，也被称为“副族元素”，我们熟悉的金、银、铜、铁都在这里面。副族元素的周期性没有主族元素那么明显，但也不可小觑。比如：

钪、钛、钒、铬、锰分别体现出 +3、+4、+5、+6、+7 价。

铜、银、金都可以体现出 +1 价，化学性质都不活泼，这哥儿仨也都位于导电材料排行榜的前几名。

钪、钇和镧系元素经常混杂在一起，难以分离，被称为“稀土元素”。

铁、钴、镍三元素都有铁磁性，它们位于第Ⅷ族。

同为第Ⅷ族的钌、铑、钯、锇、铱、铂都是化学性质稳定的“铂系元素”。

铪经常和锆混杂在一起，直到玻尔时代才将它们分开。

钽和铌也经常混杂在一起，还记得“钶”吗？

五颜六色的过渡元素的盐溶液，从左到右依次为：硝酸钴、重铬酸钾、铬酸钾、氯化镍、硫酸铜、高锰酸钾。

而到了第六周期，竟然冒出一个“镧系元素”，第七周期还有一个“锕系元素”。为何要将它们独立于元素周期表的整体之外，在下面搞出一个小岛专门放置？相信第一次看到元素周期表的人都会有此疑问。

其实，镧系和锕系元素绝非元素周期表的“编外人员”，我们也可以把镧系元素和锕系元素展开放进表内，但这样的话表格就如下图般变“扁”了。大多数时候，为了图表的美观，只能让这两系元素牺牲一下位置喽。

	1	2	3															4	5	6	7	8	9	10	11	12	13	14	15	16	17	18
1	1 H																															2 He
2	3 Li	4 Be																									5 B	6 C	7 N	8 O	9 F	10 Ne
3	11 Na	12 Mg																									13 Al	14 Si	15 P	16 S	17 Cl	18 Ar
4	19 K	20 Ca	21 Sc															22 Ti	23 V	24 Cr	25 Mn	26 Fe	27 Co	28 Ni	29 Cu	30 Zn	31 Ga	32 Ge	33 As	34 Se	35 Br	36 Kr
5	37 Rb	38 Sr	39 Y															40 Zr	41 Nb	42 Mo	43 Tc	44 Ru	45 Rh	46 Pd	47 Ag	48 Cd	49 In	50 Sn	51 Sb	52 Te	53 I	54 Xe
6	55 Cs	56 Ba	57 La	58 Ce	59 Pr	60 Nd	61 Pm	62 Sm	63 Eu	64 Gd	65 Tb	66 Dy	67 Ho	68 Er	69 Tm	70 Yb	71 Lu	72 Hf	73 Ta	74 W	75 Re	76 Os	77 Ir	78 Pt	79 Au	80 Hg	81 Tl	82 Pb	83 Bi	84 Po	85 At	86 Rn
7	87 Fr	88 Ra	89 Ac	90 Th	91 Pa	92 U	93 Np	94 Pu	95 Am	96 Cm	97 Bk	98 Cf	99 Es	100 Fm	101 Md	102 No	103 Lr	104 Rf	105 Db	106 Sg	107 Bh	108 Hs	109 Mt	110 Ds	111 Rg	112 Cn	113 Nh	114 Fl	115 Mc	116 Lv	117 Ts	118 Og

将镧系元素和锕系元素展开后的元素周期表

好了，我们已经将元素周期表浏览了一遍，那么，这张表格背后究竟隐藏着怎样的奥秘？

要完整地解答这个问题，还得从本生、基尔霍夫发现的元素身份证——光谱说起，我们已经知道了各种各样的光谱是各种元素特有的身份证，但它们的编码规则是什么呢？比如我们使用的18位数字的身份证，前6位是城市的代码，中间8位是出生年月日，接下来3位是数字顺序码，最后1位是数字校验码。看了一个人的身份证，我们可以很快知道他（她）的生日，多大年纪，甚至可以查出他（她）的出生地。但面对元素的光谱，除了看到五颜六色的纷乱光线，我们还能得到哪些信息呢？

谁能想到，第一个摸到元素身份证规律的竟然是一个中学数学老师，他的名字叫巴耳末。

话说巴耳末老师24岁就获得巴塞尔大学数学博士学位，之后在一所女校任教，一直到60岁也没有取得什么重大成就。可就在他60岁的一天，他将视线落在了氢元素的光谱线上，迟迟不忍离开，简直是出了神。

氢是最简单的元素，它在可见光区有4条明亮的谱线，波长分别为656.2 nm（红色），486 nm（水绿色），434 nm（蓝色）和410.1 nm（紫色）。你看出什么规律来了吗？

如果还是大眼瞪小眼也正常，因为从基尔霍夫发现氢原子的光谱到60岁的巴耳末老师总结出规律，这中间过去了20多年，看过氢原子光谱的物理学家和化学家不在少数，但没有一个人能找出这些谱线之间的数学关系。

巴耳末老师不一样，他对各种数字之间的关系尤为敏感，他迅速发现这几条谱线的波长正好是364.56 nm的9/5、4/3、25/21、9/8倍。你是不是再次大眼瞪小眼了，这几个分数之间有什么关系吗？

你看你，对数字太不敏感了吧，巴耳末老师开始敲黑板了，只见他大笔一挥，这几个莫名其妙的分数就变成了如下形式：

$3^2/(3^2-2^2)$，$4^2/(4^2-2^2)$，$5^2/(5^2-2^2)$，$6^2/(6^2-2^2)$

通项公式是$m^2/(m^2-2^2)$！这就是巴耳末公式，氢元素光谱里可见光区域内的几条谱线也因此被称为巴耳末线系。

这个巴耳末公式究竟是数字游戏，还是和门捷列夫玩纸牌玩出的元素周期律一样，是有强有力的证据支撑的科学理论呢？

科学不科学，预言说了算。

把$m=7$代入巴耳末公式，得到397 nm，看看在那里有没有谱线就是了。一般人眼的可见光区域在400 ~ 760 nm，但好在还有少数人能看到380 nm左右的紫色光，根据巴耳末公式的指引，终于有人找到了397 nm处极弱的一条紫线。巴耳末公式终于令人信服了！

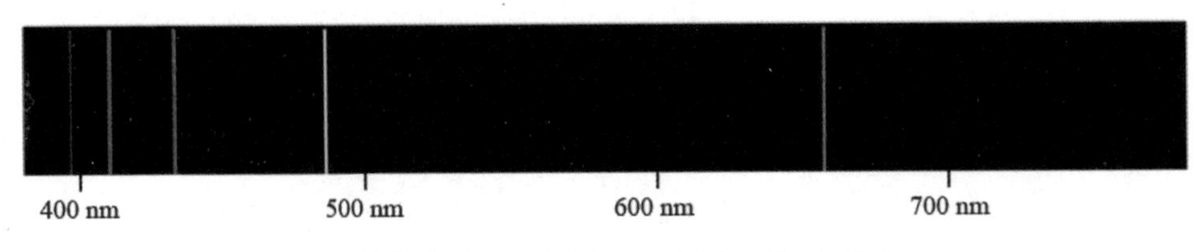

氢原子光谱的可见光区域，最左侧还有一条紫线。

后来又有人在氢元素光谱的紫外区域找到了莱曼线系，在红外区域找到了帕邢线系、布拉开线系等。它们也都各有规律，里德伯将它们汇总一下，得到了里德伯公式：

$$\frac{1}{\lambda}=\frac{4}{B}\left(\frac{1}{n_1^2}-\frac{1}{n_2^2}\right)=R\left(\frac{1}{n_1^2}-\frac{1}{n_2^2}\right)$$

其中，R 为里德伯常数，$n_2>n_1$，n_1、n_2 为正整数。

原来，巴耳末公式只是里德伯公式 $n_1=2$ 时的特殊情况。

瑞典物理学家里德伯

完了吗？显然没有，好戏才刚刚开始呢。

化学家也好，物理学家也好，都不会满足于只玩数字游戏，他们一定得找到满意的物理图像。

我们提到过1910年著名的卢瑟福金箔实验让人们认识到，原子好像是一个微型星系，有一个极其微小却极为致密的原子核位于正中央，电子在外围“广阔”的空间绕核运转。这被称为“原子核式模型”。

问题很快来了，电子绕核旋转是一种加速运动，会产生电磁辐射，也就是说原子根本不可能稳定存在。卢瑟福没法解决这个问题，他的模型最初没有得到认可。但不要忘了，卢瑟福可不是一个人在战斗，他号称“诺贝尔奖幼儿园园长”，麾下战将如云，其中最有名气的就是丹麦人玻尔。

玻尔的订婚照（1910年）

1912年的玻尔新婚燕尔，正是春风得意的时候。夫妇恩爱之余，他开始尝试引入普朗克的量子概念解决卢瑟福原子核式模型的问题，但是进展不大。一转眼到了1913年初春，玻尔的一位同事来访，他们聊天的时候提起了巴耳末公式，玻尔顿时受到启发，玻尔模型诞生了！正如多年以后他回忆道：“在我看到巴耳末公式的那一瞬间，突然一切都清楚了。”

玻尔之前的想法是，原子中的电子处于一系列稳定的轨道上绕原子核做圆周运动，每一个轨道叫作定态，当电子跳台阶从一个轨道跃迁到另一个轨道时，原子就发射或吸收能量，这个设想在理论上符合实验现象，但毕竟缺乏数据的支撑。

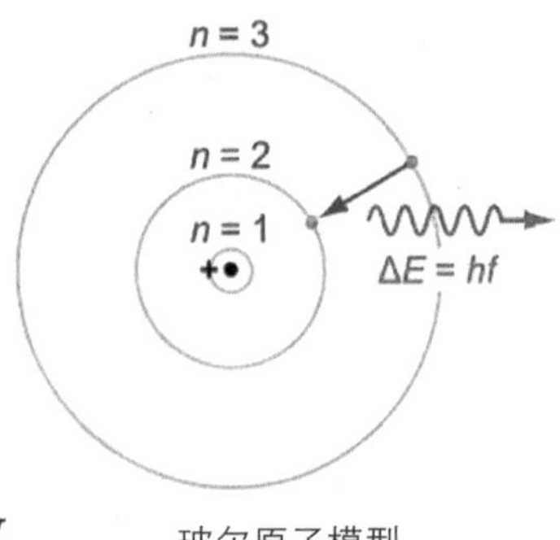

玻尔原子模型

我们知道电子和原子核之间的电磁力服从平方反比定律，回到里德伯公式，再看看“$1/n_1^2-1/n_2^2$”，想到了什么？这不就是电子跳台阶时的能量变化吗？

玻尔一阵演算，得到了各定态的能量公式：

$$E=-\frac{Zk_e e^2}{2r_n}=-\frac{Z^2(k_e e^2)^2 m_e}{2\hbar^2 n^2}\approx\frac{-13.6Z^2}{n^2}\text{eV}$$

就这样，我们得到了第一个量子数——主量子数 n，它是自然数，就是每个定态的序号，n=1 就是能量最低的基态，电子靠原子核最近，随着 n 越来越大，电子的能量更高，离原子核也越远。这些能层常用 K、L、M、N……来表示。理论研究还证明，多电子原子中，同一能层的电子，能量也可能不同，还可以把他们分成能级，就好化能层是楼层，能级是楼梯的阶级。

不同能级的电子之间跃迁，就吸收或辐射出光子，比如，氢原子的电子从 n=2 或更高的能级“坠落”到基态，就形成了紫外区域的莱曼线系，从更高层次的能级“坠落”到 n=2 的能级，就形成了我们熟悉的可见光区域的巴耳末线系。这样解释，大家对里德伯公式是不是理解得更深刻了？

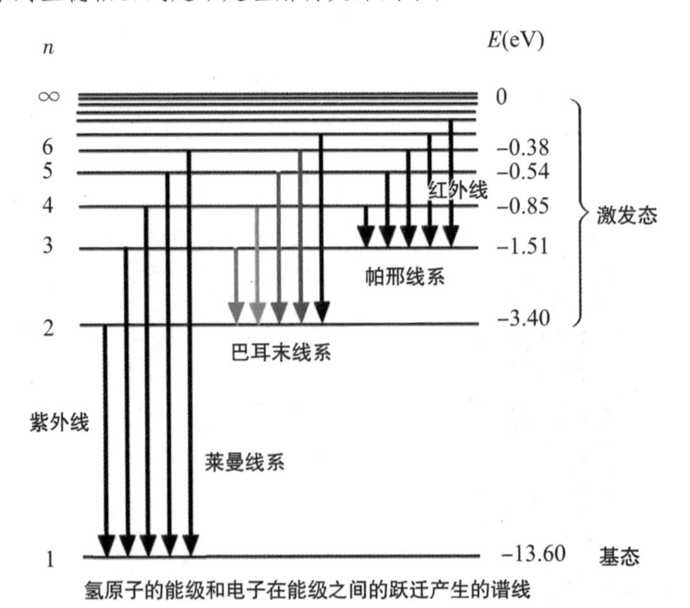

氢原子的能级和电子在能级之间的跃迁产生的谱线

处于激发态的氢原子电子从高能级跃迁到基态释放出的光子形成莱曼线系（左），位于紫外区域；从更高能级跃迁到 n=2 的能级，释放出的光子形成了巴耳末线系（中），位于可见光区域；从更高能级跃迁到 n=3 的能级，释放出的光子形成了帕邢线系（右），位于红外区域。

玻尔模型在解释最简单元素——氢的问题上取得了巨大的成功，但不完美的地方也非常多。比如，按照玻尔的设定，电子绕核运动，即使把电磁辐射问题先放到一边，角动量肯定要有吧，然而实际的情况却是基态的电子没有角动量。科学家们顿时蒙了，难道处于基态的电子像个单摆一样，不停地穿越原子核、来回做直线运动吗？

因此索末菲提出了角量子数 l 的概念，原来，微观的角动量也是量子化的，角量子数可以为包括 0 在内的任意自然数，但是 $l<n$。

$l=0$，我们称为 s 亚层，它的角动量为 0。

$l=1$，我们称为 p 亚层，它的角动量为 1。

$l=2$，我们称为 d 亚层，它的角动量为 2。

$l=3$，我们称为 f 亚层，它的角动量为 3。

据说还会有 $l=4$ 的 g 亚层，后面我们再提。

从上到下，从左到右依次为 1s，2s，2p，3s，3p，3d 的电子云轮廓。

再比如，玻尔模型还解释不了塞曼效应，塞曼效应是 1896 年由荷兰物理学家塞曼发现的一种磁光效应，他将钠的焰色反应实验置于强烈的磁场中，发现钠元素火焰光谱中那著名的双黄线出现了加粗现象，实际上这种现象是谱线的分裂。塞曼的老师洛伦兹认为这是因为电子存在轨道磁矩，之后洛伦兹和塞曼因为这一发现共同获得了 1902 年诺贝尔物理学奖。

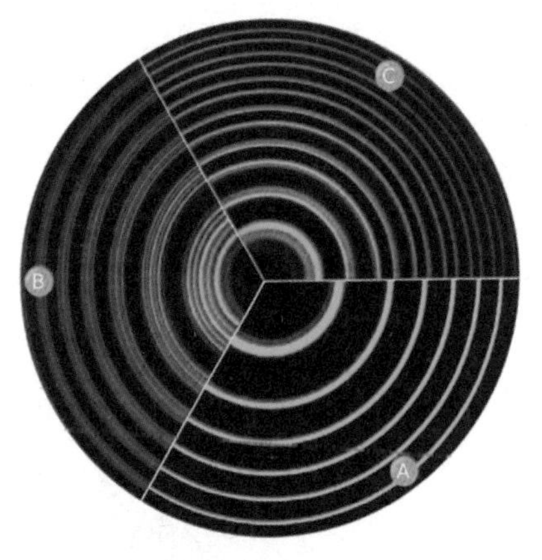

汞蒸气灯发出的546 nm绿光显示出反常塞曼效应。A.无磁场；B.有磁场，谱线横向分裂；C.有磁场，谱线纵向分裂。

电子有了角动量自然就会有磁矩，因此又提出了磁量子数 m_l 的概念，用来表示电子角动量在空间的不同取向。m_l 的取值是从 $-l$ 到 l 的所有整数。

例如：

$l=0$，m_l 只有 1 个取值：0。s 亚层只有 1 个 s 轨道，s 轨道没有角动量，因此角动量方向没有意义。

l=1，m_l 有 3 个取值：−1、0、1。意为 p 亚层有 3 个方向不同的原子轨道。

l=2，m_l 有 5 个取值:−2、−1、0、1、2。意为 d 亚层有 5 个方向不同的原子轨道。

l=3，m_l 有 7 个取值：−3、−2、−1、0、1、2、3。意为 f 亚层有 7 个方向不同的原子轨道。

磁量子数还不能完全解释塞曼效应，还记得我们在“为什么是铁”那一节里面提到泡利说自旋超光速的故事吗？电子除了绕核旋转，自身还在“自转”，称为自旋，这种自旋不是像地球一样绕轴自转，而是一种内禀的属性。

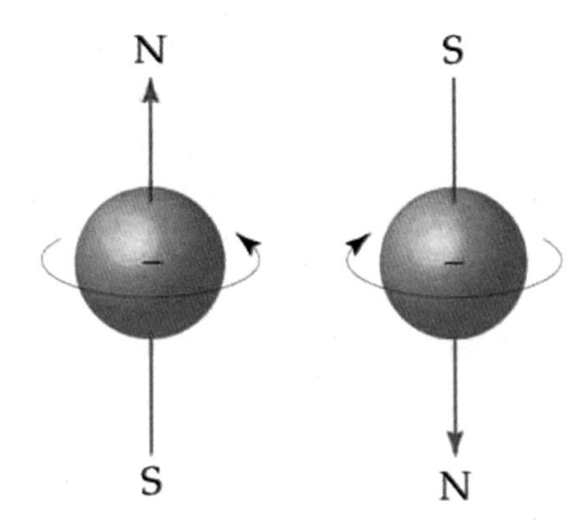

电子向不同方向旋转，激发的磁场方向正好相反。

由于电子往不同的方向旋转，激发出不同的磁场，我们一般说有正反两种自旋，因此也定义出自旋量子数 m_s，有 ±1/2 两个取值。

小结一下：

主量子数 n 代表了电子层数，决定电子能量的主要量子数；

角量子数 l 量度了电子的角动量，描述核外电子运动所处原子轨道的形状，是决定电子能量的次要量子数；

磁量子数 m_l 决定了原子轨道在空间的取向和电子亚层中原子轨道的数目；

自旋量子数 m_s 是电子的内禀属性，只有两个取向。

而泡利在自旋的问题上清醒过来之后，1925 年，他提出：“原子中任何两个电子具有整组完全相同的量子数的量子状态，是不可能存在的。”这就是泡利不相容原理。

这就是泡利不相容原理，你看懂了吗？两个自旋相同的“泡利”电子不能占据同一个位置，两个自旋相反的“泡利”电子在同一个位置可以共存。

上面这段话是直接翻译过来的，有点拗口，再往下说开了就是元素周期表终于有解了！终于有办法可以解释这一百多种元素是如何排队了。

让我们一个个来看：

元素周期表上第一周期只有氢和氦两个元素，因为 $n=1$，则 $l=0$，$m_l=0$，这就是 K 层的 s 亚层，只有一个 1s 轨道，可以填充自旋相反的两个电子，不信你看：

氢：$1s^1$，代表氢元素的基态原子的 1s 轨道上有 1 个电子。

氦：$1s^2$，氦元素的基态原子的 1s 轨道上有 2 个电子，它俩自旋相反，符合泡利不相容原理。

而到了第二周期，原子核外电子的 K 层已满，电子继续往 L 层填充，$n=2$，则 $l=0$ 或 1。

当 $l=0$ 时，$m_l=0$，这是 2s 轨道，可以填充两个电子，$2s^1$ 就是锂，$2s^2$ 就是铍。

而当 $l=1$ 时，m_l 可以等于 −1 或 0 或 1，也就是说 2p 亚层有 3 个原子轨道，每个轨道上都可以容纳两个自旋相反的电子，总共可以容纳 6 个电子。我们来排一排：硼 $2s^22p^1$、碳 $2s^22p^2$、氮 $2s^22p^3$、氧 $2s^22p^4$、氟 $2s^22p^5$、氖 $2s^22p^6$。

所以，元素周期表上第二周期，总共有 2+6=8 个元素。

当 L 层的 2s 亚层和 2p 亚层都填满后，我们就要进入第三周期了。

我们知道，当 $n=3$ 时，$l=0$ 或 1 或 2，对应着 3s 亚层、3p 亚层和 3d 亚层。然而 3d 亚层的能量竟然比 4s 亚层还大，按照能量最低原理，应该先填充 4s 亚层，所以第三周期暂时用不到 3d 亚层，还是 8 个元素，从钠到氩。

从第四周期开始，电子开始向 N 层填充，由于多了 3d 亚层，出现了副族元素。前面说过，3d 亚层有 5 个不同方向的原子轨道，可以容纳自旋相反的 10 个电子，你看看从 21 号元素钪到 30 号元素锌是不是 10 个元素？

与第三、四周期的情况类似，4d 亚层的能量大于 5s 亚层，4f 亚层的能量也大于 6s 亚层，所以 O 层仍是 18 个电子，第五周期和第四周期一样，仍然是 18 个元素。

而从第六周期开始，不仅需要填充 5d 亚层，还需要填充 4f 亚层，这就是镧系元素的由来。前面提到 f 亚层有 7 个不同方向的原子轨道，因此 4f 亚层可以填充 14 个电子，你看看除去镧元素，镧系元素从铈元素开始到最后的镥元素，是不是 14 个？

和第六周期的镧系元素类似，第七周期也有锕系元素，同样的，锕系元素也有

15个元素，锕元素之后的14个元素的基态原子的核外电子中都包括了填充5f亚层的电子。

化学家们相信，如果有第八周期，将会有一个角量子数为4的g亚层，那元素周期表上就会出现一个超锕系，这可不是升级版的填充了6f亚层的电子的类锕系元素，而是卡在6f亚层之前先填充了5g亚层的电子而形成的元素。

总之，我们可以理解，决定元素的原子序数的是原子核内的质子数，它也等于原子核外的电子数，每一个元素排在元素周期表上的不同位置是因为核外电子的排布不同。

这里有个段子，物理学家看到元素周期表总觉得很奇怪，这不就是$1s^1$，$1s^2$，$2s^1$，$2s^2$，$2s^22p^1$……吗？为什么你们非要叫氢、氦、锂、铍、硼……

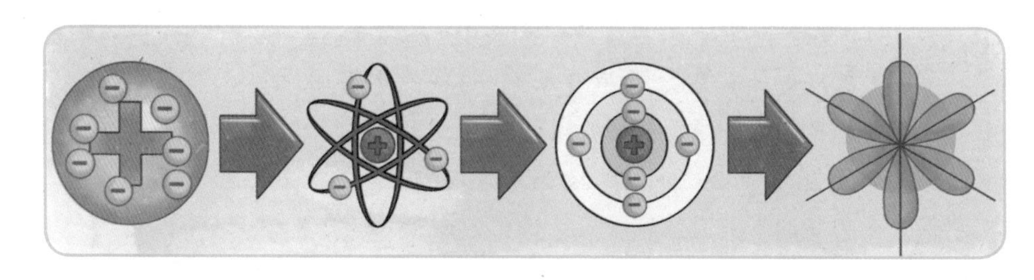

从"梅子布丁模型"，到卢瑟福"原子核式模型"，到玻尔模型，再到现代的电子云模型，我们对原子内部结构的认识越来越清晰，越来越意识到化学的本质是物理。

最后还得提一下，在众多科学家的"传切配合"之后，1926年薛定谔一锤定音，薛定谔方程横空出世，量子力学的新时代来临了，玻尔模型只能被丢入"旧量子力学"的图书馆里。普朗克表示当他看到薛定谔方程时"就像一个被谜题困惑多时、渴望知道答案的孩童，终于听到了解答"！

薛定谔方程一出，原子内部纷繁杂乱的电子云终于可以得到清晰的量化，3个量子数n、l、m_l都是薛定谔方程的解，只要知道了这三个量子数，就可以计算出原子内电子云的概率分布。有了可计算的结果，对元素周期表的解释自然更加精确了。你看看，对元素周期表的研究竟然将量子力学提升了一个时代，人类对自然的认知又上了一个新的台阶。

参考书目

《现代化学史》，[日]广田襄著，丁明玉译，化学工业出版社，2018版。

《化学史通考》，丁绪贤著，中国出版集团，2011版。

《化学键的本质》，[美]L·鲍林著，上海科学技术出版社，1966版。

《化学热力学导论》，傅鹰编著，科学出版社，1963版。

《元素的故事》，[苏]依·尼查叶夫著，少年儿童出版社，1962版。

《颜色的物理与化学》，[法]K.拿骚著，科学出版社，1991版。

《元素的盛宴》，[美]山姆·基恩著，接力出版社，2013版。

《视觉之旅：神奇的化学元素》，[美]Theodore Gray著，陈沛然译，人民邮电出版社，2011版。

《化学简史》，[英]J.R.柏廷顿著，胡作玄译，中国人民大学出版社，2010版。

《化学元素的发现》，凌永乐编著，商务印书馆，2009版。

《化学史》，[英]托马斯·汤姆森著，刘辉、池亚芳、陈琳译，中国大地出版社，2016版。

《香料传奇》，[澳]杰克·特纳著，周子平译，三联书店，2015版。

《颜色的故事》，[英]维多利亚·芬利著，姚芸竹译，三联书店，2008版。

《血液的故事》，[美]比尔·海斯著，郎可华译，张铁梅校，三联书店，2016版。

《化学趣史》，叶永烈著，中国盲文出版社，2015版。

《火焰中的秘密》，[德]延斯·森特根著，王萍、万迎朗译，译林出版社，2018版。

《炼金术的秘密》，[美]劳伦斯·普林西比著，张卜天译，商务印书馆，2018版。

《寻求哲人石》，[德]汉斯·维尔纳·舒特著，李文潮、萧培生译，上海科技教育出版社，2006版。

《生命是什么》，[奥]埃尔温·薛定谔著，罗来鸥等译，湖南科学技术出版社，2005版。

《亚原子粒子的发现》，[美]斯蒂芬·温伯格著，杨建邺、肖明译，湖南科学技术出版社，2006版。

《惊人的假说》，[英]弗朗西斯·克里克著，汪云九等译，湖南科学技术出版社，2007版。

《钱的历史》，[英]凯瑟琳·伊格尔顿、乔纳森·威廉姆斯著，徐剑译，中央编译出版社，2011 版。

《世界七大奇迹史》，[英]约翰·罗谟、伊丽莎白·罗谟著，徐剑梅译，三联书店，2008 版。

《全球通史》，[美]斯塔夫里阿诺斯著，董书慧、王昶等译，北京大学出版社，2006 版。

《大众天文学》，[法]C. 弗拉马里翁著，李珩等译，北京大学出版社，2013 版。

《地球以外的文明世界》，[美]I. 阿西莫夫著，王静萍等译，译林出版社，2011 版。

《有机化学》，谷亨杰、吴泳、丁金昌编，高等教育出版社，1990 版。

《工业有机合成基础》，杨锦宗编著，中国石化出版社，1998 版。

《大众化学化工史》，周嘉华、李华隆著，山东科学技术出版社，2015 版。

《杨振宁传－规范与对称之美》，江才健著，广东经济出版社，2011 版。

《平行宇宙》，[美]加来道雄著，伍义生、包新周译，重庆出版社，2008 版。

《物理学史》，[美]弗·卡约里著，戴念祖译，范岱年校，中国人民大学出版社，2010 版。

《千亿个太阳》，[德]鲁道夫·基彭哈恩著，沈良照等译，湖南科学技术出版社，1996 版。

《上帝掷骰子吗？》，曹天元著，辽宁教育出版社，2011 版。

《原子中的幽灵》，[英]戴维斯、布朗合编，易心洁译，湖南科学技术出版社，1992 版。

《上帝与新物理学》，[英]保罗·戴维斯著，徐培译，湖南科学技术出版社，1996 版。

元素

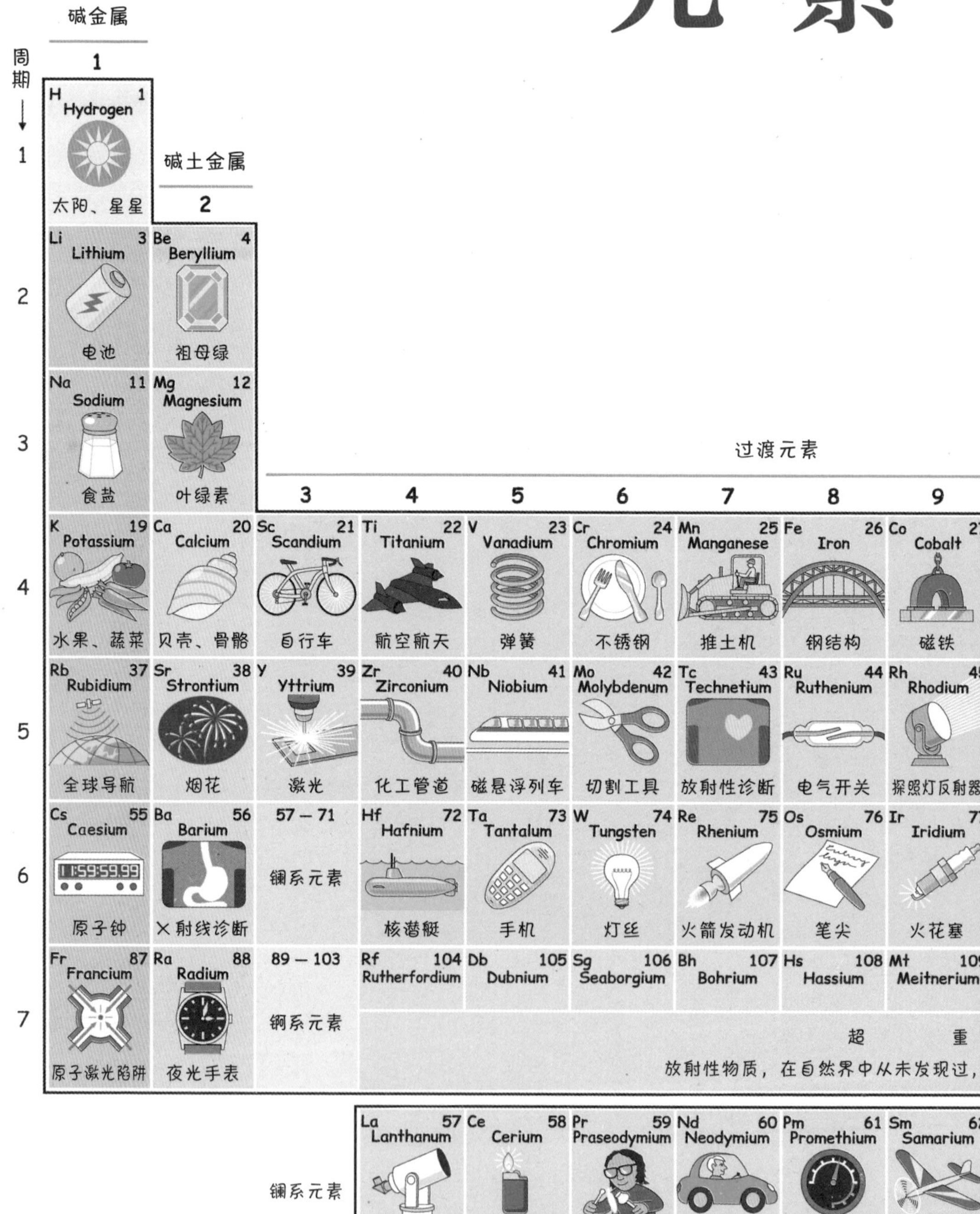
碱金属
1
周期
碱土金属
2
过渡元素
3
4
5
6
7
8
9
1
2
3
4
5
6
7
H 1 Hydrogen 太阳、星星
Li 3 Lithium 电池
Be 4 Beryllium 祖母绿
Na 11 Sodium 食盐
Mg 12 Magnesium 叶绿素
K 19 Potassium 水果、蔬菜
Ca 20 Calcium 贝壳、骨骼
Sc 21 Scandium 自行车
Ti 22 Titanium 航空航天
V 23 Vanadium 弹簧
Cr 24 Chromium 不锈钢
Mn 25 Manganese 推土机
Fe 26 Iron 钢结构
Co 27 Cobalt 磁铁
Rb 37 Rubidium 全球导航
Sr 38 Strontium 烟花
Y 39 Yttrium 激光
Zr 40 Zirconium 化工管道
Nb 41 Niobium 磁悬浮列车
Mo 42 Molybdenum 切割工具
Tc 43 Technetium 放射性诊断
Ru 44 Ruthenium 电气开关
Rh 45 Rhodium 探照灯反射器
Cs 55 Caesium 原子钟
Ba 56 Barium X射线诊断
57—71 镧系元素
Hf 72 Hafnium 核潜艇
Ta 73 Tantalum 手机
W 74 Tungsten 灯丝
Re 75 Rhenium 火箭发动机
Os 76 Osmium 笔尖
Ir 77 Iridium 火花塞
Fr 87 Francium 原子激光陷阱
Ra 88 Radium 夜光手表
89—103 锕系元素
Rf 104 Rutherfordium
Db 105 Dubnium
Sg 106 Seaborgium
Bh 107 Bohrium
Hs 108 Hassium
Mt 109 Meitnerium
超 重
放射性物质，在自然界中从未发现过，

镧系元素
La 57 Lanthanum 望远镜透镜
Ce 58 Cerium 打火机
Pr 59 Praseodymium 工人护目镜
Nd 60 Neodymium 电动机磁铁
Pm 61 Promethium 夜光刻度盘
Sm 62 Samarium 电动机磁铁
锕系元素
Ac 89 Actinium 放射医学
Th 90 Thorium 煤气灯罩
Pa 91 Protactinium 放射性废物
U 92 Uranium 核能
Np 93 Neptunium 放射性废物
Pu 94 Plutonium 核武器

周期表

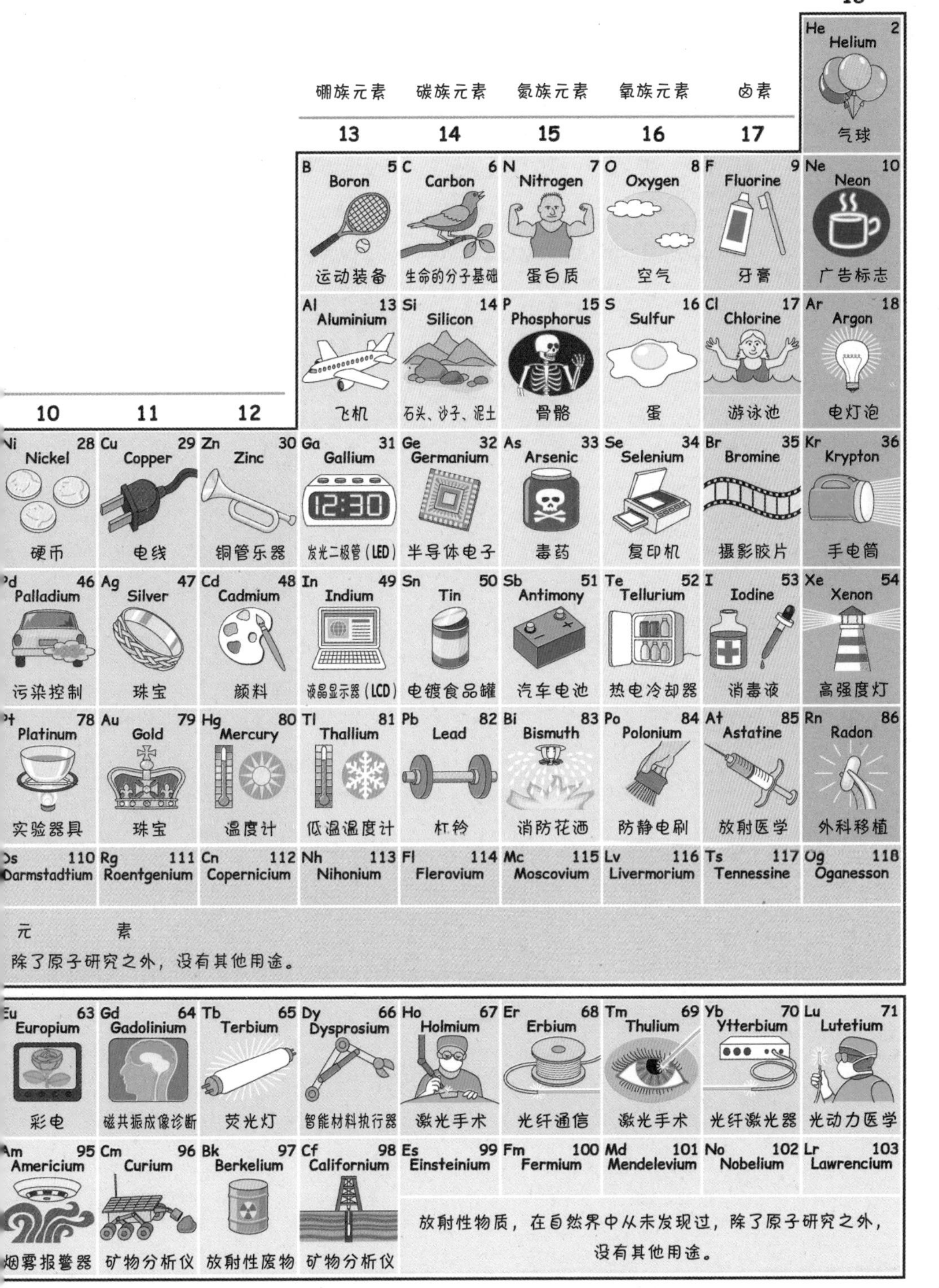

稀有气体
18
He 2 Helium 气球
硼族元素 碳族元素 氮族元素 氧族元素 卤素
13 14 15 16 17
B 5 Boron 运动装备
C 6 Carbon 生命的分子基础
N 7 Nitrogen 蛋白质
O 8 Oxygen 空气
F 9 Fluorine 牙膏
Ne 10 Neon 广告标志
Al 13 Aluminium 飞机
Si 14 Silicon 石头、沙子、泥土
P 15 Phosphorus 骨骼
S 16 Sulfur 蛋
Cl 17 Chlorine 游泳池
Ar 18 Argon 电灯泡
10 11 12
28 Nickel 硬币
Cu 29 Copper 电线
Zn 30 Zinc 铜管乐器
Ga 31 Gallium 发光二极管（LED）
Ge 32 Germanium 半导体电子
As 33 Arsenic 毒药
Se 34 Selenium 复印机
Br 35 Bromine 摄影胶片
Kr 36 Krypton 手电筒
46 Palladium 污染控制
Ag 47 Silver 珠宝
Cd 48 Cadmium 颜料
In 49 Indium 液晶显示器（LCD）
Sn 50 Tin 电镀食品罐
Sb 51 Antimony 汽车电池
Te 52 Tellurium 热电冷却器
I 53 Iodine 消毒液
Xe 54 Xenon 高强度灯
78 Platinum 实验器具
Au 79 Gold 珠宝
Hg 80 Mercury 温度计
Tl 81 Thallium 低温温度计
Pb 82 Lead 杠铃
Bi 83 Bismuth 消防花洒
Po 84 Polonium 防静电刷
At 85 Astatine 放射医学
Rn 86 Radon 外科移植
110 Darmstadtium
Rg 111 Roentgenium
Cn 112 Copernicium
Nh 113 Nihonium
Fl 114 Flerovium
Mc 115 Moscovium
Lv 116 Livermorium
Ts 117 Tennessine
Og 118 Oganesson
元 素
除了原子研究之外，没有其他用途。
63 Europium 彩电
Gd 64 Gadolinium 磁共振成像诊断
Tb 65 Terbium 荧光灯
Dy 66 Dysprosium 智能材料执行器
Ho 67 Holmium 激光手术
Er 68 Erbium 光纤通信
Tm 69 Thulium 激光手术
Yb 70 Ytterbium 光纤激光器
Lu 71 Lutetium 光动力医学
95 Americium 烟雾报警器
Cm 96 Curium 矿物分析仪
Bk 97 Berkelium 放射性废物
Cf 98 Californium 矿物分析仪
Es 99 Einsteinium
Fm 100 Fermium
Md 101 Mendelevium
No 102 Nobelium
Lr 103 Lawrencium
放射性物质，在自然界中从未发现过，除了原子研究之外，没有其他用途。

图书在版编目（CIP）数据

鬼脸化学课．元素家族．3 / 英雄超子著．-- 南京：南京师范大学出版社，2018.12（2022.6 重印）
ISBN 978-7-5651-3932-1

Ⅰ．①鬼… Ⅱ．①英… Ⅲ．①化学元素—青少年读物
Ⅳ．① O6-49

中国版本图书馆 CIP 数据核字（2018）第 267004 号

书　　名 / 鬼脸化学课．元素家族．3
作　　者 / 英雄超子
责任编辑 / 曹红梅
责任校对 / 张新新
出版发行 / 南京师范大学出版社
地　　址 / 江苏省南京市玄武区后宰门西村 9 号（邮编：210016）
电　　话 /（025）83598919（总编办）（0371）68698015（读者服务部）
网　　址 / http://press.njnu.edu.cn
电子信箱 / nspzbb@njnu.edu.cn
印　　刷 / 洛阳和众印刷有限公司
开　　本 / 710 毫米 ×1010 毫米　1/16
印　　张 / 21
字　　数 / 330 千字
版　　次 / 2018 年 12 月第 1 版　2022 年 6 月第 4 次印刷
书　　号 / ISBN 978-7-5651-3932-1
定　　价 / 45.00 元

出 版 人 / 张志刚